"十三五"国家重点出版物出版规划项目 材料科学研究与工程技术系列图书
黑龙江省精品图书出版工程／"双一流"建设精品出版工程

铜基电触头材料物理化学基础

PHYSICAL AND CHEMICAL FUNDAMENTALS OF COPPER–BASED ELECTRICAL CONTACT MATERIALS

邵文柱 甄 良 V.V.Ivanov 著

U0211747

哈爾濱工業大學出版社
HARBIN INSTITUTE OF TECHNOLOGY PRESS

内 容 简 介

本书以铜基电触头材料为主要研究对象,系统分析了电触头材料设计、制备和研发的基本原则;全面论证了实现电触头材料组织均匀化及保障其具有高水平服役特性的物理化学途径和常用工艺方法;详细阐述了电触头材料物理机械特性研究结果、电触头元件的实验室及中试生产工艺优化,以及新型铜基电触头材料及其制备工艺开发。

本书可作为从事电触头材料工艺设计和开发的技术人员及科研工作者的参考书,也可作为高等院校材料科学与工程一级学科及电工材料研究方向的研究生教材。

图书在版编目(CIP)数据

铜基电触头材料物理化学基础/邵文柱,甄良,
(俄罗斯)伊万诺夫·维克多(V. V. Ivanov)著. —哈尔滨:
哈尔滨工业大学出版社,2021.11
ISBN 978 - 7 - 5603 - 9204 - 2

Ⅰ.①铜… Ⅱ.①邵… ②甄… ③伊… Ⅲ.①铜基复
合材料－电接触材料－研究 Ⅳ.①TB333.1

中国版本图书馆 CIP 数据核字(2020)第 231396 号

策划编辑 许雅莹 苗金英
责任编辑 王 娇 杨 硕
封面设计 屈 佳
出版发行 哈尔滨工业大学出版社
社　　址 哈尔滨市南岗区复华四道街 10 号 邮编 150006
传　　真 0451 - 86414749
网　　址 http://hitpress.hit.edu.cn
印　　刷 哈尔滨市颉升高印刷有限公司
开　　本 720mm×1020mm 1/16 印张 18 字数 353 千字
版　　次 2021 年 11 月第 1 版 2021 年 11 月第 1 次印刷
书　　号 ISBN 978 - 7 - 5603 - 9204 - 2
定　　价 88.00 元

(如因印装质量问题影响阅读,我社负责调换)

前　言

　　铜基电触头材料在电器行业得到广泛的应用,且随着节银环保及特高压输变电的需求,其应用前景将更加广阔。为适应电器行业发展的需求,需要不断开发新型先进铜基电触头材料。这就要求研究者不断解决电触头材料设计、制备及服役过程中的基本科学问题,从而为新技术的研发奠定理论基础并提供科学指导。电触头材料的物理化学问题是新材料开发不可回避的关键科学问题之一。事实上,电触头材料作为复合材料中的重要分支,其涉及的设计、制造和服役过程中的问题,在复合材料领域普遍存在。因此,解决这些科学问题的意义和价值不仅局限于电触头材料领域。

　　本书从先进电器对电触头材料的需求出发,系统分析了电触头材料服役损伤规律及机制,总结和归纳了现有电触头材料的特点,指出了低压电器等领域以铜基材料替代银基材料需要解决的科学技术问题。书中结合作者多年来开发铜基电触头材料的实例,详细论述了铜基电触头材料设计和制备工艺研究所涉及的物理化学基础理论,从材料学、工艺学及物理化学角度对铜基电触头材料的设计、制备及服役特性预测与表征进行了全面阐述,提出了新型铜基电触头材料成分及工艺设计的研究思路。

　　本书分为6章,第1章为低压电器用电触头材料,主要阐述电接触过程及其对触头材料的要求;第2章为电触头材料制备工艺中的基本物理化学问题,主要对材料设计、制备和改性所涉及的物理化学问题进行分析和总结;第3章为铜基电触头材料及工艺设计,主要结合作者获得的低压电器以铜代银电触头材料设计的结果,阐述铜基电触头设计的思想和方法;第4章为铜—金刚石电触头材料的制备工艺和性能,是在第 3 章的材料设计的基础上,详细分析了铜基电触头材料制备的工艺特点,以及其组织与性能的关系;第 5 章为 TCO/Cu 电触头材料,是作者及其团队近年来研究成果的总结;第 6 章为高压电器用电触头材料,主要对现有高压触头的设计思想和工艺路线进行梳理总结,并对其未来发展趋势进行了分析。

本书旨在使读者系统掌握电触头材料设计的基础理论和制备的基本方法,同时可以举一反三,形成一套完整的电触头材料设计和工艺设计原则。本书可作为从事电触头材料工艺设计和开发的技术人员及科研工作者的参考书,也可作为高等院校材料与工程一级学科及电工材料研究方向的研究生教材。

本书在撰写过程中,哈尔滨工业大学甄良教授负责整体框架的构建及全书图、表的编写,俄罗斯西伯利亚联邦大学 V. V. Ivanov(伊万诺夫·维克多)教授提供了大量实验数据和俄文资料,并对全书涉及的物理化学基础理论的内容进行了审核。

书中的大量试验数据源于本课题组周劲松、崔玉胜、王岩、彭桂荣、李维建等同学在攻读博士学位期间的工作成果;李维建博士还撰写了本书第 5 章中 5.1 节和 5.6 节;博士研究生陈梓尧参与完成参考文献的核对和整理工作。在此一并表示感谢。

本书得到了国家自然科学基金项目(51371072)的支持,仅此致谢。

由于作者水平有限,书中疏漏和不足之处在所难免,敬请读者指正。

邵文柱
于哈尔滨工业大学
2021 年 4 月

目 录

绪　论 ……………………………………………………………………… 001

第1章　低压电器用电触头材料 ………………………………………… 005

　1.1　电接触过程及其对电触头材料的要求 …………………………… 006

　　1.1.1　电弧及其对电触头的影响 …………………………………… 006

　　1.1.2　闭合电触头上的物理过程 …………………………………… 012

　　1.1.3　接触体系过载机制 …………………………………………… 017

　　1.1.4　电接触过程对电触头材料的基本要求 ……………………… 019

　1.2　低压电器用电触头材料的分类及特点 …………………………… 020

　　1.2.1　电触头材料的分类 …………………………………………… 021

　　1.2.2　电触头材料的制备工艺 ……………………………………… 024

　　1.2.3　电触头材料的特点及应用 …………………………………… 025

　1.3　电触头测试 ………………………………………………………… 031

第2章　电触头材料制备工艺中的基本物理化学问题 ………………… 035

　2.1　复合材料制备的一般性原则 ……………………………………… 036

　2.2　电触头材料粉末冶金工艺方法 …………………………………… 037

　　2.2.1　混粉 …………………………………………………………… 039

　　2.2.2　压制 …………………………………………………………… 040

　　2.2.3　烧结 …………………………………………………………… 041

　　2.2.4　粉末材料的辅助致密化方法 ………………………………… 048

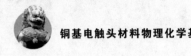
2.2.5　复合材料组织均匀化处理方法 ································ 052

2.3　组织均匀化处理的物理化学基础 ······························ 054

2.3.1　润湿和薄膜生成 ··· 057

2.3.2　化合物的热分解 ··· 058

2.3.3　新相形成及其稳定化 ····································· 061

2.4　固体与活性气体的高温相互作用 ······························ 062

2.4.1　典型实例及其动力学参数 ································· 062

2.4.2　碳的燃烧和石墨化动力学 ································· 064

第3章　铜基电触头材料及工艺设计 ································ 068

3.1　铜镉合金电触头材料 ·· 069

3.1.1　合金元素的性质及相图 ··································· 069

3.1.2　铜镉合金的性质 ··· 071

3.1.3　铜镉合金的工艺特性 ····································· 076

3.1.4　铜与液态镉相互作用动力学 ······························ 078

3.2　铜基电触头材料中的非金属添加相 ···························· 081

3.2.1　电触头复合体中的细弥散金刚石 ··························· 082

3.2.2　铜基电触头中的金属相添加物 ···························· 084

3.2.3　铜基电触头材料的组织调控 ······························ 089

3.2.4　CdO/Cu－Cd 电触头材料 ································· 092

第4章　铜－金刚石电触头材料的制备工艺和性能 ·················· 097

4.1　Cp/Cu－Cd 复合材料的工艺特性 ····························· 098

4.1.1　原始粉末及其混合 ······································· 098

4.1.2　混合粉体冷压成型特性 ··································· 100

4.1.3　冷压坯件烧结特性 ······································· 104

4.1.4　金刚石的石墨化倾向性研究 ······························ 109

4.2　Cp/Cu－Cd 复合材料在存储和服役过程中的表面变化 ·········· 113

4.2.1　铜基电触头材料的大气腐蚀行为 ··························· 113

4.2.2　服役过程中电触头表面的变化 ···························· 133

4.3　Cp/Cu－Cd 复合材料强度 ··································· 138

4.4　Cp/Cu－Cd 复合材料组织与服役性能之间的关系 ·············· 142

4.5　Cp/Cu－Cd 复合材料电接触特性测试 ························ 146

4.5.1　导电性测试 ··· 146

4.5.2　电磨损性能测试 ··· 148

4.5.3　型式试验 ··· 151

第 5 章　TCO/Cu 电触头材料 ······································· 158

　5.1　TCO 的特性及选择依据 ······································· 159

　5.2　TCO/Cu 界面润湿性设计 ······································· 161

　　5.2.1　MeO/Ag(Cu)相界面润湿性表征 ······················· 162

　　5.2.2　MeO/Ag(Cu)相界面润湿性第一性原理计算 ············· 164

　　5.2.3　TCO/Cu 相界面润湿性第一性原理计算 ················· 167

　5.3　合成工艺选择与设计 ··· 171

　5.4　高弥散氧化物相化学沉积及热分解法合成 ····················· 173

　　5.4.1　二元氧化物的合成 ····································· 173

　　5.4.2　三元氧化物的合成 ····································· 190

　5.5　含金属氧化物的复合粉体及材料制备 ························· 200

　　5.5.1　SnO_2/Cu 复合材料的分析 ···························· 200

　　5.5.2　铜—氧化物复合粉末的制备 ····························· 204

　　5.5.3　TCO/Ag(Cu)电触头材料致密化 ························· 210

　5.6　TCO/Cu 电触头材料服役行为表征 ····························· 216

　　5.6.1　MeO/Ag(Cu)电弧烧蚀行为 ····························· 216

　　5.6.2　二元 TCO/Cu 电触头烧蚀行为 ························· 220

　　5.6.3　三元 TCO/Cu 电触头烧蚀行为 ························· 222

　　5.6.4　TCO/ Cu 电触头表面工作层 ··························· 224

第 6 章　高压电器用电触头材料 ································· 229

　6.1　油开关和六氟化硫开关用电触头材料 ························· 230

　6.2　真空开关用电触头材料 ··· 236

附录　电触头材料常用化学元素的物理性能 ······················· 244

参考文献 ··· 248

绪 论

本章在回顾和总结电触头材料研发历程的基础上,阐明了其设计、制备及服役过程中所涉及的基本物理化学问题,提出了新型电触头材料开发所需采取的研究方法及途径。

一个国家的电力行业技术水平在很大程度上决定了其经济发展水平。电流转换作为电能在需求和分配过程中的基本环节，必须借助于带有电触头元件的各类电气转换装置来完成，这样的结构本身可传输和中断电流。在高效、节能、环保的总目标指导下，各国电工行业的发展正在迎接新的挑战，其中之一就是要求不断开发新型的电工材料，而电触头材料在其中所占比重较大。现阶段，低压电器上承担这种转换功能的电触头材料大部分是由银基复合材料制备而成的。

　　众所周知，银的产量有限，其中的绝大部分用于制造电工和电子仪器所需的电触头元件。银的生产中回收资源所占比例约为56%，而用于电触头元件中的银的回收率仅为几个百分点。

　　电路中包含各种类型的元件，它们都通过电接触的形式相互连接。例如，在低压电网的一个三相受电设备中，平均要有60个电接触点，其中任何一个接触点的工作特性都对整个电力装置的可靠性产生决定性影响。

　　为了达到节约稀贵金属银，以及降低电触头材料成本的目的，全世界都在开展降低电触头材料中银含量的研究，同时，也在进行以贱金属替代银基的研究工作。人们普遍认为，在这一研究领域中，最适合代替银的元素是铜，因为它在性质上与银最相近。于是，人们试图制备出铜基电触头材料，使之可完全满足电器的各种要求和标准。在可参考的文献中，虽然提到了几种标准化的材料（Cu－Cd、Cu－Mo、Cu－C），但它们都没有被广泛应用。在20世纪90年代，作者所在课题组开发出一系列铜基无银电触头材料，这种材料以铜为基，并添加金刚石态的碳，还含有一些可固溶和非固溶的金属组元。这种材料可用作中等电流（10～1 000 A）、低压（<1 000 V）电器的电触头元件。1997年，这种材料在我国通过了国家级鉴定，被允许推广应用和实施产业化。2004年之后，由于银价飞涨，人们更加关注铜基电触头材料的研究，我国的科研单位及生产厂家发明了大量专利，并有部分产品已经在低压电器上得到大量应用。

　　虽然铜基电触头材料的应用范围越来越广，但这种材料的基础研究环节却很薄弱。这种研究既涉及材料学及与之相关工艺因素问题，包括活性气氛作用下材料的物理化学特性变化规律，以及电学特性的变化等，还涉及多相材料表面接触电阻问题。上述问题的研究对铜基无银电触头材料及一般的铜基电触头材料的进一步完善具有重要意义。同时，将实验室研究结果和工程应用数据进行总结和系统化，会给电接触理论研究和新型电触头材料设计提供新的思路。

　　在电触头材料设计领域，目前尚未建立既可以调控材料总体电接触性能，又可以单独控制其每一种特性的基础理论。在现有的学术专著和文献资料中，部分出版太早，其内容仅包括对银基材料和纯金属电接触特性一般性问题的分析；也有部分文献对接触过程进行了理论分析，其中包括电触头材料工艺学和材料学方面的单独讨论。V. V. 乌萨夫在电触头材料学方面的著作出版过早，不能反映目前存在的一些问题。电接触科学的奠基人 P.霍尔姆的著作包括了电接触领域涉及的所有方向,但未涉及当代材料学的成就。由 P.斯莱德主编、电接触领域知名学者集体编写的论文集,以及 M.布劳诺维克等人的著作是目前较新的研究成果,但这些书中没有涉及电触头材料学和工艺学方面的问题。有关铜基复合材料的内容在文献中只能找到断续、零散的数据资料,其中包括作者发表的文章和著作中的一些总结。

铜基电触头材料研制过程中的主要障碍在于铜基材料氧化时会产生较大的接触电阻。这对于新型电器开关(仪器)有十分重要的影响。因为在这类开关的设计过程中,从节银的角度出发,电触头元件尺寸相对较小,接触压力也相对较小,使电触头的热负荷增大,因而要求电触头材料的接触电阻较小。相对于接触电阻而言,铜基材料的其他使用特性更容易满足新型电器的使用要求。

因此,铜用作电触头的基本问题是如何使其接触电阻保持较小且稳定。要对这个问题进行综合分析,就必须深入理解电触头的共性问题,并将材料及其组元的工艺学、材料学和物理化学特性,以及在活性介质中电触头材料及元件表面演化行为的特点相结合。这些特性和特点包括基体相的晶粒尺寸,添加相的尺寸、形态、化学性质和纯度,组元的含量,材料的导电性,表面膜生长动力学及其与外部条件、添加相化学性质及含量的关系,膜的结构、导电性及其与添加相性质和含量的关系。解决上述复杂问题的任何努力都是有益的,也是必要的。

有效开展上述复杂问题的研究,既要有思想上的“软”设计,也要有条件上的“硬”保障。所采取的研究模式具有综合性:

(1)材料化学成分、相组成及微观组织设计。

(2)材料制备工艺路线和实验室制备工艺方案设计。

(3)实验室测试(材料物理化学性质及必要功能特性的基本评价)。

(4)研发工作先进性的条件保障(新材料设计的信息保障及科研基础设施建设)。

(5)研发工作的技术保障(实验室工艺调整、路线规划及材料技术条件制定)。

(6)新材料开发知识产权保障(开发成果专利申报)。

解决新型电触头材料开发问题,需要基于对电触头制备和服役的物理化学过程的综合理解。因此,在具体的研发过程中,需要对以下制备工艺及服役损伤过程中的物理化学问题开展研究:

(1)电触头材料及其元件粉末冶金制备工艺。

(2)微(纳)米尺度多元弥散复合粉体化学合成。

(3)复合粉体热处理及烧结过程中新相的固相合成。

(4)基于新型纳米技术制备复合材料中氧化物(包括复杂氧化物)第二相的

均匀性及其调控。

(5)合理的工艺参数范围内复合材料的微观组织调控。

(6)基于晶体化学合成氧化物(复杂高导电氧化物及掺杂改性氧化物)的高导电性。

(7)低导电性组元的掺杂改性问题。

(8)基于多相复合材料物理化学交互作用分析及团聚体控制使材料的物理化学指标达到目标值。

(9)接触副表面材料间的交互作用。

(10)复合材料表面与大气活性气氛及等离子体电弧的交互作用。

(11)技术手段在工业生产中应用的合理性。

综上所述,新型电触头材料的研发内容和工作顺序可以归纳如下:

(1)根据电触头上发生的物理化学过程的特点,确定分断电触头基本服役性能及其对材料的要求,从而找到新型铜基电触头材料开发的主要科学和技术问题。

(2)建立新型电触头材料开发所涉及的材料学和工艺学方案:①复合材料各组元性质和电触头元件制备及使用过程中多相间相互作用特性的物理化学分析;②材料物理(力学、电学和热学)参数及微观组织的表征;③工艺因素和外界条件变化对上述性能影响的试验研究。

(3)在粉末复合体工艺性能研究的基础上,对电触头元件制备工艺和关键工序进行分析。

(4)分析成品件实验室测试和型式试验结果,以及具体工况下的使用性能;对铜基电触头材料是否满足基本使用要求进行评定。

(5)总结和分析铜基电触头材料及其高弥散氧化物相制备与合成的新方法。

近年来,在银基材料制备与合成方面,有许多文献报道了新的物理化学方法。这些方法大多基于现代纳米技术,为开发高弥散性和高组织均匀性材料提供了新的手段。尽管这些方法大部分不一定适合于开发铜基电触头材料,但还是使人们看到了希望。目前,包括作者在内的很多研究者都在尝试这方面的工作,并且取得了一些有益的成果。因此,作者抛砖引玉,在本书中也对该方向的研究结果进行分析和探讨。

铜基电触头材料在高压及真空电器上有广泛应用,关于其设计和制备工艺的系统性总结,国内已有多部著作出版。但为保证本书体系的完整性,在第6章对这类材料进行了简单的归纳和总结。为避免与其他著作的内容有过多重复,本书这部分所采用的多为苏联和俄罗斯的数据,以供国内学者参考。

第 1 章

低压电器用电触头材料

本章系统分析了低压电器用电触头材料在服役过程中的电接触行为,归纳了电器对电触头材料的基本要求,对现行电触头材料的特点、制备工艺及适用范围进行了总结,并阐述了本书开展电接触特性测试所采用的方法和手段。

电触头材料的设计和研制,要求借助于诸多基础科学和应用科学,其中包括物理学、电工学、物理化学、材料学、粉末工艺学等。对基本电接触现象的分析,是理解电触头材料的设计原则、研究电触头件的制备工艺、了解电器测试相关过程和现象的基础。

电触头是直接转换电流的接触元件,是电器的重要组成部分之一。电触头在功能、应用领域和使用特点上具有多样性。例如,滑动式和直动式接触的电触头,真空开关用电触头和气体(空气、六氟化硫)、油中工作的电触头,高压和低压电器用电触头,长时制和短时制工作的电触头等。

从用量和节银角度来说,人们对中等电流(10~1 000 A)、低压(交流电流小于 1 000 V,直流电流小于 1 500 V)电器用电触头材料更为关心,因为这类电器上的大部分电触头的银含量[①]为 80%~90%,并且这些银无法回收。因此,在低压电器领域,电触头材料以铜代银的开发和研究工作显得尤为迫切。

1.1 电接触过程及其对电触头材料的要求

电触头的使用特性主要取决于电触头在工作时发生的物理过程及与之相关的化学过程。对电触头来说,特有的基本工作状态分为两种:①在闭合状态通过额定电流;②将电流分断。这两种状态对电触头产生不同的作用,因而也对电触头材料提出不同的要求。

1.1.1 电弧及其对电触头的影响

1.电弧的形成

决定开关装置的电寿命的重要因素之一,是在电路断开瞬间(即电弧放电时)由于能量转换所引起的电触头材料的电弧磨损。一般认为,如果分断电流超过 0.5 A,电压为 15~20 V,电触头之间就会产生电流,从而引起电触头材料的电损失,或者称为电磨损。

低电流和低电压的分断仅产生不大的电火花,可以导致"桥式电蚀",这是弱电电器(主要是继电器)所特有的电磨损现象。同时,还可观察到从一个电极向另一个电极材料转移的现象,所形成的弧坑或弧瘤与电触头的极性和材料性质有关。通常,在形成电弧前会伴有桥接阶段,这个阶段具有下述特点:电路断开的瞬间,在接触点上会局域性地放出大量的热,使金属熔化,进而使分开的表面

---

① 本书中触头材料成分及添加物的含量均指质量分数。

之间连有液体的桥。由于全部电流都从液体桥流过,因此液体桥可被加热到金属的沸点温度,并且发生溅喷,此时部分金属可飞溅出电触头的间隙区。

在研究电触头烧蚀破坏时,首先应注意到电路接通时比分断时的电损失量明显小得多,因而电路断开时的电损失决定了开关装置的电寿命。

电弧放电的特点在于,在电弧柱中出现高密度电流和高温。一般该区域温度可达到 5 000 K,在强电离的条件下为 12 000~15 000 K。沿着电弧间隙的电压降 $U_{电弧}$ 具有明显的非均匀特征(图 1.1),它由三个因素构成,即

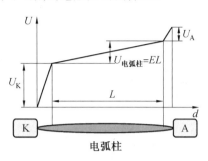

图 1.1　电弧间隙上的电压分布

$$U_{电弧} = U_K + U_A + U_{电弧柱} \tag{1.1}$$

式中　U_K——阴极电压降;

　　　U_A——阳极电压降;

　　　$U_{电弧柱}$——电弧柱电压降,$U_{电弧柱} = EL$,E 为电场强度,L 为弧道长度。

阴极电压降集中在阴极附近的一小块区域内,其数值为 10~20 V,相应的电场强度为 10^6~10^7 V/cm。由于自由电子发射,电子从阴极被释放出来,上述量级的 U_K 值可保证阴极上的能量集中释放,并导致近阴极层气体温度极高。在这一区域中会产生气体的强烈热电离,电子流向阳极,而阳离子落在阴极上,同阴极的电子结合形成中性的原子,其动能和离子复合能在阴极上释放出来,并将阴极加热。阴极附近的电弧放电层所对应的阴极面积称为基极或阴极辉斑,电弧能量主要部分最初即在此位置上发生释放。

阳极电压降并不是电弧存在的必要条件,由于从阳极流向阴极的正离子不足,阴极电压降会使阳极上形成负空间放电。U_A 值取决于阳极的温度和阳极金属的挥发特性,但通常 $U_A \ll U_K$。在阳极辉斑上被释放出的能量很低。

在电弧柱中的电场强度 E 通常为 10~30 V/cm。在长电弧中,电弧柱的作用较大。在低压电器上,往往是阴极和阳极过程起决定性作用,会出现短电弧(<1 cm)。此时,电弧电压降实际上与电弧电流没有关系。在这种情况下,电弧柱中各种现象降为次要矛盾,它对电弧的稳定性和灭弧条件的影响很小。这种电弧的伏安特性曲线近似于直线,平行于电流坐标轴,它有别于长电弧的伏安特性曲线(图 1.2)。

2.电弧的燃烧及电蚀机制

电弧放电过程中,电弧根部产生的能量集中释放在电触头表面和近表面层

中,引起电触头材料的熔化和蒸发,这个热物理过程就是电触头电烧蚀的原因。电弧通过辐射、对流和热传导将一部分能量传到电触头上。

电弧烧蚀取决于释放在电触头上的几部分电弧能量,即

$$W = k(U_K + U_A) \int_0^t I(t) dt \quad (1.2)$$

式中　k——能量修正系数;

　　　t——燃弧时间。

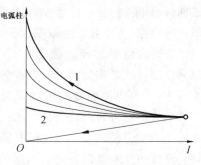

图 1.2　电流不同速度衰减时的电弧伏安特性曲线

1—直流长电弧静态伏安特性曲线;2—直流长电弧动态及短电弧伏安特性曲线

开关装置处于不同的服役状态,就相应有不同的电弧烧蚀机制。在分断电流小和燃弧时间短的情况下,电弧烧蚀主要源于局部微小熔池中物质的蒸发。随着电流的增大和放电时间的延长,在电弧基部将形成熔化金属的熔池,并发生强烈的蒸发和熔化金属滴的溅射。

根据电弧作用过程的不同模型,已经提出了许多定量表述电触头电弧烧蚀的计算公式。在某些试验参数已知的情况下,这些公式在单一条件(如真空、无表面膜层等)和一定参数范围内,可以对电触头材料的电弧烧蚀速率做出比较准确的评价,从而有利于确定电弧过程参数和电触头材料物理性能对烧蚀的影响规律。

随着燃弧时间的增长,上述因素的作用加剧,电触头的电弧磨损量增大。所以,应尽量使电弧快速熄灭或从电触头上移出。电触头上的燃弧时间取决于许多因素,而且可以通过电器结构的设计来控制。但是,材料研究者所关心的是通过电触头材料化学成分、相组成和组织的改变来实现这种调控。所以,下面分析短电弧的特点、熄灭条件和原因。

3. 短电弧的特点及熄灭条件

当散射的电弧能量得到外源的补充时,电弧过程稳定。因此,造成不稳定燃弧及随后灭弧的关键在于破坏这种能量平衡。如果引入电弧的等离子体特性,对燃弧过程的这种一般理解就可以更为具体。在电弧通道内,不断地进行着两个过程:形成新的电离粒子(离子和电子)和通过复合及向周围空间扩散而使这些粒子消失。在稳定的电弧燃烧状态下,这两种过程之间存在动态平衡。要熄灭电弧,其必要条件是,载流子的平衡呈负性特征,即离子消失的速率大于离子形成的速率。

在不规则热运动中,电子与中性粒子相互碰撞时形成离子的概率更大,因此那些降低电弧中电子密度的措施均可促使电弧熄灭。例如,在电弧中引入与电

子具有较高亲和力的元素(氧、氯、氟、硫)即可观察到上述现象。

当过剩的能量传递给第三个粒子或侧壁时,这种三元撞击会使离子的复合加剧。即在发射区出现硬质平面时,会极大地提高离子的消失速度而使电弧熄灭。温度对离子复合的影响更为剧烈,因为温度下降会增大气体的密度,从而增大三元碰撞的数量,导致粒子结合量增大。

由于等离子通道传导率的降低,上述物理过程会促进燃弧的不稳定性和灭弧。即在电弧熄灭过程中,电弧区的电场强度逐渐恢复。

通常,交流电弧比直流电弧易熄灭,因为交流电在每 0.5 个周期就出现零点值。电弧的熄灭与否关系到在下一个半波电弧间隙上是否会重新飞弧,即间隙场强恢复与电压恢复之间的"竞争"。如果用飞弧电压来测量间隙场强,会发现其在灭弧过程中是增大的,即电弧(或转换电器端子)上的电压在电触头从闭合时的零点值增大到电流完全断开时的电源电压值。

电弧间隙上电压的恢复过程取决于外部电路参数和电器的结构特征。电触头材料对这个过程不会产生实质影响。

电场强度的恢复则是另一种情况。这里所关心的是短距断开间隙,其电场强度主要取决于阴极薄层内和阴极表面上与电子发射条件有关的现象。如果还没有形成发射的条件,在电流零相位后的 0.5 个周期中不会发生飞弧,电弧将熄灭。电弧间隙区的其他部分对其影响不大。

下面分析电流过零相位时短间隙上的物理过程。由于等离子体通道存在热惰性,在电流过零相位时,短电弧区内电流在这一瞬间还不会完全消失,而是继续以残余电弧的形式存在,但其导电性、温度和直径都低或小一些。当电压的极性改变时,即当间隙内电压开始恢复时,具有很大动能的电子将向新的阳极方向移动;动能小而体积大的阳离子在这段时间内来不及被中和,结果在阴极附近形成正空间电荷,其上集中了间隙区的电位差。前面已经提到,这里会形成强度很高的电场,可以通过自由电子发射而使间隙满足飞弧条件。电子发射与否取决于阴极材料的特性。

短间隙的飞弧电压直接取决于近阴极区内气体的温度和电离能。如果气体中含有大量低电离能金属蒸气,那么这种间隙的绝缘强度可能明显下降,并且电弧会在电流的每 0.5 个周期后被重新引燃。

由于电极热量的消耗和温度的降低,短间隙的电场强度在电流通过零相位时迅速增大,间隙越短,增大速度越快。不同金属对应于不同大小的间隙电场强度的增大值和增大速度。图 1.3 绘出了不同金属飞弧电压增长速率与短间隙长度的关系。可以看出,金属的沸点越高,间隙内电压增大的临界速度越低。

电流过零点瞬间的残余电弧与电弧间隙的某种起始电场强度 U_0 相对应。图 1.4 绘出了不同金属的短间隙起始飞弧电压平均值随电流变化的函数关系。

在这些试验中,电触头材料的离散速率为 0.6 m/s,燃弧时间为 10 ms(0.5 个周期)。初始电场强度数值最高的是锌,且不加含钨组合。钨的 U_0 最低,这是由于在新产生的阴极上温度较高。

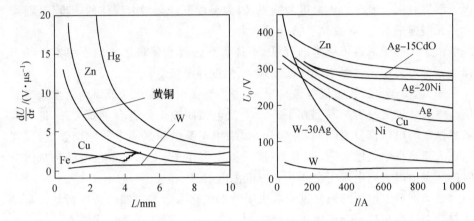

图 1.3 不同金属飞弧电压增长速率与 短间隙长度的关系

图 1.4 不同金属的短间隙起始飞弧电压 平均值随电流变化的函数关系

4.电弧与电触头表面的交互作用

从上面的论述可知,电触头材料的选择在一定程度上影响电弧的形成和熄灭,灭弧特性较好的材料不易受到电弧烧蚀的损害。

因而具有良好灭弧特性是对电触头材料的要求之一。从减弱电弧放电对材料烧蚀的影响的观点出发,由上面的论述还可以得出对电触头材料的一些要求,即高的导热和导电性,在导热性差的条件下,阴极由于焦耳热和离子撞击热而被加热到高温,阴极层内发生电极热蚀,从而电弧间隙区的电场强度恢复性能降低。

上述电蚀机制是指由阴极斑上的熔化池产生的金属溅射。该机制对材料设计时添加的成分提出的要求:尽可能降低金属基体表面的张力,同时,对灭弧金属元素添加剂来说,必须具有表面活性。

由于多次重复通—断循环,整个电触头表面都受到电弧的作用。这种作用伴随着固相和液相金属与大气组元及等离子体电弧的高温相互作用过程,一般会形成氧化物等不导电的化合物。最终在工作表面形成的工作层,由电触头材料组元的氧化产物、冷凝的金属液滴、大气中的微粒子等构成,其厚度通常可达几百微米。工作层形成之后,实际上已决定了电触头的工作特性,尤其是接触电阻的特性。

一般认为,低压电器用电触头材料设计的基本任务之一在于如何选择成分,使之保证后形成的工作层具有如下优越性:导电性良好,与基体结合强度高,机械强度高。图 1.5 为不同金属电触头表面工作层的组织形貌。如图 1.5(a)、图 1.5(d)中均匀密实的工作层并不多见,工作层组织常常出现断层、气孔、夹杂相等,如图 1.5(b)、图 1.5(c)所示。

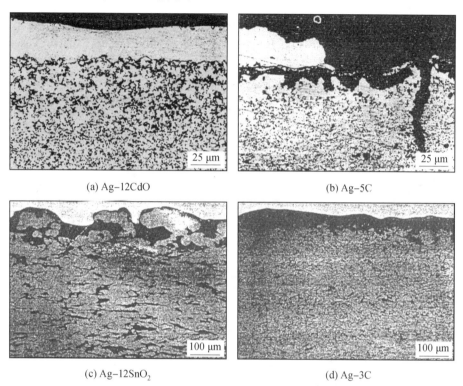

图 1.5　不同金属电触头表面工作层的组织形貌

　　无论在电路闭合状态,还是在转换过程中,工作层对电触头熔焊这个十分重要的现象都起着关键的作用。转换过程熔焊是指电源电路中电触头相互接近时产生的电触头熔合。动触头接近静触头的过程中,当达到电触头间隙无法承受施加在电触头上的电压状态时,就会产生电火花击穿。电火花迅速转变成电弧,两个电触头上产生或大或小(取决于电流大小)的熔融金属区。经过较短的时间间隔后电触头闭合,这些熔融区冷却并熔合,这将有利于额定电流导通时熔焊过程的产生,其中也包括冷焊。此时,触头对之间在多数情况下会产生较强的焊接结合,这种结合强度远远超过允许值,从而导致失效。

　　分断电弧产生的负面影响的因素,并不是对电触头材料所提出的唯一要求。电触头在闭合状态的损伤行为也给材料学提出了一系列尖锐的问题,这些问题的复杂性并不比分断电弧的作用低。

1.1.2　闭合电触头上的物理过程

1.接触斑点模型

在闭合状态下,电触头的工作条件取决于接触面上各种物理过程的总和。这个面仅指表观上的接触表面。有效的接触是在许多小区域的面上,即接触斑点上,其面积仅为表观上的接触表面的 0.000 1~0.001。此外,在表面上存在各种薄膜层,更缩小了有效的接触面积 S_K(图 1.6)。所以,被称为 α-斑点的金属性有效电接触面积就更小了。经常采用文献[42]中的数据,将接触斑的平均直径取 30~40 μm。但受微观不平整度的影响,这些斑点实际上由更小的斑点组成,单一斑点的尺寸为 3~5 μm。

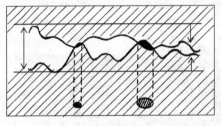
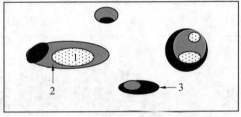

(a) 剖面图　　　　　　　　　　　　(b) 接触面

图 1.6　实际接触表面的剖面图和典型的接触面
1—导通金属接触(α-斑点);2—半导体膜层覆盖区;
3—与大气相互作用产物形成的绝缘厚膜覆盖区

电极相互接近时,最先接触的是表面凸起的区域。随着压力的增大,凸起部分发生弹性或塑性变形。有效接触面积 S_K 取决于接触压力 F_K 和电触头材料的硬度 HB(布氏硬度),即

$$S_K = \frac{F_K}{\xi HB} \tag{1.3}$$

式中　ξ——表征表面加工光洁度的经验系数,$0.1 < \xi < 0.3$。

由此可见,为了获得良好的接触效果,最好使用具有较低承压强度的塑性金属。但是,这一要求通常不能被满足。开关在工作时,触点附有一定的接触压力,接触元件要承受较大的动态载荷,且要求电寿命达到 100 万~200 万次,机械寿命达到上千万次。因此,强度较低的塑性材料会因其剧烈的塑性形变而无法保证上述寿命要求。电触头硬度高有利于长期工作,而硬度低有利于形成良好的接触状态,即电触头具有较好的磨合性。在实践中往往选择折中的方案。

电触头重要的性能之一是接触电阻 R_K,它在很大程度上取决于有效接触面积 S_K。接触电阻是由有效接触面积内电流收缩造成的束流电阻(R_C)、表面上的薄膜层和污染所形成的电阻(R_P)所决定的,即

$$R_K = R_C + R_P \tag{1.4}$$

对于直径为 d_C 的单个接触面上的束流电阻可以采用霍尔姆公式计算,即

$$R_C = \frac{\rho}{d_C} \tag{1.5}$$

式中　ρ——电触头材料的电阻率。

结合式(1.3),对于 N 个接触面上 R_C 与材料参数和载荷的关系可以表达为

$$R_C = \frac{\rho\sqrt{\xi\pi HB}}{2N\sqrt{F_K}} \tag{1.6}$$

式(1.6)对于大量真空状态下纯净表面获得的试验数据同样适用。

如果表面膜的电阻率 ρ_P 已知,式(1.4)中的 R_P 也可以用类似的形式来表征。显然,如果膜厚为 Δl,则

$$R_P = \frac{\rho_P \Delta l}{S_K} \tag{1.7}$$

这种情况下,整个接触电阻可以表达为

$$R_K = \frac{\rho\sqrt{\xi\pi HB}}{2N\sqrt{F_K}} + \frac{\rho_P \Delta l \xi HB}{F_K} \tag{1.8}$$

显然,仅仅通过两部分的加和来计算实际接触电阻并不可行。在式(1.8)中计算两个被加数时采用了同一个接触面积值 S_K,同时必须给出金属性接触的有效面积和表面膜接触区的面积。这就需要将表观接触面 S_K 划分成几部分,而这一点本身就十分困难。此外,表面膜从微观上来说,厚度、成分都是不均匀的,这使问题变得更加复杂。

2. 接触电阻的影响因素

为评价平面接触无污染表面间的接触电阻,可以采用文献[17]所提出的经验公式,即

$$R_K = \frac{k \times 10^{-6}}{(0.1F_K)^m} = \frac{49.6 \times 10^{-6}}{(0.1F_K)^{0.39}} \tag{1.9}$$

式中　k 和 m——与材料相关的经验常数,例如,对于金属铜,$k=49.6$,$m=0.39$。

现有的一些确定粗糙表面和覆盖表面膜层造成的接触电阻 R_P 的计算公式中,都含有未知的经验系数,所以它们对于理解接触现象本身有益,但实际应用的价值不高。无污染表面上的 R_P 值在很大程度上取决于与空气相互作用的产物——吸附膜、氧化膜和硫化膜,而工作表面上的表面接触电阻取决于工作层的状态。

由式(1.6)可知,随着接触压力的增大,束流电阻降低。试验研究表明,整个接触电阻也随之降低。根据式(1.8),接触电阻与压紧力的 1/2～1 次方成反比。文献[45]中测量了真空和空气中的 $R_K(F)$ 的变化规律。在真空中接触电阻与

$F^{-1/3}$ 成正比,在空气中当压力较小时与 F^{-1} 成正比,压力较大时与 $F^{-1/2}$ 成正比。在真空中 $R_K(F)$ 关系不出现滞后现象,而在空气中施加压力时出现滞后现象。也就是说,空气中出现的效应缘于表面膜的存在,转变成 $F^{-1/2}$ 关系是由于大压力下膜层的破坏。真空条件下的 $F^{-1/3}$ 关系也只能从理论上理解。

已知的试验结果在某种程度上与上述内容有差异:对于大压力平面接触,接触电阻与压力呈双曲线关系,即

$$R_K = \frac{k}{F_K} \tag{1.10}$$

式中 k——经验系数,取决于材料的性质和表面的状态。

R_K 随着 F 值的增大而减小可以理解为,随着接触压力的增大,电触头表面凸起部分的绝缘薄膜层受到破坏,使接触斑点数量增多,S_K 面积增大。一般认为,单个斑点的有效接触面积 S_i 在这种情况下的增长并不明显。

文献[47]的作者认真研究了名义平面接触行为。他们推导出了理论关系式,并经过了试验验证。其结论反驳了普遍认为的低压力下粗糙表面产生弹性变形,高压力下产生塑性变形的观点。事实上,弹性或塑性变形特征取决于表面形貌,以及材料的弹性和硬度,而不是压力值。表面形貌用凸起顶点曲率半径和凸起按高度统计分布的特点来表征。如果上述指标已知,该理论就可以很好地描述文献[47]的作者所观察到的实际接触状态:无表面膜的表面接触电阻与载荷之间满足 $F^{-0.9}$ 关系,而有膜表面符合 $F^{-0.4}$ 关系。试验研究也同样观察到这种指数关系,但指数值小于 -1,这种关系没能找到理论上的解释。

因此,上述有关接触压力对接触电阻的影响的研究产生了明显的差异。从形式上看,这种差异可以解释为试验条件和电极纯度的影响,以及表面膜成分和结构等方面的差异。例如,已经确认的是,无气体和蒸气吸附层的净表面,即使在超高真空条件下也只能保持很短的时间。在常规的真空条件和长期工作状态下只能认为是相对净表面。在气体介质中的试验,必须考虑到表面膜物理、化学和结构特性与外界条件的关系,以及与含有各种杂质的电触头材料之间的关系。所以,要想获得可靠和可重复的测量结果,必须对材料和试验条件制定出严格的标准。

表面粗糙度对 R_C 的影响很大,因而对 R_K 的影响也较大。精加工表面会降低接触斑点直径并增大 R_C 值。平均粗糙度的临界值为 $0.3\ \mu m$,这是从试验规律中得到的数据(图 1.7)。

测量接触电阻的目的之一在于评价两个表面之间的有效接触面积。同样,这种评价也可以用来分析接触熔焊现象。这些测量对于获得接触表面膜层方面的信息也很有益。

熔化接触(熔膜现象)在闭合接触工作过程中起到一定的作用。如果接触表

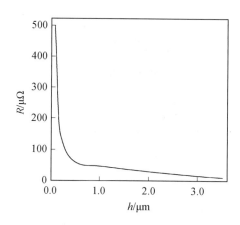

图 1.7　接触表面粗糙度对束流电阻的影响

面覆盖很厚的绝缘膜层，当电触头上电压达到一定数值（熔膜电压 U_F）时，电触头的接触电阻会因为膜层的电击穿而急剧下降。当 Cu_2O 膜层厚度为 $L(cm)$ 时，$U_F(V)$ 与 L 的关系可以表达为

$$U_F \approx 3.5 \times 10^5 L \tag{1.11}$$

3. 接触电阻与温升

温度对 R_K 的影响十分复杂。一方面，随着温度的升高，材料的电阻率和 R_K 值同时上升。但同时由于机械强度会降低，微观不平整面变形容易，R_K 值下降。此外，由于表面膜一般具有半导体导电性，其电阻会随着温度的升高而下降。但这里起关键作用的还是表面与大气之间的化学反应。温度急剧加速了表面化合物膜层的生长速度，导致接触电阻升高。所以，电触头元件的工作温度（或与环境温度的差值 ΔT）必须严格限制。这种测试对于铜基电触头常常有单独规定。

长时间通以额定电流，电触头温度在一定程度上取决于 R_K 值。电触头连接处释放的功率 P 为

$$P = I^2 R_K = I^2 \left[\frac{\rho \sqrt{\xi \pi HB}}{2N \sqrt{F_K}} + R_P \right] \tag{1.12}$$

该能量以传导方式散失，因此要求电触头材料具有较高的导热性，同时电阻值 ρ 应较低。热源为接触表面的 α—斑点，即束流区。α—斑点的温度不仅影响电触头的温度，还决定了接触元件上这些斑点附近区域的物理和物理化学过程。由于很多重要因素影响，闭合电触头分界面上散失功率降低。所以功率值及其影响因素对于理解和合理选择电触头材料十分重要。由此可知，应当优先选用高电导率的金属。

从理论上确定单一金属电触头上的接触斑点温度 T_a，即

$$\Delta U_{\mathrm{K}}^2 = 8 \int_{T_0}^{T_a} \lambda \rho \mathrm{d}T \tag{1.13}$$

式中　ΔU_{K}——电触头上的电压降；

　　　　T_0——束流区边界温度(电触头温度)；

　　　　λ——热导率；

　　　　T——任意时刻电触头表面的温度。

设 ρ 和 λ 与温度无关，就可以得到实际中比较方便使用的 Kohlrausch 方程，即

$$T_a = T_0 + \frac{\Delta U_{\mathrm{K}}^2}{8 \rho \lambda} \tag{1.14}$$

考虑到温度对电阻率和热导率的影响，有

$$\rho = \rho_0 (1 + k_1 T + k_2 T^2) \tag{1.15}$$

$$\lambda = \lambda_0 (1 + k_3 T + k_4 T^2) \tag{1.16}$$

式(1.13)变得更为复杂，即

$$\Delta U_{\mathrm{K}} = 8 \rho_0 \lambda_0 \left[(T_a - T_0) + \frac{k_1 - k_3}{2} (T_a^2 - T_0^2) + \frac{k_2 + k_4 - k_1 k_3}{3} (T_a^3 - T_0^3) + \cdots \right]$$

$$\tag{1.17}$$

图 1.8 反映出不同触点温度下单金属铜基电触头副上接触斑点区温度与电压降的关系。由此可知，对于每种金属都存在特征的 ΔU_{K} 值，在该数值处 α 一斑点会出现材料的软化、熔化或汽化。铜的这些数值分别为 $\Delta U_{\mathrm{S}} = 0.12\ \mathrm{V}$、$\Delta U_{\mathrm{F}} = 0.43\ \mathrm{B}$ 和 $\Delta U_{\mathrm{G}} = 0.79\ \mathrm{V}$。$\Delta U_{\mathrm{S}}$ 值是在标准的小功率电触头上测得的。一般情况下 $\Delta U_{\mathrm{K}} \leqslant (0.5 \sim 0.8) \Delta U_{\mathrm{S}}$。

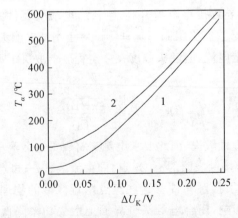

图 1.8　不同触点温度下单金属铜基电触头副上
接触斑点区温度与电压降的关系
$1—T = 20\ ℃$；$2—T = 100\ ℃$

式(1.14)中温度对 ρ 和 λ 的影响可以忽略,于是得到比式(1.17)更为简便的形式。根据维德曼－弗朗茨定律 $\rho \times \lambda = k_L \times T(k_L$ 与材料类型有关),可以近似地表达为

$$k_L = 2.4 \times 10^{-8} \left(\frac{\Delta U}{\lambda} \right)^2 \tag{1.18}$$

式中 k_L —— 洛伦兹常数,$k_L \approx 2.3 \times 10^{-8} (\text{W/K})^2$。

式(1.13)可以写为

$$\Delta U_K^2 = 8 k_L \int_{T_a}^{T_0} T \, \mathrm{d}T \tag{1.19}$$

由此

$$\Delta U_K^2 = 9.6 \times 10^{-8} (T_a^2 - T_0^2) \tag{1.20}$$

在进行电器结构设计时,运用式(1.20)确定存在内部热源时电触头元件上的热量分布,即

$$\arccos \frac{T_a}{T_0} = \frac{I \sqrt{k_L \xi \pi \mathrm{HB}}}{4 \lambda \sqrt{F_K}} \tag{1.21}$$

式(1.21)可以确定对应于电流 I 值的 F_K 和 T_0 值。

1.1.3 接触体系过载机制

下面分析过载和瞬时闭合时的极限工作条件。此时,通过电触头的电流可能会超过额定电流几个数量级,这种极限工作条件会对电触头材料提出一系列附加的要求。

瞬时闭合时电触头承受特别严酷的热物理条件。此时,接触面上的温度急剧上升;同时,束流区电流线的弯曲产生的电动力会使电触头间的接触压力降低,甚至造成电触头分断。接触压力降低会引起 R_K 的增大,温度还会继续上升;而电动力的产生会造成电触头颤动或生成短电弧。这两种情况都会造成金属熔化,甚至爆发式挥发或汽化,从而形成电触头分离的附加力。长时间通以过载电流,也可能会产生与上述类似的现象。

下面详细分析束流区接触面上产生的现象。当电触头保持接触状态时,束流区电压降与电流值的关系如图 1.9 所示。小电流时,电压降值与通过束流区电流值成正比。随着电流增大,接触区域会

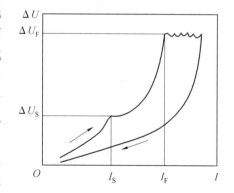

图 1.9 恒定接触压力下束流区电压降随电流变化特征(电流先升后降)

被加热,材料的电阻率上升,产生的附加电压降使线性关系发生弯曲。表面温度继续升高为 $T_\mathrm{S} \sim 0.4T_\mathrm{F}$(软化温度)时,束流区金属产生塑性变形,使接触电阻上升速度减缓。随后继续增大电流,会使束流区温度升到接近于材料熔点。电流超过某一指标时,继续增大电流只会扩大熔融区域,电压处于恒定状态。反向降低电流时,由于束流区面积较大,接触电阻较低,会出现另外一种曲线关系。

接触面熔化会造成熔焊,每种材料都有相应的临界熔焊电流值 I_C,即

$$I_\mathrm{C} = \frac{\Delta U_\mathrm{F}}{R_\mathrm{K}} = \frac{2\Delta U_\mathrm{F} N \sqrt{F_\mathrm{K}}}{\rho \sqrt{\xi\pi\mathrm{HB}}} \tag{1.22}$$

将式(1.20)中的 ΔU_K 代入式(1.22),得

$$I_\mathrm{C} = \frac{6.2 \times 10^{-4} N \sqrt{T_\mathrm{F}^2 - T_0^2}}{\rho(T) \sqrt{\xi\pi\mathrm{HB}}} \sqrt{F_\mathrm{K}} \tag{1.23}$$

由式(1.23)可知,电触头表面达到指定温度所需的电流值与 $F^{1/2}$ 成正比。已有研究者利用软化温度和熔化温度对式(1.23)进行了验证,发现软化温度对应的电流值与 $F^{1/2}$ 的函数关系符合良好;但当接近于熔化电流时,试验数据所表述的阶程指标小于 $1/2$。

从定性角度来说,熔点较低的纯金属(银、铜)易于熔焊,而合金和复合材料难熔焊;与导热和导电性差的材料相比,电导率 γ 和热导率 λ 较高的材料可焊性差。硬度高的材料比硬度低的材料难熔焊。

通常意义上,当通过电触头的电流接近熔焊电流临界值或超过临界值时,整个电触头在某种程度上会发生熔焊。而当无电流的金属表面间施加很高的外力时,或者在以额定电流长时间工作时,电触头会产生"冷焊"。试验研究表明:这种冷焊与温度有关,即当温度从 20 ℃升至 150 ℃时,铜触头的熔焊力会增大 6 倍。熔焊现象从根本上来说是接触体之间的基本扩散过程。因此,从技术角度来说,熔焊性质可用熔焊触头断开力 F_V 来表征。断开力直接取决于电触头材质和表面状态。杂质和表面薄膜层的存在可以导致断开力的下降,这是局部基体强度降低和轻度层剥离造成的。

熔焊和大量的电蚀磨损不仅在电路分断时可以观察到,在接通时也可以观察到。接通电路时,电触头会产生弹性变形,开关装置由于跳跃效应发生短时间的断开。断开可以有多次(2~5 次振动)重复,振幅可达 0.2 mm,这一现象称为电触头的振颤或回跳。在发生回跳时,电触头间会产生短电弧和与之相关的所有效应,其中包括熔焊。

此外,闭合过程中熔焊的产生还有一种机制,即当触头间距变得很小时,施加在间隙上的电压会引起击穿,导通电流达到电触头接触时的电流值。此时,尽管形成的电弧长度和燃弧时间都很短,但它会导致接触表面区局部熔化,从而发生熔焊。电触头闭合时这种熔焊条件不可避免。

因此,熔焊现象的发生是金属表面接触特性,在转换系统所有工作条件下都会产生熔焊。但根本的问题并不在于如何避免熔焊,而是如何选择电触头材料,使熔焊结合强度最低,即在任何情况下都小于电器弹簧的反力。但要注意的是,获得低熔焊力的前提是不丧失电触头材料其他的服役性能,以保证电器的正常工作。

上述这些复杂的条件对电触头材料基体的选择提出了限制。首先,难熔金属不能作为电触头材料的基体组元。这种金属在燃弧时会被加热到很高温度,难以形成有效的电子热发射源,从而阻碍电弧的熄灭。其次,锌、镉和铅等易挥发金属同样不能作为电触头材料的基体组元,因为电弧作用造成表面过热,从而引起金属的强烈蒸发,这也会阻止电弧的熄灭,并造成电触头的强烈电蚀磨损。因此,只有熔点处于中间状态的金属才有可能成为材料的基体组元。目前只有银和铜能够满足对电触头基体材料提出的这些基本要求,它们具有合适的熔点和较高的导热、导电性,而且资源丰富、价格适中。

综合上述的各种物理现象及其在电触头服役过程中产生的结果,构成了对电触头材料的一系列基本要求。

1.1.4　电接触过程对电触头材料的基本要求

根据电触头工作方式的不同,将开关装置上电触头材料的性能基本类别划分为电物理性能、热力学性能、机械性能和化学性能。综合材料设计、制备及服役过程中的各种有效因素及其影响效果,就可以形成对电触头材料物理化学特性的基本要求。

引起电触头损坏的因素有电弧、电火花、额定电流、过载电流和瞬时闭合电流传输,各种形式的动载荷和热应力,介质的腐蚀作用。

损坏因素对电触头材料作用的结果:材料熔化、蒸发和飞溅,电触头之间材料转移,塑性变形;裂纹形成、破损及其剥落;形成疏松、弧坑、飞溅液滴和气体沉积;与大气之间的相互作用,形成工作层;熔焊、冷焊、擦伤、剥落和疲劳裂纹。

电触头材料可以降低负面影响的物理化学特性,具体如下:

(1)适中的熔点 T_F 和沸点 T_G、高的熔化潜热 Q_F 和汽化潜热 Q_G、高热容 C_P 和热导率 λ。

(2)熔体的蒸气压低,表面张力高。

(3)电导率 γ、电子逸出功 A_e、电离电位 φ 等性能指标高。

(4)强度、疲劳强度、冲击韧性高,硬度和塑性适中。

(5)耐腐蚀性、腐蚀产物挥发性及导电性好,表面膜层强度及其与基体的结合力适中。

上述电接触材料的所有物理化学特性,集中地反映在电触头的服役特性上,具体表现如下:

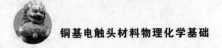

(1)抗电弧腐蚀性高。

(2)在腐蚀和活性气氛中接触电阻低且稳定。

(3)在电弧、电流、动态和静态载荷作用下熔焊倾向性低。

(4)耐机械磨损性高。

从服役条件对材料性质提出的综合要求可以看出,这些要求是多样的,而且有些是相互矛盾的。因此,在一种材料中不可能满足所有要求。一些高熔点的金属(钼、钨、钽、铼)和石墨等材料可以部分地满足这些要求。例如,它们具有好的热物理性能、高的电子逸出功和电离能,它们的耐腐蚀性虽不强,但其氧化物具有挥发性或导电性较好;但是这些材料也有不少缺点,它们的导电和导热能力不足,塑性和抗热性不高,因而在机械作用和热作用下,这类电触头易发生疲劳断裂。

银、金、铂和钯有良好的导电和导热性能,较高的塑性和抗腐蚀性,但它们的热物理性能不高,而且没有良好的抗电蚀性。

虽然上述相互排斥的性质不能共存于一种材质中,但可以通过粉末冶金法制备的复合材料(有时也称为假合金)将其联合在一起。

对电触头材料性质的诸多要求,反映出影响电触头服役的因素及电触头表面物理化学过程的复杂性和多样性,而且这些因素和过程又存在耦合作用。这就导致了对研究过程中出现的试验事实的多重理解,把相当大部分的经验主义带进新材料的设计,而在材料制备中工艺上的细微差异,可能使这种经验性的成分增大了。

上述论述的明显例子是,中等电流低压电器广泛使用的弧触头材料 Ag-CdO,这种材料独特地综合了各种使用特性。虽然这种材料已使用了 80 多年,并有上百个课题对它进行了全面研究,但到目前为止,对这一电触头体系的高抗电蚀机制尚不完全清楚。

1.2　低压电器用电触头材料的分类及特点

低压电器通常是指在电压 $U \leqslant 1\,000$ V,额定电流 $I_e \leqslant 1\,000$ A 的条件下工作的电器开关装置。显然,单一类型的电触头材料,不可能在 $1 \sim 1\,000$ A 这么大范围内均有效地进行工作;同时,各种电器装置的用途和工作条件也有差别,从而对电触头材料的性能也提出了不同要求。电流类型(直流或交流)、工作环境(空气、油介质、SF_6 气氛、真空)、电器用途(自动开关、接触器)等,都是低压电器本身对电触头材料构成的影响因素。

1.2.1　电触头材料的分类

目前,人们研发的低压电器用电触头材料有数百种,但形成产业化和实际应用的不过几十种,它们基本上可以归纳为四个系列:Ag—CdO、Ag—Ni、Ag—W和 Ag—C。也就是说,它们中的绝大部分是银基材料,或者含有一定的银。银除了具有高的导电性能、导热性能和塑性外,同氧的亲和力也较小,氧化产物 Ag_2O 和 AgO 在 470 K 时即可分解,而且这两种氧化电阻率较小,在室温下分别为 $1\ \Omega\cdot cm$ 和 $0.012\ \Omega\cdot cm$。银基电触头在表面被氧化的情况下,电流收缩区会发热(可以达到几百开氏度),表面上银的氧化物 Ag_2O 和 AgO 开始分解,从而恢复了电触头上金属间的接触。因此,银可为电触头提供较低的接触电阻。

在频繁操作的电器装置中,有时也使用铜基电触头 Cu—Cd、Cu—WC、Cu—Mo 和 Cu—W。在接触压力较大、频繁操作、接触时有磨损的特殊点式接触的结构上,铜基电触头可为其提供良好的耐磨性能和足够低的接触电阻。铜与钨或碳化钨构成的系列电触头材料一般使用在大电流和高压电器上,较少在低压电器上使用。

因此,在工程上实际应用于低压电器的铜基电触头的数量很有限。同时,对这类材料研究的文献资料也很有限,尤其是从物理化学角度出发研究其材料学和工艺学问题的文献更是凤毛麟角。尽管在银基材料研究领域还有很多空白,但与其相比,人们在铜基电触头材料研究领域投入的研究力量还非常薄弱。目前对铜基电触头材料的研究,大都也以银基电触头材料为例,通过对其现状及存在问题的分析,也将为铜基电触头材料在化学成分、相组成及工艺特性等方面的设计指明方向。目前这些研究主要集中在对成分、工艺设计及服役损伤行为的方向上。例如,合理选择添加相及其含量、弥散性的影响、微观组织的作用、恰当的工艺方法、与服役特性相关的材料性质等。

表 1.1 和表 1.2 中列出了典型银基电触头材料基本性能对比和典型电触头复合材料性能及应用领域。表 1.3 中列举了各种类型低压电器上推荐使用的电触头材料。

表 1.1　典型银基电触头材料基本性能对比

评价	冷焊	接通时熔焊	电弧烧蚀	弧根移动性	电弧作用后的接触电阻
差 ↓ 好	WAg WCAg AgNi AgMeO AgCu、Ag AgC	Ag、AgCu AgNi AgMeO AgC WAg、WCAg	Ag AgCu AgC AgNi AgMeO WCAg WAg	WAg、WCAg AgC AgMeO AgNi Ag、AgCu	WAg、WCAg AgMeO AgNi AgCu AgC Ag

表 1.2　典型电触头复合材料性能及应用领域

典型实例	典型应用	基本性能				
		抗熔焊性	接触电阻	抗烧蚀性	电弧移动性	灭弧特性
Ag—10CdO(内氧化)	接触器	好	优	好	优	优
Ag—15CdO(内氧化)	断流器	优	优	优	优	优
Ag—10CdO	接触器	好	优	好	优	优
Ag—15CdO	接触器	优	优	优	好	优
Ag—12SnO$_2$In$_2$O$_3$(内氧化)	接触器、断流器	优	差	优	好	好
Ag—12SnO$_2$Bi$_2$O$_3$(内氧化)	接触器、断流器	优	差	优	好	好
Ag—12SnO$_2$WO$_3$	接触器、断流器	优	好	优	好	好
Ag—12SnO$_2$MoO$_2$	接触器、断流器	优	优	优	好	好
Ag—8ZnO	断流器	优	差	优	好	好
Ag—10Ni	接触器	差	优	差	优	好
Ag—20Ni	接触器	好	好	好	优	好
Ag—20Ni*	启动器	好	优	好	优	好
Ag—(30～40)Ni*	自动开关	好	好	好	优	好
Ag—3C**	自动开关	优	优	差	差	好
Ag—5C*	自动开关	优	优	差	差	好
Ag—60W	断流器	好	差	优	差	差

注：＊Ag—Ni/Ag—C 非对称触头对；＊＊Ag—C/Cu 非对称触头对。

表 1.3　各种类型低压电器上推荐使用的电触头材料

应用领域	持续电流	分断电流	材料	
继电器和辅助电触头	≤10 A	≤100 A	Ag AgCu(3%～10%)Cu AgCdO(10%～15%)CdO AgNi(10%～20%)Ni	
接触器	≤10 A	≤150 A	AgNi(10%～20%)Ni	
	>10 A	150 A～10 kA	AgCdO(10%～15%)CdO AgSnO₂(8%～12%)SnO₂	
自动开关 （美国标准）	≤125 A	≤10 kA	MoAg(25%～50%)Ag WAg(50%)Ag	
住宅转换开关	≤30 A	≤10 kA	WAg(25%～50%)Ag MoAg(Ag 覆层) AgCdO(10%～15%)CdO AgZnO(8%～10%)ZnO AgSnO₂(8%～10%)SnO₂	
自动开关（欧洲标准）	≤63 A	≤10 kA	AgCdO(10%～15%)CdO AgSnO₂(10%～12%)SnO₂ AgC(3%～5%)C+Cu	
		>10 kA	AgC(3%～5%)C+AgNi(40%～50%)Ni AgZnO(8%)ZnO MoAg(25%～50%)Ag,WAg	
无辅助弧触头的 工业自动开关	≤400 A	≤25 kA	AgC(3%～5%)C+AgNi(40%～50%)Ni AgC(3%～5%)C+WAg(25%～50%)Ag WAg(25%～50%)Ag	
	≤800 A	≤100 kA	WCAg(35%～50%)Ag MoAg(30%～50%)Ag	
带主触头和 弧触头的自动开关	>400 A	<150 kA	主触头	AgNi(20%～40%)Ni AgCdO(10%～15%)CdO MoAg(50%Ag) AgW(25%～50%)W WCAg(35%～50%)Ag
			弧触头	WAg(20%～35%)Ag WCu(30%～50%)Cu WCAg(30%～40%)Ag

1.2.2　电触头材料的制备工艺

目前常用的各系列电触头材料都是复合材料,其组元在基体中的固溶度十分有限。合金化虽然可使硬度、耐磨性得到改善,但也伴随着熔点的下降,导热和导电学性能降低。因此,单一的合金化的方法不会有效提高银基及铜基电触头的服役性能,也不可能使其面临的综合问题得到根本解决。

目前铜、银基电触头的生产常常采用粉末冶金法。粉末冶金法可获得具有各组元的综合特性,弥散强化材料又不至于使电导率 γ、热导率 λ 和熔点 T_F 下降,或者制备出具有骨架结构的假合金。

电触头材料的所有服役性能都具有组织敏感性。材料中各相的分散性、取向和相界面等,都会影响电弧阴极斑状态、材料的熔化深度和耐电蚀性。例如,在钨粉颗粒尺寸由 $2\sim 8\ \mu m$ 增至 $25\ \mu m$ 时,Ag-W 电触头的电蚀程度会增大 2 倍;Ag-CdO 电触头材料在组元呈细弥散分布时,可以在中等电流低压电器上良好工作;在组元呈粗弥散分布时,则可服役于高电流低压电器上。这些材料的生产工艺有一定的差异,所以工艺学方面的研究不仅可以改善产品质量,而且对扩大产品的应用领域也有很重要的意义。

应当强调的是,材料组织对电触头性能的影响并不总是唯一性的。文献[58,59]指出,随着 CuW 材料的钨(W)颗粒由 $1\ \mu m$ 增大到 $20\ \mu m$,其耐烧蚀性增强的同时,塑性和冲击韧性也会同步增大;在颗粒尺寸为 $20\ \mu m$ 左右的复合材料中,会发现其总的耐磨损性在下降,这一方面是受毛细现象的影响,另一方面是因为有脆性破坏出现。

材料组织对弱电触头的工作特性影响更大。表 1.4 中列出了直流 $I=2$ A,$U=24$ V 通断条件下,银(99.99%,质量分数)和银钯合金制备电触头的磨损性对比。

表 1.4　不同方法制备电触头的磨损性对比

电触头材料	制备方法	电极质量变化,$\Delta m/[g \cdot (10^{-8} 次)^{-1}]$	
		阳极	阴极
Ag	铸造	+49.0	-32.0
	粉末冶金	-15.0	-1.7
70Ag-30Pd	铸造	+18.0	-22.0
	粉末冶金	+2.2	-3.4

表 1.4 中的电触头采用铸造法和粉末冶金法两种方法制备。如果不考虑材料中含量较低的杂质,那么电触头之间的主要差别在于材料的组织(熔铸组织晶

粒粗大)。虽然两种方法制备的材料强度和塑性也存在一定差别,但其磨损特性差异更大。铸造电触头时会出现阴极向阳极的大量物质转移,并相应形成电触头表面凹陷和凸起,在这种条件下粉末材料两个电极上的烧蚀速率明显要低很多。

　　对于上述现象,目前还没有找到比较全面、可信和合理的解释。这又一次证明,使用粉末冶金法制备电触头材料,由于可以采用各种工艺方案,材料的成分和组织可以在很大的范围内进行调整。

　　尽管粉末冶金法可以用于所有电触头材料的制备工艺,但每种材料组元物理化学特性的差异会使其工艺具有各自的特性,并给各类材料带来新的工艺方面的可能性。粉末冶金材料可靠工作的重要条件之一是材料致密度和相间结合强度高。利用添加剂可以保证相间结合程度良好,采用复压、锻造和挤压可以降低烧结坯或熔浸坯的孔隙率。

1.2.3　电触头材料的特点及应用

　　表 1.5 中列出了目前工业上比较重要的中等电流、强电流分断电触头材料和触头产品的成分及性能,可以在一定程度上反映出生产工艺的特点。实例说明,材料的电导率、硬度、密度,以及其耐烧蚀性本质上取决于所采用的制备工艺。同时,具有不同特性的电触头可以作为具体某种电器的选择对象。

表 1.5　中等电流、强电流分断电触头材料和触头产品的成分及性能

成分		密度	硬度(HB)	电阻率	热导率	拉伸强度	延伸率
组元	质量分数/%	/(g·cm^{-3})	/MPa	/($\mu\Omega$·m^{-1})	/(W·m^{-1}·K^{-1})	/MPa	$\dfrac{\Delta l}{l}$/%
Ag	99.9	10.20	50	0.019	—	80	59
Ag/CdO－M	85/15	9.90	105	0.028	305	330	9
Ag/CdO－MD	85/15	10.10	110	0.028	311	345	9
Ag/CuO－M	90/10	9.80	75	0.025	—	220	23
Ag/CuO	90/10	10.00	40	0.023	—	180	3
Ag/Ni	70/30	9.80	75	0.030	255	220	18
Ag/Ni－M	70/30	9.90	100	0.029	210	270	20
Ag/Ni－MD	70/30	10.00	100	0.028	214	280	20
Ag/Ni	60/40	9.70	80	0.035	230	240	17
Ag/Ni－M	60/40	9.80	115	0.035	240	320	15
Ag/C－H	97/3	9.30	50	0.026	—	—	—

续表 1.5

成分		密度/(g·cm⁻³)	硬度(HB)/MPa	电阻率/(μΩ·m⁻¹)	热导率/(W·m⁻¹·K⁻¹)	拉伸强度/MPa	延伸率 $\frac{\Delta l}{l}$/%
组元	质量分数/%						
Ag/C	95/5	8.70	40	0.037	400	—	—
Ag/Ni/C—H	68/29/3	8.90	65	0.045	355	110	2
Ag/Ni/C—MD	69/29/2	9.50	95	0.035	—	—	—
Ag/Cd/Ni//Fe	76.3/22.5/0.8/0.4	9.80	70	0.07	200	210	61
Ag/Cd/In/Cu	73.5/25/1.0/0.5	10.50	47	0.066	—	250	50
Cu	99.9~99.95	8.96	44	0.017	400	300	60
Cu	99.5	8.60	65	0.021	—	230	—
Cu/Cd—M	99/1	8.90	55	0.023	—	320	—
Cu/Cd	99/1	8.60	80	0.025	420	300	—
Cu/C—M	97/3	7.30	35	0.040	380	—	—
Cu/C	97/5	6.80	30	0.050	—	—	—
Ag/Mo	50/50	10.20	120	0.028	—	—	—
Ag/W/Ni	47/50/3	13.80	140	0.041	275	300	7
Ag/W/Ni	27/70/3	15.40	210	0.045	230	430	4
Cu/W/Ni	47/50/3	12.50	150	0.070	190	510	7
Cu/W/Ni	27/70/3	14.20	200	0.070	134	600	4
Cu/Mo	50/50	9.50	130	0.038	—	—	—
Cu/Mo	20/80	10.10	220	0.047	—	—	—
Cu/Mo/BN	27/72.8/0.2	9.80	200	0.060	—	360	11
Fe/Cu/Bi	70/27/3	8.00	150	0.110	—	—	—
Cr/Cu/W	47/50/3	7.90	75	0.060	—	270	8
Cu/Bi/B	99.6/0.38/0.02	8.92	55	0.019	—	80	≤1
Fe/Cu/Sb	70/26/4	7.92	160	0.130	—	175	2

注:M—内氧化或铸造;D—两次压制加中间退火;H—镍覆层。

1. Ag—Ni 材料

早在 1939 年,大负荷继电器已使用了 Ag—Ni 材料,这种假合金电触头材料至今仍被沿用。表 1.5 中列有 Ag—Ni 系列电触头材料的组成及性能,它的应用领域限于中等负荷接触器和磁性起动器、铁路自动继电器,它与 Ag－C 触点配对使用具有良好的抗熔焊性,可用于自动空气开关。

Ag－Ni 材料既可用 Ag 粉和 Ni 粉直接混合获得,也可用液相共沉积法获得。后者可获得具有较高服役性能的细弥散性材料,文献[64]对这种假合金的制备工艺进行了详细论述,其中还包括粉末固相烧结后必要冷变形(挤压、轧制、拔丝)工艺。冷变形方法可获得具有织构组织的材料。Ag－Ni 电触头除具有良好的塑性和可加工性能外,还有高的导电性、导热性、耐磨性、耐电蚀性,低且稳定的接触电阻。

通过内氧化法也可以获得 Ag－Ni 材料:通过盐类混合物在振荡器中磨碎然后还原。该方法适合于 Ag－Ni 和 Ag－Ni－C 粉末混合体的制备,它比液相共沉积法简单且产量大。

Ag－Ni 触点的最大优点在于其工艺性:无须附加焊接用银层(覆层)。同样重要的是,它可节银达 40%。因此,改进这种材料的工作仍在继续。人们早期研究过 Ag－10Ni－3C 这种成分的触点,它的熔焊抗力较大,但电弧烧损速率也较大。研究者在此基础上加入了少量(质量分数 0.5% 和 1%)的石墨,结果表明,其在电器上的电弧烧蚀速率和抗熔焊性均明显升高。但该材料在台架试验时,对电触头间静态间隙的测量结果却表明,其烧蚀速率在下降(见 1.3 节),其原因尚需进一步研究。

2. Ag－C 材料

电触头的抗熔焊性是 Ag－C 材料的一个重要特性,它可以保证在应急情况下可靠分断电流。自动开关、铁路信号继电器、温度调节器(如电熨斗)等低压电器对电触头材料就有这种要求。为达到这个目的,常采用石墨含量为 2%～5% 的 Ag－C 的烧结材料;在电流较大的情况下,石墨含量为 10%～20%。在银基中掺入 3%～5% 的元素 C 可使材料软化,并使金属接触面积减小,从而使电触头在实际中不易发生熔焊。这种材料的硬度(HB)低(约为 400 MPa),但电弧烧蚀量极大。其主要原因在于石墨强度低,在基体和石墨相之间不存在冶金结合。文献[42]公布了石墨颗粒尺寸和工艺特点对 Ag－5C 电触头特性影响的研究结果,石墨尺寸的减小导致因电弧作用而造成的损失增大,抗熔焊性也增大了。

为了增大金属基体的强度,可以在电触头中加镍,实际上,人们已经获得了(10%～30%)Ag－Ni－3C 复合触点,它具有高的抗熔焊性和低的接触电阻,同时具有良好的机械特性和较低的价格。Ag－29Ni－3C－1Cd 构成的触点材料已经在实际工程中得到应用,其硬度(HB)为 840 MPa,镉的添加可以改善耐电蚀性。也有报道称,这种材料中石墨颗粒的细化对服役性能有副作用。

3. Ag－CdO 材料

Ag－CdO 构成的电触头在电触头应用领域占有很大比例:接触器和磁起动

器、中等和重载工作制的继电器、自动温度调节器、无轨电车和电力机车的控制器、终端开关、日用电器等。如前所述,这种材料的使用已有 80 多年的历史,到目前为止研究仍在继续,以期对其服役行为及机制进行深入的研究。

根据目前的观点,在电触头中应用的 CdO 可以产生多方面的作用:CdO 颗粒弥散强化可以改善机械特性;CdO 颗粒在阴极斑的熔池中的存在可增大熔融物的黏性,以减小喷溅;CdO 的分解导致基体上的热负荷下降,同时导致电弧稳定性及其温度下降;CdO 的蒸发和分解产生大量气体,气体可以吹散电弧,使电弧在电触头上移动,热能得以分散(吹除效应)。还有人认为,氧化镉分解产生的氧进入电弧等离子体之中,同样会促使电弧稳定性下降,即起到灭弧作用。这是由于氧是强电子接受体,它会降低等离子体中的电子浓度。

此外,CdO 具有高挥发性和低电阻值($0.01\sim0.5~\Omega\cdot cm$),在电触头表面不会造成导电性较差的膜层,从而保持接触电阻低且稳定。

但是,对这个问题的研究还不完全清楚。人们研究过许多具有类似特性的其他氧化物,将其作为添加剂,但没有一种氧化物可与 CdO 相提并论。举例来说,在 220 V、160 A 的交流接触器上,试验添加了体积分数为 12.5% 的不同氧化物的银基材料,得到的电磨损数值(总共进行了 20 000 次接通和分断)见表 1.6。

表 1.6 银—氧化物电触头电弧烧蚀速率测试结果

添加氧化物	CdO	CuO	Sb_2O_3	ZnO	Mn_3O_4	PbO
烧蚀速率/($\mu g\cdot$次$^{-1}$)	1.45	5.60	4.08	20.0	4.05	22.5

在某种程度上,目前唯一可以同 CdO 相竞争的氧化物是 SnO_2。添加 12% 的 SnO_2 或 $SnO_2+In_2O_3$(Bi_2O_3、WO_3、MoO_3)的电触头已经在工程上得到一定程度的应用,这种电触头符合生态要求,因而对它的研究仍在不断地深入(通常与 Ag—CdO 对比研究)。根据文献资料,Ag—SnO_2 具有良好的耐电蚀特性,虽然许多研究结果相互矛盾,但在某些应用领域,它已完全可以代替含镉材料(表 1.2)。

在研究和分析的基础上,文献[66]得出结论,认为银—氧化物电触头有效工作范围的电流如下:Ag—CdO,50~3 000 A;Ag—ZnO,3 000~5 000 A;Ag—SnO_2,500~3 000 A。因此,含有 SnO_2 的电触头的有效工作范围为电流在 500 A 以上,实际上接近中等电流的上限。

在成分设计上比较有特点的是 METALOR 公司生产的含铁及铁氧体的电触头,其名义成分分别是 91.2Ag—8.4Fe—0.4Re 和 92.6Ag—6.4Fe_2O_3—1ZrO_2。这几种成分的电触头材料在个别领域应用时,其性能有时会超过 Ag—CdO 材料的指标。

含有 CuO 的材料 Ag—10CuO 应用领域也有限,它有时应用于大负荷交、直流电器和内燃机车的转换开关等电器。

Ag－CdO 系列电触头通常含有 10％～15％的 CdO,可以用多种方法生产:

(1)Ag 和 CdO 粉末传统冶金法。

(2)盐类的共沉淀法。

(3)Ag－Cd 合金或粉末压坯的内氧化法。

利用第二种和第三种方法可以获得细弥散分布的组织,其第二相的尺寸为 0.1～10 μm,而传统粉末冶金混合得到的第二相颗粒为 30～50 μm。在应用中,具有细弥散组织的材料性能都优于传统粉末冶金材料(表 1.5),尤其耐电蚀性特别高,比粉末冶金电触头高 1～4 倍。图 1.10 为 85Ag－15CdO 电触头材料氧化物添加相弥散性对其服役性能的影响。显然,材料的强度和抗电弧烧蚀性与第二相分散程度有关。上述条件下,第二相粒子细化是个有利因素。

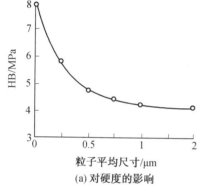

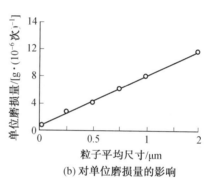

(a) 对硬度的影响　　　　　(b) 对单位磨损量的影响

图 1.10　85Ag－15CdO 电触头材料氧化物添加相弥散性对其服役性能的影响

上述现象可以理解为,在 Ag－CdO 和 Ag－Ni 的弥散材料上具有形成等离子射流的特殊条件。也有一种说法是,在弥散电触头上电弧根部的移动速度较高,电弧黏留位置的迁移较为容易,热量的集中程度减弱,因而表面上的局部破坏程度也就随之下降了。虽然后一种解释的可行性更大一些,但显然也不能全面揭示细弥散相有利于材料抗电弧烧蚀性提高的本质。

利用第二种和第三种方法可获得近均匀弥散分布的 CdO($\leqslant$1 μm),但在高负载工作条件下,烧结材料会表现出更为优越的性能。液相烧结和内氧化法获得的电触头,常因在表面上沿颗粒边界出现裂纹而被破坏。内氧化后的材料经过冷变形处理,可以对这种损伤行为有所改善。

为了改善电触头的焊接质量,一般要求电触头加银或镍的覆层作为焊接面,将覆层材料同工作层一起压制,覆层的厚度为 0.15～0.25 mm。

雾化 Ag－Cd 和 Ag－Sn 熔融物制备 Ag－CdO 和 Ag－SnO₂ 电触头的工艺(Internal Oxidation of Alloyed Powder,IOAP):熔融物在 1 470 K,34 MPa条件下用水喷射得到 44 μm 的粉末。粉末在 753～973 K 温度下氧化,温度高低决定了氧化添加物的形态。其后是坯料的压制(p＝175～700 MPa),1 083 K 下烧

结 1 h,再压制($p=1\ 230\ MPa$),所获得的材料具有良好的电触头特性。

为改善材料的质量,人们还试图添加少量氧化物,以促进银的熔化物更好地湿润 CdO,如氧化亚铜、氧化锗、氧化钽(Cu_2O,GeO_2,Ta_2O_5),加入量为 $0.15\%\sim0.43\%$。加入 0.15% 的 GeO_2 可以增强在长期工作制下电触头的电蚀抗性,而 Cu_2O 可导致裂纹的出现和加速电触头的损坏。应当指出,在电流大于 50 A 时,所有的添加物都会导致电蚀增强,特别是 Ta_2O_5。

文献[80]的作者在 Ag—10CdO 中加入 5% 的铋、锡、钨和铟的氧化物,并对添加物的作用加以研究。电触头由相同的工艺制造,电触头上的电流负荷为 $100\sim150$ A,在电触头间间隙固定的条件下对耐电蚀性进行了测量。与标准成分的 Ag—15CdO 材料相比较,获得了以下结果:Ag—10CdO—Bi_2O_3 电触头的电蚀速率几乎下降了 50%;添加 SnO_2 对磨损量几乎没有改变;而添加 In_2O_3 和 WO_3,磨损量相应地增大了 $1.9\sim2.4$ 和 $4.5\sim5.5$ 倍。作者根据金相和 X 射线分析的数据,将上述结果解释为工作层中的变化和添加物与基体间相互作用,并指出了添加物颗粒的热物理特性在材料抗电蚀性中的作用。

这些作者还研究了变形对 Ag—CdO 细弥散和粗弥散组织及抗电蚀性的影响。研究表明,随着沉淀物的预变形程度增大,材料耐电磨损性明显降低。在超过某些临界变形程度以后($29\%\sim43\%$),耐电磨损性急剧下降(约为 50%)。作者用材料的微连续性来解释这种现象。

以上论述再一次表明了电触头问题的多面性。甚至对于众所周知的材料,迄今为止仍然有改进的可能性,而且对于工艺及组织对材料的影响仍处于未知的状态。

目前,工业上广泛采用的低压电器电触头大多为银基材料。例如,著名的电触头材料生产商 METALOR 公司生产的主要产品成分如下:

(1)银—石墨系列[Ag—C:$w(C)=3\%$,4%,5%]。

(2)银—氧化锌系列[Ag—ZnO:$w(ZnO)=8\%$,10%]。

(3)银—钨系列[Ag—W:$w(W)=20\%\sim80\%$]。

(4)银—碳化钨系列[Ag—WC:$w(WC)=20\%\sim80\%$]。

(5)银—碳化钨—石墨系列[Ag—WC—C:$w(Ag)\geqslant50\%$,$w(C)=0.1\%\sim5\%$,$w(WC)=$余量]。

(6)银—二氧化锡系列[Ag—SnO_2:$w(SnO_2)=8\%$,10%,12%]。

(7)银—镍系列[Ag—Ni:$w(Ni)=10\%$,15%,20%,30%,40%,50%]。

(8)银—石墨—镍系列[Ag—C—Ni:$w(Ag)\geqslant80\%$,$w(C)=0.1\%\sim5\%$,$w(Ni)=20\%$]。

(9)银—铁系列[Ag—Fe:$w(Ag)=91.2\%$,$w(Fe)=8.4\%$,$w(Re)=0.4\%$]。

(10)银—氧化铁系列[$Ag-Fe_2O_3$：$w(Fe_2O_3)=6.4\%$，$w(ZrO_2)=1\%$]。

(11)银—氧化镉系列[$Ag-CdO$：$w(CdO)=8\%$，10%，12%，15%]。

为便于对比，在表1.7中列出了METALOR公司生产的$Ag-CdO$和$Ag-SnO_2$电触头材料的基本性能指标，其中括号内的数据为$Ag-SnO_2$电触头的性能指标。根据该公司提供的数据，含二氧化锡材料的抗熔焊性和抗电弧烧蚀能力明显超过$Ag-CdO$材料，但接触电阻稍差一些。两种材料的电导率和热导率都随着氧化物含量的增大而减小，硬度随着氧化物组元的细化而增大。显然，热挤压会使材料得到更为细化的微观组织，同时也使材料达到近于无孔隙的状态，从而使电触头获得更高的性能指标。

表1.7 METALOR公司生产的$Ag-CdO$和$Ag-SnO_2$电触头材料的基本性能指标

工艺	烧结—挤压			内氧化	混粉—烧结
	$Ag-CdO(SnO_2)$				
CdO 的质量分数/%	10	12	15	10	12
理论密度/(g·cm^{-3})	10.21 (9.98)	10.16	10.08	10.20	10.16
退火态维氏硬度	64(95)	66	68	60	47
电阻率(20 ℃)/(Ω·mm^{-2}·m^{-1})	0.020 2	0.020 7	0.022	0.022	0.020 4
电导率(20 ℃，IACS)/%	85(80)	83	78	78	84
热导率/(W·m^{-1}·K^{-1})	368	362	355	293	362
添加相尺寸/μm	1～5(0.5)			3～10	1～60

所有上述实例都说明，材料的硬度、密度、电阻率，以及烧蚀特性等参数实质上都取决于材料的成分和制备工艺。同时，电触头材料的性质各不相同，制备工艺也各具特色，因此针对具体电器产品必须认真选择相对应的电触头材料。

1.3 电触头测试

本节所涉及的是实验室条件下模拟研究材料服役性能的测试方法和测试设备，主要指电触头材料的重要特性——抗电弧烧蚀性和接触电阻的测量，并不涉及材料密度、硬度、导电性、导热性等机械物理性能标准的测量。

电触头材料抗电弧烧蚀性的研究采用的设备一般有固定式和分离式两种类型。固定式设备上的电触头间距固定，其间加载电流的振幅和持续时间可控，可以对无桥式烧蚀和机械磨损的纯电弧烧蚀行为进行研究。分离式设备更为全面地模拟了电触头的实际工作状态，同时还可以测量烧蚀试验过程中的接触电阻。

两种方法一般都监测一定循环次数(10 000~20 000 次)所对应的电触头失重,并以每次循环或单位燃弧时间的失重表征烧蚀速率。

需要强调的是,这两种方法可能会得到相互矛盾的结论。例如,文献[42]中在添加碳对 Ag-10Ni 材料的影响时,利用第一种方法得到的结论是,当添加碳的量为 0.5%~1% 时,电烧蚀速率明显下降(大约降低了 50%);而第二种方法得到的结论是电烧蚀速率升高了近一倍。如上所述,即使添加少量石墨也总会导致电触头抗电弧烧蚀性下降。所以,第二种方法对实际过程的评定更为合理。

接触电阻可以采用伏安法直接测量,也可以通过测量通电时电器电触头或端子的温升来间接表征。后一种方法通常在电器型式试验中采用。

由于缺乏电触头材料基本服役特性测试设备,所以研究者一般都是将电触头件放在自行设计的感性装置中进行测试。这里以作者研究电触头材料特性所用的设备作为示例。图 1.11 为该设备电路图和设备示意图。这种装置采用自动化程序控制,并可实现远程网络监控。类似的设备的基本执行机构大都采用交流接触器的结构。

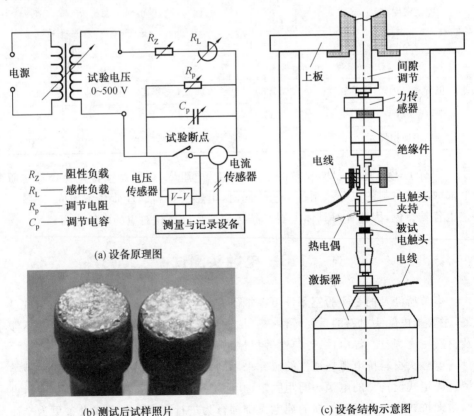

图 1.11　电触头材料交流抗电弧烧蚀特性测量设备示意图

试验所应用的设备参数见表 1.8。

表 1.8　试验所应用的设备参数

试验电流/A	15～30
电压/V	220,380
功率因数/cos φ	0.30～1.0
触点间距/mm	0～15
接触压力/N	15～20
通断频率/s⁻¹	>10
通断次数	程序可控
接通时间	>20%,程序可控
数据采集通道	8
数据存储形式	MS Eccess/Excel
数据存储步长	1 s 起,可通过程序设定

通过测量触头副上的电压降以确定接触电阻。每经过一定的通断循环(一般为 1 000 次)后测量接触电阻值,测量时电流为工作电流。

接触磨损量 i_k(g・次⁻¹)是以测量质量的变化来计算的:

测量两个电触头在试验过程中 $n=10^4$ 次通断循环后质量的变化

$$\Delta m = m_0 - m \tag{1.24}$$

式中　m_0——电触头原始质量;

　　　m——经 n 次循环后电触头质量。

取测量平均值,即

$$i_k = \frac{\Delta m_1 + \Delta m_2}{2n} \tag{1.25}$$

材料的熔焊倾向性测试条件是恒定分断力,用未发生熔焊(通断循环时电触头发生焊合)的次数来定性表征。

电触头测试时采用对称材质的触头副,规格与 CJT1－20 或 CJ20－20 交流接触器用触点参数相同。

上述设备主要研究以下内容:接触副电压降、相对接触磨损和定性评价电触头的抗熔焊性。

在模拟试验机上对抗烧蚀性的研究都属于相对指标的评价。这种测试可以提供被研究材料在该设备具体参数条件下的抗电弧烧蚀性,并以此决定其是否具有进一步开发的潜力。但最终的评价还要基于型式试验的结果。每种电器根据用途的差异,都具有各自的结构特点,其中包括决定通断加速度和速度的电触头转换驱动机构,与接触状态相关的触点的尺寸、电触头的开距与超程、接触压力和接通过程的特点(如有无滑动),以及是否存在灭弧装置和灭弧方式等,这些都是影响电触头磨损的基本参数,也都是电器结构所规定的参数。电流等级、接通时间、工作条件及其他一些因素也同样决定电触头的服役特性。

由上述可知,型式试验是多因素试验,它与实验室研究的差别在于,实验室研究原则上只考察某些标准条件下材料的重要特性。因此在实验室条件下表现出良好性能的材料,并不一定适合于实际工业条件下的应用。

类似的自动测试台架也可以放在可控气氛(空气、氮气、氩气等)及湿度的容器中,用来测试电触头材料和元件在该条件下的导电特性及其随温度的变化规律。

此外,利用自动测试台架还可以测量对称触头副的接触电阻和温升,特别是在额定电流条件下持续加载过程中上述指标的变化规律。作者所在团队曾利用该设备在相对湿度达85%的容器中实现了直流条件下长时工作制测试,最长测试时间达300 h。

在工业中应用新型电触头材料,必须事先将该种电触头安装在批量生产的电器上,并使其通过国家相关标准和技术条件严格规定的型式试验。作为产品的电器要经受热、电、机械、大气环境等多种形式的标准化考核。

第 2 章

电触头材料制备工艺中的基本物理化学问题

本章针对电触头材料制备的基本工艺流程,阐述了各工艺环节所涉及的物理化学问题,论述了复合材料组织均匀化的方法,并从物理化学角度分析其中的反应过程和机制。最后对电触头材料制备及服役过程中固相与气相高温作用规律和机制进行了讨论。

制备工艺对粉末电触头材料的组织、物理性能和使用特性起决定性的作用。对多相间交互作用的热力学、动力学规律,表面化学过程等物理化学行为的分析,是理解粉末冶金工艺过程和设计新型高性能复合材料的基础。本章将从粉末冶金材料制备工艺中的物理化学过程出发,分析电触头材料设计方面的基本问题,这将有利于理解电触头材料领域的一般性问题,也是普遍性问题的基础。

2.1 复合材料制备的一般性原则

不能简单地定义"复合材料"这个概念,因为它包含了各种类型组合材料的性质、结构和性能的设计原则。通常认为,复合材料或复合体是指由两个或两个以上不同性质组元构成的存在相界面的多相材料。也有一些研究者认为,自然界中存在的材料应当不属于这个系列。从形式上来看,比较贴切的定义为:复合材料是将两种或多种不同形态、性质的材料利用各自优点组合而成的具有明显界面的人工合成物。

各固相组元之间的物理化学作用是所有复合材料的普遍性问题,也是关键性问题。这种相互作用一方面应当保证组成相之间的结合,以实现复合体整体性工作;但另一方面,这种相互作用应当具有一定的限度,否则最终会导致失去这种复合的效果。

理想的复合材料应当由在较宽温度范围内都能处于平衡状态的组元相构成。但因各种组元都具有各自的物理和化学特性,所以,复合材料很难达到理想组合状态。因此,为了正确选择具有所期望特性的组元相,必须清楚地理解和研究材料基体与添加相之间的化学相容性。"化学相容性"这个术语反映的就是物理化学相互作用的复杂特性,它可以划分为两方面的内容:热力学相容性和动力学相容性。

热力学相容性是指基体与添加相之间的热力学平衡状态。这种平衡只有在"天然"复合材料中才会出现,在其他情况下不可避免地会产生相互作用。对于具体的反应,按照标准状态计算的自由能变化有利于反应进行,在开始发生偏聚时,如基体中第 i 项组元在添加相中活度为 a_i,则有

$$\Delta \overline{G}_i = RT \ln a_i \tag{2.1}$$

式中　$\Delta \overline{G}_i$——第 i 项组元部分吉布斯自由能的变化。

当 $a_i = 0, \Delta \overline{G}_i \to -\infty$,反应的动力是无限大的。所以,人工合成多相材料时,只能考虑动力学相容性,即亚稳平衡状态,其影响因素包括扩散速度和固相化学反应速度。

任何与热力学相容性有关的问题,都可以在相应的平衡相图中找到答案。由于提高温度可以加速平衡过程,所以相图对于设计高温复合材料非常重要。同时,在高温条件下热力学相容性显得更为重要。热力学非平衡相图也十分重要,因为它给出了系统中可能出现的各种反应过程,以便采取必要方法消除不利的影响。

遗憾的是,目前对于新型复杂多元合金相图还没有系统的研究成果,对多元体系中扩散问题的研究也很薄弱。因此,目前只能通过试验来解决复合材料中的热力学和动力学反应问题,即研究反应区的相组成、化学成分、微观组织及结构组元的生长动力学与温度、时间等影响因素的关系。这些问题的研究是复合材料有效设计的基础。还有一个需要解决的是工艺问题,即材料性能与制备工艺之间关系的问题,这关系到现有复合材料性能优化和新工艺的设计。在复合材料中,界面反应决定了物质的特性,不同组元之间的相容性问题是材料设计与制备的本质问题,对这个问题不理解就无法探索更新、更优的材料及其生产工艺方法。

至少有两种方法可以降低复合体相间反应的速度和程度。最普遍的方法是选择基体和添加相的成分,以保证在复合材料组合区组元化学位平衡。因此,要寻找组元化学位差值最小的组合,使反应的驱动力最小。这可以基于组元热力学参数及其相互作用规律方面的知识,通过复合体结合区的定向合金化的方式实现。当复合体中组元浓度不同时,其最小化学位差值可以通过提高活度系数来获得。添加相组元的活度系数越高,其在基体中的过饱和度就越低。

对于人工合成的复合材料来说,比较现实的方法是达到近平衡状态。所以,经常采用另外一条途径,即对有可能产生的物理化学反应设置动力学阻力。这种方法要求寻找总体形成能更偏向于负值的基体和添加相,以使反应活化能最低;同时也要选择合金添加剂,使可能生成物的活化熵最低。但是,复杂体系的热力学资料十分有限,所以在针对实际情况设计具有特定服役性能的复合材料时,研究者的经验和直觉都会起到比较大的作用。

2.2　电触头材料粉末冶金工艺方法

原则上,目前采用的电触头材料都可以视为金属陶瓷材料,其生产大都采用标准的粉末冶金工艺。作为工程材料,电触头材料必须具备一定的使用性能和供货质量。除了一些专业性的要求外,对于大部分复合材料还有一些普遍性的要求。例如,高的相对密度、化学成分、相成分具有一定的均匀性和各向同性,以及一定的物理性能指标等。粉末材料生产工艺要求实现化学成分和相成分的有效控制,获得残余孔隙率低和相间结合力高的目标材料。

图 2.1 为电触头产品常规制备工艺示意图。目前电触头材料制备的工艺路线主要有两种:一种是冶金法,即组元的熔炼和合金浇注(图 2.1 中的 A 过程和 B 过程);另一种是粉末冶金法(图 2.1 中的 C 过程和 D 过程)。原则上,粉末冶金法适用于合金元素可以完全固溶于铜或银基体之中的材料体系,Ag-Cd、Ag-Cu、Cu-Cd 及其他一些合金属于该范畴。该方法的优点在于,其工艺过程相对比较简单,可以获得无孔隙材料,对应于标准的化学成分可以获得理想的物理性能,已经在电触头产品批量生产中广泛应用。

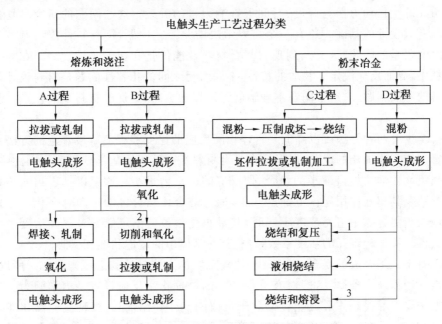

图 2.1 电触头产品常规制备工艺示意图

粉末冶金法适用于含有难熔物质或复合物组元的材料,这些组元一般在熔融金属基体中固溶度很低,即这种工艺的优点之一是可以制备其他工艺方法难以制备或无法制备的材料。这种工艺还有一个重要的特点是净成形,可以充分利用原材料,这一点对于含有贵重组元的材料特别重要。

粉末电触头产品的生产通常采用图 2.1 中的 D 过程工艺:混粉→成形(压实)→烧结(固相、液相)→复压→退火。这种工艺在包括普通粉末冶金工艺的同时,还附加了烧结后补充致密化工序(复压)以及随后的退火工序,以消除复压应力并优化组织。实际的生产工艺更加复杂,可能还包括其他附加工序。

本质上对粉末冶金材料性能产生影响的基本工艺因素包括:①混合粉末组元的弥散性;②原料混合程度(混合粉末的均匀性);③黏结剂及其质量;④压制

压强(坯件原始密度);⑤压力加工方法和规范;⑥热处理规范(烧结时加热和冷却速度、保温时间、气体介质成分)。

下面根据制备金属陶瓷电触头材料的普遍规律和方法,简单分析上述工序过程。

2.2.1　混粉

在采用称重法完成粉末组元配料后,第一道工序就是混粉,目的是获得均匀弥散分布的原始粉末混合体。混粉效果不佳会导致所制备的材料性能不稳定。

均匀的混合粉末可以通过不同方法获得,最常用的是原料粉末混合;利用金属盐或氢氧化物共沉积,随后通过热分解和还原也可以获得均匀的混合粉末。原料粉末混合法在大多数金属陶瓷生产中占有主导地位,主要是因为这种方法工艺过程简单,多元复合粉体易于获得目标化学成分,无废料及有害杂质引入,原料和工艺成本不高。

原材料混合通常伴随碎化过程,包括粉末颗粒的破碎或变形,从而使原始组元获得良好的均匀分布状态,并为进一步的固相反应提供更多的接触表面。混合粉末的均匀性决定了后续热处理的扩散过程、材料的组织状态和相组成,因此,也就决定了产品的性能。

理论上混合过程具有概率统计特性,所以延长混合时间一般是很有效的方式。因此,混合成分中组元越多,混合时间就应该越长。由于混粉机类型的不同,混粉时间最长可以达到几十个小时。但这里必须考虑到混粉机侧壁磨削物和设备上的碎屑等剥落物对混合粉末的污染。

强化球磨常采用液体介质(湿混)。实践证明,由于固体在液体中的强度下降(列宾捷尔现象),湿混过程明显比干混过程效率高。液体与固相的质量比(取决于具体材料体系)可以从 1:10 提高到 1:6,甚至可以达到 1:2,关键取决于液体的化学性质。某些液体经过一定时间加工会形成粉末颗粒团聚,这会急剧降低混粉效果。此外,不同液体的混粉效率也不同。利用不同的球磨设备,可以获得所需的弥散分布的粉末体系,但每种设备都有自己的局限性。

在球磨过程中,混合粉末可以加入增塑剂,以增强粉末体的变形能力,使压坯强度提高,还可以改善压坯的其他性能。黏结剂一般采用有机聚合物,对粉末材料具有黏结作用,同时在相对较低的温度(450～750 K)下可挥发或分解。

常用黏结剂包括纤维素、树脂、淀粉等各种聚合材料,但制备压坯最常用的还是聚乙烯醇类聚合物:

$$\left[CH_2-\underset{\underset{OH}{|}}{CH}\right]_n$$

聚乙烯醇是一种高分子聚合物，可溶于水，裂解温度约为 500 K。广泛采用的聚乙烯醇缩丁醛可溶于酒精，裂解温度始于 433 K：

$$\left[\begin{array}{c} CH-CH_2-CH-CH_2 \\ | \qquad\qquad | \\ O \qquad\qquad O \\ \diagdown\; CH\; \diagup \\ | \\ CH_2CH_2CH_3 \end{array} \right]_n$$

需要强调的是，必须注意黏结剂对成品材料可能产生的影响，特别是黏结剂对含有易还原氧化物复合材料及工件的影响。这类材料或工件一般在惰性气氛中进行热处理，黏结剂分解时会产生气体（这种气体一般具有还原性）和碳沉积，有可能造成氧化物还原，导致产物偏离目标成分。

从这个角度来说，聚乙烯醇缩丁醛是一种很好的黏结剂。首先，它具有较低的分解温度，因而分解产生气体的还原作用也就较低；其次，是它在热分解时产生的碳残留仅为 1%（质量分数）左右，而树脂和淀粉类黏结剂一般会产生 10%～15%（质量分数）的固态碳残留。过量或不定量碳残留会导致烧结工件化学成分和相组成的不可控变化。

黏结剂的作用机制在于聚合物的氢键会与晶体颗粒表面结合，而聚合物大分子之间也同样会结合，从而产生黏结效果。一般在混合粉末中添加水或酒精溶液的质量分数为 7%～10%（换算成干态黏结剂，则质量分数为 1%～2%），这样形成的增塑粉体可用来成形坯件。

2.2.2 压制

成形是使粉末压坯具有一定的形状、尺寸、密度和强度，以便于进一步加工处理。常用的粉末冶金法包括模压成形、等静压成形、冲击成形和粉浆浇注成形等。模压成形是简单工件成形最适用、最经济的方法。

模压的压制压强可以分解为侧压力、压坯内部应力和模具侧壁的外摩擦力。由于粉体中力的分布不均匀，压坯体的密度也不均匀。去除压力后压坯的体积会不均匀增大（沿压制方向膨胀 5%～6%，垂直于压力方向膨胀 1%～3%）。这种弹性后效会造成压坯起层及孔隙率增大。所以，确定压坯密度与压制压强的关系十分重要。大多数情况下金属粉末的压制压强的合理范围为 300～500 MPa，而氧化物陶瓷的压制压强明显较低（例如，氧化铁的压制压强约为 50 MPa）。比较适用的压制曲线方程为

$$\theta = a - b\lg p \qquad\qquad (2.2)$$

$$K = ap^n \qquad\qquad (2.3)$$

式中　θ——试样的孔隙率,%;

　　　K——填粉高度与压坯高度比;

　　　p——压制压强;

　　　a、b、n——试验参数。

式(2.2)一般在 $150\sim200$ MPa 的压力范围内适用。但如果没有达到临界压力就已经出现黏结剂溢出的现象,那么说明式(2.2)所适用的压制压力 p 值选择偏高。

显然,压制压力 p 值存在最优的工艺窗口,因为低压力会使残余孔隙率过高;高压力会使孔隙封闭,在随后的烧结过程中可能会造成工件膨胀或应力过分集中,使其在撤除压力或后续加工环节产生破坏。压制压强也会对烧结产生影响。压制过程中的粉末颗粒变形会产生位错和晶格畸变,加热时位错和空位的运动会引起蠕变和扩散,加速了烧结过程。压制压强不足时,坯件起始孔隙率较高,难以获得最终高密度的工件。

采用单轴压制时,要想获得密度均匀的简单形状工件,必须要求其长径比 $h/\phi<1$。

成形后工件的烧结是一个更为重要也更为复杂的工艺过程,它在很大程度上决定了成品的质量。

2.2.3　烧结

烧结是通过热处理使多孔粉末坯件致密化和强化的过程,该过程中将产生粉末表面吸附气体和蒸气的解吸附、氧化膜的还原和分解、原子扩散和迁移、晶体缺陷愈合、再结晶、组元通过气相的蒸发和转移等现象。烧结伴随密度上升、孔隙率下降和机械及物理化学性能的改变。文献[96-99]中对金属烧结过程进行了详细论述。

烧结时,被加热粉末体的尺寸会发生变化,在绝大多数情况下,烧结体在加热时会产生收缩,其密度因孔隙体积的减小而增大。烧结过程中,物质向表面的迁移使颗粒之间形成连接。由于接触区域的逐步扩展(即颗粒间结合强度增大),相邻颗粒的几何中心逐步接近,即产生了收缩。产生收缩的基本驱动力是过剩的毛细压力(也称之为拉普拉斯力),它产生于凸起和凹陷的表面。

在粉末冶金工艺中,烧结是决定材料组织和物理机械性能的基本环节,但其对致密化的影响却有两种表现形式。对于以塑性粗晶金属颗粒(如铜)为基的结构材料,成品件的最终密度主要取决于压制过程。多孔材料烧结与此相似,多孔材料烧结的目的在于扩大和增强压实颗粒之间的接触,以提高烧结材料的刚度、强度、导电性及其他一些物理性能。此时,烧结产生的体积变化不会引起多孔体明显致密化,控制烧结质量指标的影响是次要的。如果性能要求必须进行致密化,则要采用复压或其他方法进行处理。

对于高弥散度的粉末(如 W、Mo)致密化,其在压制成形时无法获得高密度粉末坯件,因此烧结对致密化过程起决定性作用(材料压制时应尽量得到的最低孔隙率),随后的烧结过程的宏观流变行为(粉末压坯高温变形方式)特别重要。

1.粉末压坯烧结致密化的一般规律

烧结过程可以划分为三个阶段:烧结起始阶段会发生水汽从试样中排出、有机物燃烧等过程,颗粒间接触点逐步增多,颗粒间相互接近,烧结坯也会发生明显收缩,但其强度增大不明显。中间阶段的主要特点是,开始产生扩散过程和颗粒间接触区形成结合,使致密化过程启动;形成晶粒网格,孔隙率降低,烧结坯密度和机械强度上升。最后阶段的特点是,由于固相反应和自由能降低,孔隙和晶体缺陷消除。所有这些过程都影响材料最终组织的形成。

(1)烧结温度的选择。

上述每个过程都对应有各自合理的温度条件。去除黏结剂的温度范围较宽,为 $400\sim600$ K;烧结温度(三个阶段)为 $0.7\sim0.8T_m$,有液相出现时这个温度可以降得更低。由于工件形状和尺寸不同,其每个烧结阶段所需时间也有所差别。因此,需要依据具体工件来设计烧结工艺曲线,而不是针对材料来设计。但总体步骤一致:逐步升温至黏结剂分解温度,保温一段时间使分解过程充分完成,随后继续加热(按一定速度)到烧结温度,保温一定时间后冷却。

热处理温度的选择要考虑到诸多条件。一般认为,固相反应起始温度为 $T\approx0.5T_m$,此时出现原子在固体内扩散迁移。由于表面原子活性较高,在较低温度 $T\approx0.3T_m$ 下就会出现表面反应。在 $T\approx2/3T_m$ 以上,固相反应过程强烈。提高温度可以提高固相反应程度,但会给工件最终阶段烧结造成障碍,因为随着材料晶体缺陷的降低,其化学活性也下降。所以,具体的热处理工艺参数还取决于每个具体试验的条件。

(2)烧结过程中孔隙的变化规律。

粉末体烧结时也会出现因收缩过程造成的破坏,主要表现为烧结件收缩量不足或者体积膨胀(尺寸增大)。这种破坏的基本原因在于:①内应力松弛;②粉末表面存在未还原的氧化物,阻碍了颗粒之间的结合;③烧结过程中的相变引起了体积变化;④烧结时封闭孔隙中的气体在高温下膨胀引起低强度材料塑性。

烧结体尺寸膨胀一般在封闭体系中出现,即孔隙率较低的体系中,一般为 $\theta=6\%\sim8\%$。一般认为,当孔隙率 $\theta=15\%\sim20\%$ 时,孔隙是开放的,单个孔隙之间基本都是连通的,并且在表面都有出口,即孔隙形成链结结构。当孔隙率 $\theta>15\%$ 时,大部分孔隙闭合,孔隙之间相互隔离,在一定程度上形成闭孔。

(3)烧结致密化机制。

压坯的压制压强(对应于压坯的孔隙率)对烧结过程的影响很大。随着压坯密度的提高,体积收缩和线收缩减少。因此,低压力下压制的"松散"压坯在烧结时密度增大较多。由于颗粒间接触面积不同,在压制方向上的收缩大于垂直于压制方向上的收缩。

在低温区,颗粒之间非金属性接触量较大,收缩不明显,甚至不产生收缩(图 2.2)。该阶段应力的降低有可能会完全平衡少量的收缩。随着温度的升高,颗粒接触面上的氧化膜开始还原,接触点的性质发生改变,这一过程常常伴随密度下降。因此,压制压强越大(即孔隙率 θ 值越小)、形成的单相中的氧化物或其他杂质含量越高,则密度下降越明显。

在高温区,颗粒之间金属性接触面积明显增大,孔隙收缩,试样也产生强烈收缩,材料的力学性能及其他物理性能上升。

铜基材料在 970~1 070 K 时不能保证充分烧结,其收缩量较小,残余空隙较多,强度和冲击韧性不高。经 1 120 K 烧结后,坯件收缩量较大,材料强度指标,特别是冲击韧性上升。

在压坯热处理过程中,位错湮没和多边化过程使可动位错密度降低。这个因素对烧结过程的影响主要出现在温度相对较低的起始烧结阶段。

粉末体在指定烧结温度下保温时,开始阶段密度急剧上升,随后明显减缓(图 2.3,θ 和 θ_0 分别为烧结时的密度和原始密度)。在对大量试验数据进行分析的基础上,易文森(B. A Ивенсен)得到了描述绝热条件下孔隙材料烧结致密化动力学的经验方程,即

$$V = V_0(qm\tau + 1)^{-1/m} \tag{2.4}$$

式中　V——孔隙的体积;

　　　V_0——孔隙的原始体积;

　　　q 和 m——动力学参数,当 $\tau = 0$ 时,$q = \dfrac{1}{V_0}\dfrac{\mathrm{d}V}{\mathrm{d}\tau}$,为绝热烧结起始时刻孔隙

　　　　　　　体积收缩相对速度;

　　　τ——时间。

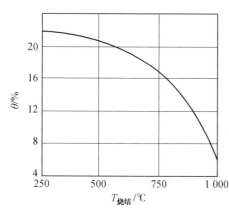

图 2.2　压坯孔隙率随烧结温度的变化

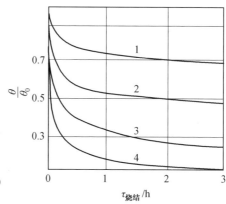

图 2.3　松装密度为 2.87 g/cm³ 的铜粉在
不同温度下烧结的动力学曲线
1—1 020 K;2—1 120 K;3—1 220 K;4—1 320 K

图 2.3 中铜粉烧结动力学方程参数见表 2.1。

表 2.1　铜粉烧结动力学方程参数

曲线序号	T/K	q	m
1	1 020	0.53	18.15
2	1 120	1.39	8.66
3	1 220	1.47	3.60
4	1 320	2.16	2.54

有许多方程可以描述粉末体绝热烧结时密度和孔隙率变化的动力学,式(2.4)是其中比较成功的,因为它精确表述了从绝热烧结时起,经过长时间(50 h以上)烧结,至烧结完成为止孔隙体积收缩的全过程。这个方程的另外一个特点:定义了相对于起始孔隙体积 V_s(绝热保温开始时的体积)的收缩,不同起始密度的粉末体相对孔隙收缩值为常数,即 $V_e/V_0 = \mathrm{const}$(V_e 为绝热保温终了时的孔隙体积),这与已经建立起来的总体烧结规律一致。直至烧结体密度达到某一极限之前,烧结过程都会遵循 $V_e/V_0 = \mathrm{const}$ 的规律,而达到临界值时,孔隙封闭,孔隙中气体压力的升高阻碍了收缩,使致密化过程发生"转折"。因此,塑性粉末(包括铜)坯件的压制压强为 200~300 MPa。

式(2.4)已经通过各种材料的验证。在正常致密化条件下(即 $V_e/V_0 = \mathrm{const}$ 的密度范围内),无论是金属材料,还是氧化物和碳化物类材料,还没有发现任何一种材料偏离这个规律。

如果正常无畸变致密化过程无限持续,那么就可以设定绝热烧结时间,保证孔隙率降至指定数值,以获得任意孔隙率的成品件。但是,孔隙正常收缩过程一旦出现闭孔就会被破坏,使致密化过程终止,毛细压力和闭孔中气体压力处于动态平衡。此时,残余孔隙率在烧结过程中的变化在很多情况下并不取决于式(2.4)所表述的动力学过程,而是与其他因素有关。

烧结时,孔隙率变化的动力学过程可以表达为

$$\theta = \theta_0 (1 + \beta\tau)^{-n} \tag{2.5}$$

其中,动力学参数 β 和阶乘指数 n 与绝热烧结温度呈指数关系。

一般采用体积系数 υ 来表达烧结致密化程度,即

$$\upsilon = \frac{V_0 - V}{V - V_e} \tag{2.6}$$

式中　V_0——烧结体烧结起始时刻的体积;

　　　V——烧结体烧结过程中任意时刻的体积;

　　　V_e——烧结体烧结终了时刻的体积。

在很多情况下,特别是 τ 值较大的长时间烧结时,致密化动力学过程可以表

达为简单的阶乘关系,即

$$\upsilon = K \cdot \tau^{k} \tag{2.7}$$

式中　K——与温度呈指数关系的动力学常数;

　　　k——与温度无关的阶乘指数,$k<1$。

在指定的烧结温度下,随着材料成分、密度、保护介质、工件尺寸等因素的变化,要想得到相同密度的样件,保温时间可能会在很宽的范围内调整(从几十分钟至几个小时)。

2. 不同材料体系的烧结性行为

包括复合材料在内的工程材料一般都属于多元体系。与单元粉末体系相比,多元体系烧结是非常复杂的物理化学反应过程。组元完全互溶与有限互溶体系的烧结行为不同,有时还会出现完全不互溶的特殊情况。但严格来说,完全不互溶的物质是不存在的。

在无限互溶体系(Cu—Ni、Co—Ni、W—Mo、Co—Ni—Cu 等)中,体积扩散影响烧结。这种体系烧结时,总的收缩量小于每种组元收缩量之和,而且与组元的质量分数有关。这是由于固溶体中原子的活性比纯金属中原子的活性低,也不可能通过混合形成绝对均匀的混合物,因此烧结时大量接触点上的扩散速率不同。

在 Cu—Ni 系中,随着铜中镍含量的提高,收缩量减小,甚至会产生膨胀(图2.4)。这主要是因为铜在镍中的扩散系数高于镍在铜中的扩散系数,所以在铜粒子中会形成过剩的空位,它们相互结合就形成了孔隙;而在镍粒子中,由于流入的铜原子数量高于流出的镍原子数量,粒子发生尺寸膨胀。压坯原始密度越大,烧结时膨胀越大;而在多孔坯件中,物质的膨胀填充了孔隙空间。烧结坯收缩和均匀化程度决定了烧结材料的最终性能。随着烧结温度的提高和保温时间的延长,合金的均匀性增大。压制前混合粉末的均匀化,会使烧结时收缩量增大,收缩更加均匀,而且材料整体成分和性能的均匀性更高。

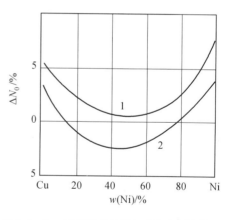

图 2.4　Cu—Ni 压坯收缩率与成分之间的关系
1—4 h;2—15 min
(原始孔隙率 24%～27%,烧结温度 1 270 K)

有限互溶体系(Cu—Zn、W—Ni—Cu、Ni—W、Mo—Ni—Cu 等)烧结的特点在于,新相的形成会引起坯件膨胀。这种粉末体系烧结时,在合金化过程的最初时期就会出现与相图相对应的新相。这种情况下,烧结体的性能取决于扩散过程是否充分、材料孔隙率大小、各种相的形态和数量以及相界面的状态等因素。由于过饱和固溶体的许多性能都具有优越性,因此希望固溶体能够达到高温时的平衡固溶度,而扩散可以保证固溶体达到固溶度的上限。此外,粉末烧结体系组织不均匀会引起拉应力,进而有可能形成裂纹。

烧结的主要驱动力是烧结过程中体系自由能的降低。因此,两个颗粒相互融合使接触面积增大的热力学条件应当满足

$$\sigma_{AB} < |\sigma_A + \sigma_B| \tag{2.8}$$

式中 σ_{AB}——界面能;

σ_A 和 σ_B——烧结相组元表面能(表面张力)。

满足式(2.8)要求的两个条件为

$$\sigma_{AB} > |\sigma_A - \sigma_B| \tag{2.9}$$

$$\sigma_{AB} < |\sigma_A - \sigma_B| \tag{2.10}$$

如果满足上述第一个条件(比较常见的情况)时,A 组元和 B 组元颗粒之间形成两个组元填充的生长带。满足第二个条件时,烧结可以划分为两个阶段:开始时,由于表面扩散,一种物质覆盖另一种物质(产生被称为"樱桃模型"的形式);随后产生这种"准单相"颗粒融合。

Cu—W 系粉末烧结时,在烧结温度(低于铜的熔点)下组元之间实际上并不互溶,钨颗粒之间不能被烧结,所以不会产生扩散变形,即难熔组元颗粒形貌不会发生变化。因此,随着钨含量的增大,Cu—W 和 W—W 接触的比例增大,特别是 W—W 接触点数量增多,而其相间反应极弱,烧结体的强度和收缩量降低。

由几种单质粉末颗粒构成的多元复合体烧结时,一定会伴随着合金化、反应扩散、通过液相再结晶等扩散过程。此时,烧结时的扩散长大现象会叠加到正常的体积变化上(收缩,孔隙率降低)。因此,在具体工艺中必须防止这种负面作用。

原则上,合金化粉末比单质粉末混合压坯的烧结效果好,因为它对烧结时产生的弗仑克尔(Frenkel)孔隙扩散响应具有阻碍作用。弗仑克尔效应会引起体积膨胀(例如,纯铜和镍粉构成的 Cu—40Ni 压坯烧结时就会出现这种现象)。

3.烧结气氛控制

特别需要注意:许多材料在高温下会与环境介质产生反应[例如,氧化物会在含有还原性气氛(H_2、CO、碳)的介质中被还原,而金属会在含有 O_2、CO_2 的气氛中被氧化],所以,对于这类材料应在惰性气氛或可控制气氛中烧结。

对比研究表明:与惰性气氛中烧结相比,金属压坯在还原性气氛中烧结时得到的密度明显较高。这可以理解为还原性气氛与氧化膜产生化学反应,使氧化

膜消除,活化了接触区金属原子的迁移性。

与惰性气氛烧结相比,真空烧结对于许多材料都是快速有效的烧结方式,可以在较低温度下获得较高的密度。

金属粉末件烧结一般采用保护性气体或真空烧结。采用保护性气体是为了防止材料高温氧化。原则上,电触头材料烧结可采用氢气、氮气或稀有气体(氩气、氦气)保护,特殊情况下也可以采用真空烧结。

不含有氧化物添加相的复合材料一般采用还原性气氛(如氢气)烧结,这样可以通过还原去除粉末颗粒的氧化膜,使颗粒间接触点上形成高强度的金属性连接。

多数情况下,某些材料采用无氧烧结时应添加热稳定性较高的氧化物(例如,透烧过的氧化铝、氧化镁)、粗石墨粉或其他一些不与烧结材料发生反应的粉末,以防止烧结工件之间的黏结,同时也会使工件加热更加均匀。

同样,也可以采用一些方法回避保护气氛控制的问题,例如,采用孤立封闭保护气氛的罐体烧结。这种罐体可由耐热钢制成,将粉末压坯和填料置于罐体之中,用水玻璃或耐火涂料将罐体密封。为了使罐体中排除空气和形成还原气氛,可以在填料中加入石蜡、氢化物或尿素等物质。采用这种罐体烧结时,不需要特殊的烧结炉,也免去了容易产生爆炸的气体发生设备,还可以降低能耗。采用封闭罐体烧结出的材料的性能,一般不会低于控制气氛烧结出的材料的性能。

如果材料中不含有易挥发组元,适合采用真空烧结。真空条件下,即使温度较低,烧结颗粒表面吸附的气体(其中包括氧气)也很容易去除;真空烧结还能还原粉末中的氧化物,保证了氧化物的分解和成分的提纯。因此,真空条件下不仅能防止压坯在高温下与大气的相互作用,还有促进烧结和提高材料纯度的效应,可以保证工件获得高质量。但与保护气氛烧结炉相比,真空炉设备复杂、成本较高,而且生产效率低,限制了其在工业生产中的广泛应用。

正确选择烧结温度无疑是非常重要的问题。烧结温度偏低时,烧结效果差,多相体系的化学均匀性只能通过长期保温来实现。烧结温度偏高时,又会造成烧结工件收缩量增大、翘曲、局部融化和晶粒长大。

4. 液相烧结

多相体系固相烧结难度很大,而且通过短时间烧结很难获得高密度的工件。在很多情况下可以采用易熔组元熔化形成液相的形式进行烧结。这种烧结可以活化烧结过程,保证低孔隙率、高性能材料的获得。这个系列的典型材料体系是 $Cu-Cd$、$Cu-Pb$、$Cu-Sn$、$W-Cu$、$Mo-Cu$、$Cu-P$ 和 $Cu-Zn$。

液相烧结时,熔化组元的迁移率较高,保证了致密化驱动力中的毛细作用力的有效作用,活化了元素结构重组的过程。熔体中组元的迁移速率极高,因此,组元之间相互体积扩散和合金化过程十分强烈,加速了固溶和沉积过程,使通过液相再结晶致密化过程加速。但同时会出现明显的扩散膨胀现象,遏止了收缩。

液相烧结机制首先取决于反应体系的相图,同时又与固相和液相的比例有关。显然,一定存在熔融组元的最佳含量,此时工件在烧结过程中不会发生变形。

压坯的原始密度对烧结动力学过程有本质性的影响。如果原始密度低,由于液相的流动会形成孤立的孔隙。与固相烧结类似,孤立孔隙中的气体膨胀会阻碍烧结体的收缩,甚至导致尺寸增大。

易熔合金化组元对骨架相颗粒表面润湿性和在表面的流动性较好时,可以活化液相烧结过程,并促进合金化过程加速。

对于难熔金属及化合物为基体的材料,液相的烧结具有特殊意义,它会产生活化烧结效果。对于超细的钨和钼粉末,添加少量活化添加剂,会使烧结效果明显改善。例如,添加 0.3%～0.5% 的镍或铂,会使钨的烧结温度从 2 200～2 500 K 降至 1 500 K,使钼的烧结温度从 2 000 K 降至 1 400 K。

在对烧结进行分析时,一般认为烧结体宏观密度的变化是每个单元体颗粒密度变化的累加和,这个过程被称为"内聚烧结"。孔隙的局部割裂和非扩散聚合现象会破坏这种"内聚烧结",使烧结体难以获得高密度。理论研究结果表明:只有当坯件中孔隙尺寸分布达到某一最大值,而其分布宽度最小时,才会发生内聚烧结。如果孔隙分布宽度与其平均直径相当,则致密化速率急剧降低;与孔隙尺寸分布范围较窄的粉末体烧结相比,这种条件下达到规定密度所需绝热保温时间会明显加长。实际上,非扩散聚合在加热至烧结温度的过程中也会出现。

原则上,烧结并不是成品触头件的最后一道工序,因为粉末烧结材料孔隙率一般很高,残余孔隙率可达 10%～15%。因此,为了获得理想的致密化效果,还需要一些辅助致密化工艺。

2.2.4　粉末材料的辅助致密化方法

尽管铜合金的压实性较高,但采用普通单次压制和烧结工艺很难达到其性能的最高值。为了提高烧结体密度,改善其物理化学性能和使用性能,必须采用专门的辅助致密化工艺方法。

1. 两次或多次压制和烧结

提高塑性金属基粉末材料密度最简单的方法就是多次压制和中间退火。这种方法可以在较低的压制压强下,获得相当高的坯件密度,这是因为退火后材料消除了前一次压制产生的加工硬化,与未退火材料相比,所需压制压强较低。

图 2.5 所示为铜基粉末材料孔隙率与烧结温度和复压—烧结次数的关系,

相对应的材料为电解铜粉,成形压力为150 MPa,在 520~1 270 K 真空烧结 1 h,复压压力为 500 MPa。

在 520~970 K,致密化曲线差别并不大,这证明在该烧结温度下坯件致密化效果并不明显,主要是压制变形引起的致密化。而在高温(1 120~1 270 K)烧结时,第一次烧结就产生了明显的收缩,随后在 1 270 K 下循环就不会引起明显的密度变化,这是由于在第一次烧结时孔隙已经封闭,孔隙中的气体阻碍了其进一步闭合。低温烧结时闭孔很少,与 1 270 K 烧结相比,520 K 三次烧结后坯件中孔隙率较低。当复压—烧结循环至第四次时,密度增长已经停止。关于这一点,在试样机械性能研究中也已经得到证明:材料的强度极限在经过 3~4 次循环后恒定不变。

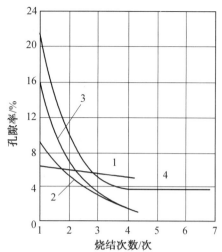

图 2.5　铜基粉末材料孔隙率与烧结温度和复压—烧结次数的关系
1—1 270 K;2—1 120 K;
3—970 K;4—520 K

高温(1 270 K)烧结时,经第一次循环后试样的硬度就已经与铜铸锭的硬度相接近,后续的重复处理也不会升高。

与退火态材料相比,复压后未经退火处理的坯件强度较高,塑性较差。所以在对塑性指标没有很高要求时,工艺过程可以在最后一次复压后结束,省去最终退火环节。

2. 粉末压坯熔浸

用易熔组元熔浸难熔组元多孔坯体,是获得高密度粉末体的有效方法之一。制备 W—Ag(Cu)、Mo—Ag(Cu)系列电触头材料和 Mo—Cu—Ni 系列真空密封材料时,普遍采用这种工艺方法。

为保证孔隙率为 25%~40% 的坯件的有效熔浸,加热温度应当超过熔浸合金熔点 100~150 K。多孔坯件与熔浸合金块体共同在保护气氛加热炉中保温 20~30 min。熔浸过程本身时间并不长(几十秒),但坯件必须有良好预热;同时在熔浸后需要进行保温,以保证具有一定固溶度组元的均匀化。渗透层厚度 h 取决于熔体的特性和孔隙通道的结构,同时还跟液相与固相相互作用程度有关,这种作用可以用润湿角 θ 的余弦表征,即

$$h = \frac{1}{\pi}\sqrt{\frac{\sigma_L r_p \cos\theta}{\eta}\tau} \qquad (2.11)$$

式中　σ_L——液气界面能；

　　　r_P——孔隙通道有效半径；

　　　η——熔浸合金熔体的动力学黏度系数；

　　　τ——时间。

与毛吸作用力相比,重力的作用极小,因此熔浸材料与坯件的相对位置并不重要。由于熔浸材料在上部时很容易沿零件侧面流淌,因此采用从下部熔浸在工艺上比较方便。为了避免凝固,每组坯件－熔体上都覆盖一层 Al_2O_3 粉末,或用石墨模具包覆。

可以将多孔件直接放到熔融金属坩埚中进行熔浸,此时不需要保护介质。先将难熔材料制备的多孔体预先熔浸有机或无机填充物,这种填充物的熔点或分解温度一定要比熔浸金属熔点低,然后将其压入熔融金属的坩埚中,熔融金属就会将填充体从孔隙中排出。用铅熔浸铜时,一般采用碳氢化合物作为填充物。

熔浸材料的固溶度一般不会对熔浸过程产生明显影响。但通常采用过饱和固溶体进行熔浸,以防液态金属对多孔骨架的侵蚀。

3. 烧结坯冷锻

多孔烧结坯的冷锻一般用于要求残余孔隙率较低(小于 3％)的复杂零件的制备。冷锻与双次压制加中间烧结工艺的基本区别在于,冷锻过程存在大量剪切变形。

众所周知,在相同锻造压力下,随着径向变形量的增大,工件的最终密度升高。铜合金的最佳径向变形量为 $\varepsilon_r = 5％\sim 20％$。当 $\varepsilon_r > 20％$ 时,不会产生致密化,而超过 ε_r 的临界值时就会导致裂纹产生。

用于冷锻的烧结坯初始密度应当达到 $85％\sim 92％$。冷锻后材料相对密度一般可以达到 $97％\sim 99％$。冷锻后零件需要采用退火以消除残余应力。

4. 多孔坯热锻

由于材料屈服强度随着温度升高而降低,所以热加工可以在较低变形压力下获得无孔隙材料。在热锻过程中,由于颗粒塑性变形,在其接触面上会形成高强度的冶金结合,在颗粒接触区出现活化现象。

烧结坯原始孔隙率 θ_0 和金属颗粒在热锻过程中的变形程度,对热锻后材料的组织和性能有本质的影响,低孔隙率烧结坯小变形量锻造时,由于锻前在氢气中加热时氧化物还原不充分,以及低孔隙率烧结坯锻造时变形极度不均匀,材料的性能甚至会恶化。

剪切变形会造成孔隙迅速封闭,所以,要保证锻造过程中实现最大剪切变形而不在烧结坯侧面产生裂纹,就必须对坯件形状和变形方式进行选择。烧结坯最佳横向变形量是 $20％\sim 40％$,可使工件获得较高密度和最高的机械性能。

铜合金烧结坯锻前加热温度是 970～1 170 K。透烧时间与坯件截面尺寸有关。高频感应加热生产效率高,加热装置外形尺寸不大,感应线圈可以直接装配在锻模附近,对于热锻工艺比较方便。

5.烧结坯热挤压

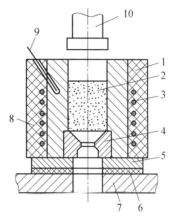

为了使工件的密度接近于材料铸态密度,可以采用多孔烧结坯热挤压的方法(施加压力使加热物质通过规定形状的挤压孔,如图 2.6 所示)。热挤压工艺既可以用来加工烧结坯,也可以用来加工未烧结的坯体。试样挤压前相对密度一般为 85%～92%。

热挤压时,烧结坯致密化过程可以分为两个阶段。在第一个阶段(非稳态阶段)变形产生试样的镦粗和致密化,密度最终达到接近于理论密度的某个临界值。该阶段挤压力急剧上升,一直持续到材料从挤压模孔(挤压嘴)中流出,即第二阶段开始时为止。材料通过挤压嘴时不会产生致密化,只是发生类似于不可压缩体的变形,所以该阶段的变形压力是恒定的。压力值大小与材料类型、挤压温度、挤压比、模具形状、摩擦和润滑条件以及坯件原始密度有关。

图 2.6　热挤压设备示意图
1—挤压桶;2—压坯;3—加热体;4—挤压嘴;5—支撑板;6—隔热板;7—台面;8—加热炉;9—热电偶;10—压头

随着挤压比 μ(等于原始坯件截面积 S_b 与挤压型材截面积 S_p 之比:$\mu = S_b / S_p$)的增大,挤出时的变形压力增大。挤压力与模具参数有关,合理的参数应当保证挤压力大小适中,材料的变形不均匀性和截面流变速率差最小,不产生停滞区,保证最终获得高质量的工件。

提高挤压温度也可以降低挤压压力。但如果挤压温度接近于基体合金的熔点,则会导致一些不期望发生的微观组织变化,同时还会产生裂纹。

有一点很重要,即随着被挤压坯件密度的降低,所需挤压压力升高。因此,相对密度低于 85% 的坯件不适合用作挤压。

挤压过程中,提高烧结坯的变形程度,有利于改善基体材料的组织,这种组织细化对材料强度、塑性及最终产品的质量都产生有利的影响。挤压后材料(如挤压比 μ 和挤压比 $\mu > 8$ 的钛材)的组织几乎达到无孔隙状态。

变形工艺对电触头材料的使用性能有很大影响,表 2.2 列出了不同方法制备的 70Ag—30Ni 电触头材料对比试验结果。

显然,深度压力加工对电触头材料机械性能和抗烧蚀性能有很大影响,使磨损量降低了 25%～50%。与化学沉积形成弥散组织相比,由于后续的轧制和拉拔抵消了化学沉积的作用,所以材料深度变形加工显得更有意义。深度压力加工最基本的作用就是从根本上降低了变形试样的残余孔隙率。深度变形加工还会使复合材料组织发生形变,例如,拉拔使组织呈纤维状。

表 2.2 不同方法制备的 70Ag-30Ni 电触头材料对比试验结果

制备方法	硬度(HB)/MPa	烧蚀量 $\Delta g/(\times 10^{-8} g \cdot$ 次$^{-1})$
粉末(30 μm)压制,烧结,复压	60	2.0~2.5
粉末(30 μm)压制,烧结,轧制,拉拔	110	0.5~1.0
化学沉积粉末压制,烧结,轧制,拉拔	110	0.5~1.0

综上所述,每个工艺环节参数的改变,都会对材料性能产生影响。粉末冶金工艺环节较多,反过来会给精确控制材料性能造成困难。解决这个问题的途径只有一条,就是严格控制每道工序的参数。

2.2.5 复合材料组织均匀化处理方法

由上述可知,获得相组元弥散、均匀分布的组织,是制备高质量复合材料的基本工艺问题之一,这也是本书所研究导电多元复合材料的共性问题。解决这个问题可以采用很多种方法,例如,应用特制的超细粉末、对组元进行高能处理、液相沉积、合金内氧化等。

在多元体系中采用"均匀化"这个术语是有前提条件的:这个均匀化是指在一定条件下使多元体系达到合理的弥散性和均匀性。

下面简单分析电触头材料、氧化物陶瓷和金属陶瓷均匀化处理的基本方法。如前所述,弥散强化银基电触头有两种制备方法:盐类共沉积法和内氧化法。原则上,这些方法都具有沉积工艺的特点,即在整个工艺环节中包括物理沉积或者化学沉积。其工艺方法大致如下:

(1)盐类共沉积。

盐类共沉积是将一定浓度的金属和添加相组元的盐溶液[如 $AgNO_3$ 和 $Cd(NO_3)_2$]与碱溶液混合:

$$AgNO_3 + NaOH \Longrightarrow AgOH \downarrow + NaNO_3 \tag{2.12}$$

$$Cd(NO_3)_2 + 2NaOH \Longrightarrow Cd(OH)_2 \downarrow + 2NaNO_3 \tag{2.13}$$

将沉积的氢氧化物过滤后在空气中焙烧,获得均匀弥散(0.1~10 μm)的 $Ag-CdO$ 混合粉末,以用于进一步制备电触头坯件。组元和沉淀剂溶液浓度、溶液反应速度和程度等因素,都会对所制备粉体的弥散性有影响。通过改变这些因素,可以实现氧化物的弥散性在较宽范围内的调节。

(2)内氧化法。

内氧化法一般是将含有易氧化金属的银合金(如 $Ag-Cd$、$Ag-Sn$、$Ag-$

Cu)坯件在高温空气中或控制气氛中进行氧化。也有一种工艺是雾化粉末氧化(IOAP)，即在 1 470 K 将液态 Ag－Cd 或 Ag－Sn 合金进行水雾化(水压为 34 MPa)，获得的粉末尺寸约为 44 μm，下一步可通过内氧化获得含有氧化物第二相的假合金，氧化物尺寸与盐类共沉积法获得的复合粉末氧化物相尺寸相当。粉末在 753～973 K 不同温度下氧化所获得氧化物相的形貌不同。

由于银的氧化物热稳定性差，所以上述两种方法比较经济，而且工艺简单。如果复合材料基体不是贵金属，采用这类方法的工艺过程就会特别复杂，有时在工艺上根本无法实现。

电触头材料的生产工艺中，粉末混合－研磨阶段主要是起到分散的作用。例如，Ag－Ni 复合材料制备时，就是将相应的沉积盐类球磨，然后进行氢气还原，从而得到第二相均匀弥散的复合体；银盐与胶态石墨混合可以制备碳在 Ag 基体中弥散分布的 Ag－C 复合粉末。这种方法同样适合于制备铜基电触头材料，但需要附加从盐或氧化物中还原金属的工序。

制备弥散分布的氧化物混合粉末，既可以采用研磨法，也可以采用共沉积法。研磨法是在高能球磨机中混合氧化物粉末。共沉积法包括以下几种：盐与氢氧化物共沉积；通电法获得金属的水化物或有机盐，然后进行热分解；目标金属化合物雾化焙烧；超细氧化物混合粉末超声波处理等。上述共沉积法十分有效，而且广泛应用于铁氧体的生产之中。

从溶液中沉积热稳定性较差的盐或氢氧化物需要沉淀剂(一般为碳酸铵、硝酸铵、碱)：

$$Mn(NO_3)_2 + (NH_4)_2C_2O_4 \Longrightarrow MnC_2O_4 \downarrow + 2NH_4NO_3 \qquad (2.14)$$

$$Mn(NO_3)_2 + 2NaOH \Longrightarrow Mn(OH)_2 \downarrow + 2NaNO_3 \qquad (2.15)$$

沉积后对复合盐进行热分解，并在空气中氧化至高价氧化物。共沉积时，由于每种组元沉积的最适宜条件都对应于确定的 pH，所以使混合粉末所有组元都达到要求成分难度很大。此外，高弥散度粉末具有较大的比表面积，沉积后会易于产生团聚，这种状态会在后续工艺中保持，从而影响成品的性能。

由目标金属硫酸盐粉末制备均匀氧化物混合粉末时也可以采用热分解法。这种方法是将饱和盐溶液加热到 570 K 以去除结晶水，然后在 1 200 K 充分热解，就可以获得氧化物混合粉末。

还有一种提高混合粉末均匀化程度的方法，就是采用中间退火，即多次交替混合研磨和退火。由于热处理会在局部形成新的结晶相，因此会使成形坯件获得较高的化学成分均匀性。

综上所述，在绝大部分工艺方法之中，复合材料的最终组织状态在一定程度上形成于粉末制备阶段。每一种组织均匀化方法由于自身特点不同，其应用也有一定局限性：

①超细粉末因生产效率较低，价格昂贵，使用和储存都存在一定困难，而且其纯度一般也不高。

②采用高能设备（行星式球磨机、高能搅拌机和胶体混合机等）混合粉末时，常常由于设备侧壁和研磨体的磨屑导致污染，或者由于两相组元性质差异导致混粉效果不良。

③多次交替混磨和退火的方法增大了生产成本，而且这种方法不能应用于处理含有大量金属的金属陶瓷。

④对于含铜的复合材料很难采用共沉积和内氧化方法处理。

所以，对于具有独特物理和化学特性的具体材料体系（如含铜的材料），其组织均匀化必须采用独特的方法，以保证批量生产和经济效益。

2.3　组织均匀化处理的物理化学基础

电触头复合材料的组织状态在很大程度上取决于其成分的均匀性，而后者又与混粉过程密切相关。因此，混粉是粉末冶金工艺中相对复杂和关键的环节，但在实际生产中又要对其经济性予以考虑。作者建议将组织和成分均匀化过程与粉末压坯烧结过程统筹考虑，这样可以缩短工艺周期，降低成本，提高效率。

1.电触头材料组织均匀化的方法

下面分析电触头材料组织均匀化的一种方法，这种方法也适合于金属或非金属基复合材料，其物理化学基础及对工艺过程和组元的要求方面具有共性。针对铜基电触头材料组织均匀化的其他方法将在第 5 章中阐述。

这里要分析的均匀化处理方法的主要物理化学特征在于，它是基于物理或化学沉积过程获得弥散组织。这种沉积从本质上类似于液相沉积或合金内氧化过程。众所周知，只有沉积法能够使新形成的相达到高度弥散（接近于胶体尺寸）状态，其工艺条件相对简单且生产效率高，并可保证产物纯度达到所要求的水平。

这种方法的工艺和化学过程并不复杂，即将某种化合物的溶液加入原始粉料中，使之与粉末颗粒充分润湿并在其表面形成膜层，随后通过化合物的热分解形成复合的组织状态。因此，实现上述工艺过程的基本要求就是，要找到一种可以溶解在合适试剂中的化合物。

从上述定义可以总结出相应的工艺过程、伴生的物理化学现象及其对组元的要求如下：

（1）化合物（试剂）可溶解于适当的溶剂中。

①化合物（试剂）的热稳定性应较差，其热分解时产物应为所设定的目标物质；化合物在适当的溶剂中具有溶解性，所形成的溶液具有表面活性，可以润湿粉末表面，并在其表面生成聚合力足够高的膜层。

②溶剂应具有挥发性，且与各组元粉末及溶解的化合物不发生化学反应，可以润湿混合粉末颗粒，热稳定性高，适合回收。

（2）溶液与粉末体系的混合会伴随着润湿和生成膜层，从而实现各组成相的均匀分布。

（3）通过溶剂蒸馏（回收）实现混合粉体干燥，使在分散粉末体系中的颗粒表面形成化合物膜层［图 2.7（a）］。

（4）使化合物（试剂）膜层产生热分解，需要对干燥粉末或其压坯进行热处理。

①非稳定化合物产生局部热分解反应，生成材料所需的目标组元和还原性产物。

②前期工艺环节产生的某些氧化物被还原。

③通过分解产物的沉积和（或）还原生成的新相处于高度弥散状态，形成了复合材料弥散组织状态［图 2.7（b）］。

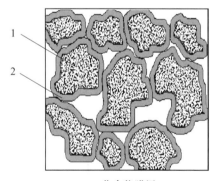
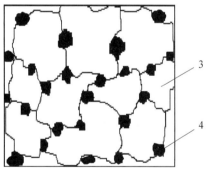

（a）化合物膜层　　　　　　　　（b）复合材料弥散组织

图 2.7　金属陶瓷团聚组织形成示意图

1—混合粉末颗粒；2—组元（试剂）化学结合层或分解产物；3—金属陶瓷基体相；4—弥散相

2. 粉末冶金法中常规的工艺方法和手段

下面来分析粉末冶金法中的一些常规的工艺方法和手段，它们与前面所介绍的铜基电触头复合材料组织均匀化方法本质上相同。由此可知，上述的组织均匀化方法在复合材料制备中非常重要，特别是在研究复合材料系列的制备工艺中是一个关键的环节。

一般来说,组织的均匀化过程的主要特点如下:

(1)由于采用的实际溶液对粉体颗粒润湿性好,因此可使试剂(组元)均匀分布,且在颗粒表面形成膜层。

(2)弥散相的形成具有沉积析出的特点。

在很多常规工艺或其某一关键环节常常会出现上述均匀化处理工艺的特征。例如,很多陶瓷(石墨、氧化物、超硬材料——金刚石、氮化物、碳化物等)粉末表面的金属化处理是切削和磨削工具生产中广泛采用的工艺过程。这种工艺常会采用将原始粉末在相应的化学合成物溶液(一般为盐类)中浸渍,随后烘干,会在粉末颗粒表面形成均匀分布的盐类的膜层,再通过包括高温处理,在粉末颗粒表面形成一层金属膜。

类似的工艺过程还可以制备立方氮化硼粉末的玻璃化覆层,目的在于提高氮化硼磨削工具的效力。这个工艺过程是将预氧化氮化硼颗粒与硅酸溶液混合,经烘干和热处理后,在粉末表面上获得均匀的硼硅酸盐玻璃层。

制备金属聚合物的热处理方法也具有类似特点。例如,液态聚合物中金属(如铅、铜、镍)的甲酸盐在 $430\sim510$ K 分解:

$$Ni(COOH)_2 \xrightarrow{430\sim510\ K,50\ min} Ni + H_2 + 2CO_2 \tag{2.16}$$

沉积的金属颗粒被聚合物润湿和包覆,从而被包围起来,形成了聚合物包覆金属的复合材料。

弥散强化难熔金属的制备工艺在本质上与复合材料组织均匀化工艺更为相近。这种难熔合金一般采用粉末法制备,引入某些添加物使合金(如钨)具有特殊的性能。为了保证添加物的均匀分布,一般将相应的化合物溶液[如 $Th(NO_3)_4$]加入 WO_3 悬浊液中,经过烘干、煅烧和还原形成钨粉,利用这种粉末随后可以获得 ThO_2 颗粒弥散强化的"涂钍钨"。采用类似的方法可以获得难熔氧化物弥散强化镍基合金。

一些文献中还介绍过更独特的方法,如通过化合物热分解制备介电基体中含有超细金属颗粒的复合材料。以 $Li_2Cu(C_{10}H_{12}N_2O_8) \cdot 4[Al(OH)_3] \cdot 4H_2O$ 为例,这种复杂络合物热分解时,会形成氧化铝作为材料基体,而过渡族金属(这里指铜)的阳离子会被还原为金属态,因其间距较大(为 $0.8\sim1$ nm)而难于扩散团聚,材料中最终所形成的金属粒子尺寸为 $2\sim50$ nm。其他复杂络合物热分解时可以沉积形成类似尺寸的碳颗粒。显然,尽管这种工艺可以获得第二相的高弥散性和均匀性,但它并不适合大批量生产。此外,金属相含量的控制也是难题。

接下来简单分析上述组织均匀化工艺中所涉及物理化学过程的一般规律,其中包括润湿和薄膜生成、化合物的热分解、新相形成及其稳定化。针对具体材料体系中所涉及的个性化问题将在后面几章中详细阐述。

2.3.1　润湿和薄膜生成

文献[128－130]中详细阐述了液相润湿固相的规律。润湿的基本指标是润湿角 θ，它是指被润湿表面与相接触的液体之间在液相方向的夹角。"润湿"这个术语是指润湿角小（$\theta < 90°$）和液相可在固相表面自由铺展的现象。

液体润湿性与润湿角之间的关系可以表达为

Young 方程，即

$$\cos \theta = \frac{\sigma_S - \sigma_{SL}}{\sigma_L} \tag{2.17}$$

Dupre 方程，即

$$W_a = \sigma_L + \sigma_S - \sigma_{SL} \tag{2.18}$$

$$W_K = 2\sigma_{SL} \tag{2.19}$$

Young－ Dupre 方程，即

$$W_a = \sigma_L(1 + \cos \theta) + \sigma_S - \sigma_{SL} \tag{2.20}$$

式中　σ_S——固相的表面张力；

$\qquad \sigma_L$——液相的表面张力；

$\qquad \sigma_{SL}$——固相和液相之间的张力；

$\qquad W_a$——黏附功（相间分离功）；

$\qquad W_K$——内聚功（单质相分离功）。

由式（2.19）、式（2.20）可知，润湿（$\theta < 90°$）条件为

$$W_a > 0.5W_K \tag{2.21}$$

这样可以定性地将各相的性质及其极性联系起来。例如，极性液体能够很好地润湿玻璃、离子晶体，以及附有离子或溶剂处理后生成离子的表面，这是因为离子－偶极子的相互作用能（W_a）超过了偶极子－偶极子之间的作用能（W_K）。

润湿剂及表面活化物质分子一般可分为极化官能团类（羟基物、羧基物、醇类、腈类、乙醚类等）和非极化官能团类（酯类或芳香类），它们以亲水－亲脂平衡指标表征，并且可以直接针对混合的粉末体系选择，以优化其润湿和膜层形成效果。

原则上，溶解于液体的物质（这里首先关注的是有机高分子及低分子聚合物的溶液）作为表面活化剂，可以降低溶剂的 σ_L 值。如果聚合物分子具有极化团，它就会在固－液界面上表现出表面活性，吸附在固体表面。在吸附层中，分子有确定的取向，并由于侧面内聚链的存在而形成强的连接结构膜层。为获得热解碳，常采用的聚合物为含焦量较高的酚醛树脂，其结构分子式可以表达为

可见,大分子包含极化羟基团,它以离子－偶极子相互作用的形式,可以与金属或氧化物表面形成键合,同时在侧向链形成氢键,以形成吸附膜层(这种性质被广泛应用于一些由酚醛树脂醇溶液构成的胶水中)。

极性聚合物的溶剂可以是含有极化类型分子的液体。对于酚醛树脂,可以采用醇或酮(一般为乙醇或异丙醇、丙酮)。这些液体具有前面要求的化学惰性、挥发性及热稳定性,除了具有适当的极性,它们还具有对离子表面良好的黏结性,能产生良好的润湿,保证了其在混合粉末颗粒表面均匀分布。此外,溶剂的添加会使溶液具有一定黏度,它决定了液体流动行为及表面浸润时间。

2.3.2　化合物的热分解

化合物的热分解过程中在相界面上有原始物质和产物固相的存在,并且原则上也会有气相和液相的存在,因此属于异质、多相和局部的化学反应。对于具有简单分子结构的物质,这种反应服从一定规律,这在文献[135－137]中有详细描述。描述这种规律的比较著名的方程为

$$\alpha = 1 - e^{-k\tau n} \tag{2.22}$$

$$\ln \frac{\alpha}{1-\alpha} = k'\tau + C \tag{2.23}$$

式中　α——物质转化程度;

　　　τ——反应时间;

　　　k、k'、n、C——常数。

式(2.22)、式(2.23)所描述的反应动力学已被固体物质热分解反应试验所证实,相应的基本理论可以描述水合结晶体热分解反应及其他一些简单的反应过程。

对于聚合物热分解,目前还不能从理论上描述某一温度区间内的反应过程,也不能对具体物质和不同种类化合物的分解行为利用统一的理论进行分析。这主要是由于聚合物分子结构复杂,不同的键结合能有差异,当然也与热分解过程的多级性,以及中间气相产物和沉积产物的多样性有关。

但由于聚合物在实践中已经被广泛应用,高温条件下(含碳复合材料、玻璃碳、聚合物基热防护材料、碳碳复合材料、结构黏结剂等生产)个别类型聚合物的热分解反应在一定程度上已进行过具体研究。

有机物在无氧气氛中加热时,会裂解(分解)成较小分子数的产物,即随着加

热温度的升高,从弱键开始不同类型的键逐步断裂,分解出气体和沉积产物,这些产物在继续加热时会分解出固态碳、氢气、碳的氧化物和水(在原始成分中无杂环原子时)。

固态碳的残留量,有时也称为含焦量,一般用原始样品中的质量分数表示。含芳香结构和杂环结构的聚合物一般含焦量较高。表 2.3 列出了 1 070～1 270 K长期无氧绝热加热时一些物质的含焦量。

表 2.3　1 070～1 270 K 长期无氧绝热加热时一些物质的含焦量(质量分数)

编号	物质	含焦量/%
1	聚乙烯醇缩丁醛	<0.1
2	聚乙烯醇	1
3	聚乙烯	1
4	聚丁二烯橡胶	5～10
5	多聚糖(淀粉)	10
6	环氧树脂	10～20
7	酚醛树脂	50～60
8	聚酰亚胺	60
9	聚苯并咪唑	70
10	呋喃树脂	85～90

考虑到现有聚合物的含焦量、成本及适用性,目前在生产上经常采用酚醛树脂作为碳源。值得一提的是,在电触头产品生产中,造粒时常用的黏结剂为聚乙烯醇缩丁醛,它在热分解时几乎不产生碳残留,因此不会影响复合材料的成分。

在选择聚合物作为碳源时,必须考虑到与分解过程中间产物可能发生的反应会造成复合材料成分发生不可控性变化。在一定条件下,有些聚合物分解时会生成有害组分,这在封闭体系中会产生很大的负面效应。这种情况下,必须选择在聚合反应固化时不会产生类似低分子产物的聚合物。

酚醛树脂作为热分解聚合物,其分解的起始温度区间为 390～590 K。在该温度区间内,酚醛树脂先会因聚合反应固化析出水,从而形成空间网格形固体产物——丙阶酚醛树脂。进一步提高温度会引起聚合物热裂解,产生挥发物。这样,在 630 K 时挥发物的质量已经占样品质量的 11%,770 K 时占 28%,1 070 K时占 44%,1 407 K 时占 48%。随着热分解温度的提高,气相成分不断变化。在热分解温度不高时,酚醛树脂基本的热分解产物为丙酮、丙烯、丙醇和丁醇。当 $T>1\ 070$ K 时,开始碳化,并分解出 CO、CO_2、H_2 和 H_2O。这种残留物的碳化一直持续到接近石墨化温度(2 000~3 000 K)才结束。作为 H 和 O 原子与焦油残留物的键结合强度的实例,表 2.4 列出了糠醛树脂和酚醛树脂热分解过程中元素质量分数的变化。

表 2.4　糠醛树脂和酚醛树脂热分解过程中元素质量分数的变化

热分解温度 /K	糠醛树脂残余物中元素的质量分数/%			
	$w(C)$	$w(H)$	$w(N)$	$w(O)$
原始试样	68.26	5.68	4.40	21.66
670	80.48	4.50	3.32	11.70
870	85.68	3.18	3.30	7.86
1 070	91.29	1.52	2.84	4.35
1 270	96.01	0.79	1.92	1.28
1 470	97.6	0.46	1.84	0.1
2 270	98.29	0.23	—	—
3 270	99.25	0.11	—	—
热分解温度 /K	酚醛树脂残余物中元素的质量分数/%			
	$w(C)$	$w(H)$	$w(N)$	$w(O)$
原始试样	77.0	6.1	—	16.9
770	86.6	4.6	—	7.8
1 070	96.0	1.7	—	2.3
1 470	99.2	0.3	—	0.5

因此,在相对较低温度下烧结(如电触头烧结)时,通过热分解引入到复合材料中的碳含有大量的碳和氢,会对材料服役时的气相成分及电触头间隙上的起弧和灭弧过程产生影响。

不同种类的聚合物裂解机制不同,裂解的中间挥发产物和最终产物的成分也存在较大差异。糠醛树脂在 470~770 K 气相组成基本为 CO 和 CO_2;在 770~1 070 K 会有大量的甲烷析出。最大的变化在于氢含量(体积分数),从 770 K 的 2% 增大到 1 070 K 的 87%;CO 和 CO_2 的体积分数不断降低,分别从 470 K 的 46% 和 52% 降低到 1 270 K 的 5% 和 3%。糠醛树脂热分解机制可以理解为,低温挥发产物形成机制是杂环断裂,在高温下的碳化机制为苯环的去氢反应。

热稳定性是聚合物的重要特性之一,也是电触头材料组织均匀化研究所关注的特性之一,一般用其最高使用温度表征。例如,聚酰胺聚合物的热稳定性为 330~380 K,酚醛聚合物为 450 K,而聚酰亚胺聚合物为 610 K。同时,在 650 K

时聚酰胺的热解已大部分完成,气相产物从反应区进入产物复合物内部时,生成的聚酰亚胺才又开始分解。

所以,复合材料分解时气相产物的影响会一直持续到很高温度,这就会使复合材料化学成分和相成分的变化程度更高,且更加不可控。这种裂解过程中,挥发产物的成分可能会对反应过程产生很大的影响。因此,无论是在选择聚合物类型时,还是在选择热处理工艺时,都必须考虑到这种中间气相产物的作用。

2.3.3　新相形成及其稳定化

高弥散状态新相的形成,特别是弥散体系形成后,其稳定性随时间的变化问题,需要专门分析和研究。

对新相形核和长大各阶段的物理化学规律的研究,既可以用于分析化合物热分解反应,也可以分析碳还原氧化物生成金属相的反应。

弥散体系形成初期,总是趋向于向最低自由能的方向移动,其结果是通过小颗粒的溶解和基体中物质的扩散使弥散相颗粒长大。显然,弥散相在基体中一定固溶度的条件下,这种溶解和长大过程就显得尤为重要。从这个角度来说,由于碳在铜中没有固溶度,所以 Cu/C 体系比较稳定。

对于含有金属氧化物的金属陶瓷材料,如果氧在金属相中有较大固溶度,则上述的溶解和长大问题对其稳定性会有很大的影响。

目前,还没有形成描述上述反应过程的理论体系。但类似的问题,例如共晶合金稳定性问题,以及弥散强化材料中强化相稳定性问题等已经得到解决。而涉及多相金属陶瓷体系方面的问题尚待研究。

弥散相的稳定性取决于颗粒聚合反应的热力学和动力学参数,包括其在基体中的溶解自由能、在基体中的扩散速度、相间转移动力学等。对于聚合规律性,从理论角度研究比较详细的是颗粒生长扩散机制,即基体中弥散相组元有限扩散形成的扩散聚合。由这个理论可知,颗粒的平均直径 $\bar{r}$ 的关系为

$$\bar{r}^3 = \bar{r}_{\tau=0}^3 + \frac{8D\Delta c\sigma V^2}{9RT} \cdot \tau \tag{2.24}$$

式中　$\bar{r}$——颗粒生长至某一时刻的平均粒径;

　　　R——气体常数;

　　　T——扩散温度;

　　　τ——扩散时间;

　　　$\bar{r}_{\tau=0}$——起始平均半径;

　　　D——扩散系数;

　　　Δc——弥散相在基体中的固溶度;

　　　V——摩尔体积。

如果沿晶界或位错通道的扩散占优势,则聚合长大随时间的变化就是另外一种形式,即

$$\bar{r} \propto \tau^{\frac{1}{4}} \tag{2.25}$$

当起决定作用的阶段为颗粒表面上的溶解或沉积时,颗粒平均粒径与时间的平方根呈正比,即

$$\bar{r} \propto \tau^{\frac{1}{2}} \tag{2.26}$$

因此,弥散相颗粒平均尺寸随时间变化规律标志着聚合的机制,使寻找控制其动力学的途径成为可能。

了解和掌握材料制备过程中的物理化学过程和现象,对新型复合材料及其均匀弥散组织制备工艺的设计至关重要,尤其对于铜基电触头材料来说,它不仅会促进新型电触头材料的发展,甚至对于新材料的性能具有决定性作用。

2.4　固体与活性气体的高温相互作用

固体与活性气体接触时,会产生多相间的相互作用,并形成新的物质、相和溶液,这可能会对反应材料的物理化学性质及使用性能产生影响。这种多相相互作用被广泛应用于冶金领域,即升华净化或利用传输反应净化。从生产高纯粉末(其中包括 Cu、Mo、Cr、Fe、Ni 等)的角度来说,后一种方法十分重要。

此外,这些相互作用在粉末复合材料烧结和固相合成、电触头材料储存和使用时的氧化过程,以及高温等离子体分断电弧对表面产生作用的复杂现象中都会出现。

2.4.1　典型实例及其动力学参数

外部条件(压力、温度和气体浓度)决定了多相反应的动力学特点及其机制——运动型、混合型和扩散型(外部扩散和内部扩散)。在温度较低时,化学反应速度决定了只能实现运动机制,而内部扩散机制常常取决于反应产物层中物质传输的速度(如本书所研究的闭合和存储状态下电触头的氧化,以及阳极材料的氧化过程)。

在高温条件下,化学反应过程相对较快,其速度原则上取决于气相(外部扩散区)中的局部物质转移。在接触表面束流斑点发热区附近就可能存在这种作用机制。

当外部总体条件、宏观和微观作用机制、固相参数之间的物理化学特性的定量规律和相互关系已知时,其速度可以控制。通过改变电触头材料的化学成分

和外部条件,可以在一定程度上调控反应的热力学、动力学及气体动力学特性,预测反应过程对最终反应产物(即接触表面"工作层")的影响。

尽管已经发表了大量有关固体与活性气体相间反应方面研究成果的文章,还有一些基础研究方面的著作出版,但直接研究复杂大气环境下服役电触头表面这个过程的资料却很有限。大部分研究工作都集中在反应动力学方面,而且所研究的反应条件及参数范围都很窄,甚至很多工艺条件及参数都固定不变。但是在大气中服役的电触头元件表面发生的反应过程复杂,其环境气氛组成不断变化,例如,服役过程中的湿度在不断变化,电弧作用后环境气氛中甚至会产生活性组元。

表 2.5 为扩散机制控制的气—固反应参数,表中列出了反应体系(固相物质及原始气体介质)、活性气体的分压(除特殊规定外,总的气压为 1 个大气压)、属于扩散机制的温度范围、上述反应过程的活化能 E 等。这些数据源于相关文献,或者是利用文献的数据计算所得。

表 2.5　扩散机制控制的气—固反应参数

反应体系	O_2 的质量分数/%	温度范围/K	$E/(kJ \cdot mol^{-1})$	$i/(kg \cdot m^{-2} \cdot s^{-1})$	文献来源
$C+O_2$	36.7~100	1 500~2 300	11.2~33.4	—	[146]
$C+O_2$	2.6~101.2	970~1 700	15	10^{-6}~10^{-4}	[146]
$C+O_2$	3~20	>1 000	12,5	—	[148]
$C+O_2$	21	>1 170	8,4	—	[149]
$C+CO_2$	—	1 670~2 270	0	10^{-6}	[148]
$Mo+O_2$	21~100	1 270~1 470	37,6	10^{-3}	[151]
$Mo+O_2$	101.2	>1 270	0	10^{-3}	[150]

碳与氧、碳氧气体和水蒸气在高温条件下的相互作用问题的研究意义很大,其动力学问题在许多文献中都有反映。不同类型的碳在扩散机制下的燃烧速度基本一致。定性计算表明,碳与氧和水蒸气的反应速度相等。同时,对于 $C+CO_2 \Longrightarrow 2CO$ 的气化速度,直至所研究的温度达到 1 623 K 也没有发现扩散机制存在。按照其他文献的论述,扩散明显限制了气化速度,在 1 670~2 270 K 这个反应的速度常数并不随温度发生变化,而与扩散机制相对应,即在上述条件下达到了最高速度。

某些金属的氧化物在较高温度下具有极大的挥发性,不会形成保护膜和阻止表面的气体腐蚀。例如,钼的氧化反应:

$$3Mo+9/2O_2 \longrightarrow (MoO_3)^3 \tag{2.27}$$

当温度超过 1 270 K、氧分压为 5~76 Torr(1 Torr=133.322 Pa)时,其气相

中的物质转移抑制了反应过程,反应速度不随时间变化,数值约为 $2 \times 10^{-3} \text{kg}/(\text{m}^2 \cdot \text{s})$。同样,石墨的氧化在这种情况下也观察不到过渡区。速度随温度变化曲线在机制转换处出现急剧的拐点。

还需要注意的一个问题就是固体的挥发,它在本节研究的问题中起较大作用。固体挥发在工业和技术领域有着独特的意义和广泛的应用,例如挥发干燥、结构材料的强化及防护等。此外,如果反应产物中出现固态可升华产物,则挥发常常成为一个复杂的多相转变阶段。这里在理论上的机制是明确的,即生成的速率完全取决于产物的饱和蒸气压及其粒子的扩散速率,而活化能主要取决于挥发热。

2.4.2　碳的燃烧和石墨化动力学

本节将讨论碳的燃烧和气化过程。尽管碳与 CO_2 和 O_2 的反应在实践中非常重要,但对其动力学参数的研究还很有限。这就使得对这个反应所包含的单独过程如有机聚合物的分解和氧化物的还原过程的分析比较困难。

如果固态碳(石墨或金刚石)参与氧化物的还原是按照包含预先气化阶段的机制进行:

$$\begin{array}{l} MeO+CO =\!\!=\!\!= Me+CO_2 \\ +\quad C+CO_2 =\!\!=\!\!= 2CO \\ \hline MeO+C =\!\!=\!\!= Me+CO \end{array} \qquad (2.28)$$

那么要想说明上述过程,必须知道所有反应过程的速度。

历经多年,目前已经对碳的燃烧和气化反应的化学平衡研究得比较透彻。碳的燃烧和气化基本反应(除与水蒸气和氢的相互作用外)可以用以下方程式表述:

$$C+O_2 =\!\!=\!\!= CO_2 + 409\ 195\ \text{J} \qquad (2.29)$$

$$2C+O_2 =\!\!=\!\!= 2CO + 248\ 530\ \text{J} \qquad (2.30)$$

$$2CO+O_2 =\!\!=\!\!= 2CO_2 + 569\ 860\ \text{J} \qquad (2.31)$$

$$C+CO_2 =\!\!=\!\!= 2CO - 160\ 670\ \text{J} \qquad (2.32)$$

反应通常被分别定义为碳的充分燃烧反应、不充分燃烧反应、碳氧化物的补充燃烧反应和碳的气化反应。需要强调的是,碳与氧的平衡常数很高,因此,在气相中残留的氧浓度极低。当碳过剩时,平衡体系中只有 CO_2、CO 和 C,它们之间的平衡可以用式(2.31)确定。燃烧和气化反应的平衡常数对数见表2.6。

式(2.28)和式(2.30)在有氧化性气氛,即存在所需氧量时就会实现;而式(2.29)和式(2.31)只有在碳过程的还原条件下才能发生。

表 2.6　燃烧和气化反应平衡常数对数表

反应编号	温度/K		
	500	**1 000**	**1 500**
式(2.28)	41.04	20.42	13.55
式(2.29)	32.07	20.69	16.86
式(2.30)	50.02	20.16	10.28
式(2.31)	−8.98	0.26	3.27

通过平衡常数对比可见,温度超过 1 000 K 时,平衡气相中 CO 占优势,而 O_2 的体积分数几乎为零。随着温度的提高,气化反应的平衡向产物形成方向移动,与燃烧反应式(2.28)和式(2.30)不同的是,这种平衡实质上与压力有关。图 2.8(a)所示为温度和压力对石墨上气相平衡成分的影响。采用稀有气体稀释的办法可以降低 $CO+CO_2$ 的分压,使反应直接进行。

必须强调的是,所有上述反应的平衡与所采用的碳试样石墨晶体的平均粒度有关。随着石墨晶体弥散程度的提高,其表面能增大,这会引起式(2.28)~(2.31)的 ΔH 和 ΔG 增大。对于非晶石墨,这个变化很大。例如,表面能的储备会引起热焓的增大:

$$C_{石墨} \rightarrow C_{非晶石墨} \quad d=1.86 \text{ g/cm}^3 \quad \Delta H=15\ 230 \text{ J}$$

这种情形在反应动力学规律研究中有特别大的作用。碳的结构组成及其孔隙率对燃烧反应速度和活化能数值影响很大,这就是试验获得的动力学参数差异(常常是很大差异)的原因。例如,无烟焦炭在空气中燃烧时,在 1 170 K 左右可以观察到向扩散方式的转变;而电极碳的这个转变发生在 970 K 左右。随着空气流速的变化,反应单位速度的差异并不太大,在 1 270 K 时变化范围是 $(1.7\sim2.7)\times10^{-4}$ g/(cm^2 · s)。在 1 070~1 270 K,一些试验中出现了随着温度升高反应速度下降的现象。对于这种现象的解释采用的是图 2.8(a)和图 2.8(b)所示的燃烧反应模型。

根据平衡常数值(表 2.6),式(2.28)和式(2.30)反应的平衡状态在温度超过 1 270 K 时取决于第二个过程,即氧将碳氧化成 CO[图 2.8(a)]。从反应表面扩散出来时,CO 与 O_2 相互作用发生补充氧化。此时,随着与相界面距离的增大,CO_2 的体积分数增大到某一极值,这样,不仅会产生体积内的扩散,还会产生向碳表面的扩散,形成二次 CO。这种情况下各组元的含量分布如图 2.8(b)所示。在这种情况下,碳的燃烧按照式(2.31)反应进行,二次氧化占主导地位[图 2.8(c)],其速度决定了在低温条件下整个反应的速度,氧化反应动力学曲线符合扩散规律(图 2.9)。在这个温度区间内,式(2.31)被加速,其反应速度相近。

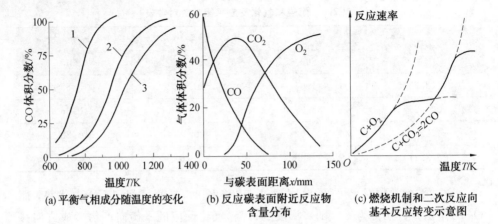

(a) 平衡气相成分随温度的变化　　(b) 反应碳表面附近反应物　　(c) 燃烧机制和二次反应向
　　　　　　　　　　　　　　　　　　　含量分布　　　　　　　　　　基本反应转变示意图

图 2.8　$CO_2 - C - CO$ 体系中物相变化和反应机制

1—0.01 大气压；2—1 大气压；3—10 大气压

试验上还没有得到以扩散方式进行的式（2.31）。其动力学参数取决于试验。由于碳的类型不同，CO_2 活化能在 167～293 kJ/mol 范围内变化。这个反应的速度：木炭为 1.5 mL $CO/(cm^2 \cdot s)$、煤焦为 0.13 mL $CO/(cm^2 \cdot s)$、无烟煤为 0.12 mL $CO/(cm^2 \cdot s)$。

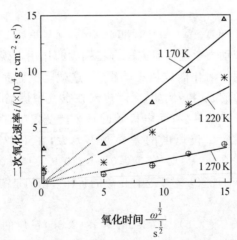

图 2.9　石墨在不同温度大气条件下氧化动力学曲线

但要强调的是，上述结果所对应的反应过程，其试验条件中的气体动力学只考虑了流动速度，而反应表面并不满足平衡条件。因此，定量分析氯化反应过程和对比不同阶段的速度，就必须按照前面所述的方法研究旋转试样在对流条件下平衡表面的反应过程。

旋转试样法的研究总体上与其他文献数据相符，同时给出了一些新的定量数据。石墨试样在温度超过 1 070 K 时可以实现扩散机制(图 2.9)。反应速度明显与转速有关,并随着搅拌力的增大而增大。提高温度开始会引起 i 值的增大,随后会降低,这与前面的解释相对应。作者测定的单位速率值明显偏低。这一方面可能与碳试样的差异有关,另一方面可能与试验中反应表面均匀性和平衡性较高有关。

在对流条件下,石墨与碳气氛反应的速度较低,此时的氧化速率 i 与氧化时间 ω 无关:1 120 K 时 $i=(1.6\pm0.3)\times10^{-6}\,\mathrm{g/(cm^2\cdot s)}$,1 320 K 时 $i=(3.9\pm0.7)\times10^{-6}\,\mathrm{g/(cm^2\cdot s)}$。

由此可知,在 1 100~1 200 K 时气态还原剂 CO 的形成就已经没有动力学阻力了。在弧根的高温条件下,金刚石及其他碳类添加相的石墨化反应没有动力学阻力,与上述平衡指标相对应,最终形成单一的 CO。在电触头表面灼热区上覆盖的氧化膜在一定程度上会被还原为金属或低价氧化物,促使其接触电阻降低和趋于稳定。

第 3 章

铜基电触头材料及工艺设计

本 章通过对铜镉合金基本物理化学特性的分析，阐明了铜基电触头材料基体合金化设计的思想，结合金刚石等第二相性能及其控制工艺方法的分析，确定了铜基电触头复合材料设计的基本原则。

低压电器用新型电触头材料的开发包括材料设计和工艺设计两方面,其目标在于提高电触头材料的服役性能。这方面的研究成果较多,本章将对其中涉及物理化学基础理论和对材料服役性能评价方面的内容进行分析和综述。全书更为关注的是铜基材料,因为这种材料从材料学角度比银基材料更为复杂。

新型电触头材料设计包括以下几个相互关联的问题:

(1)材料必须满足电器的综合使用性能要求。

(2)材料应当具备实施产业化的工艺特性。

(3)材料必须具备经济实用性。

纯金属很少用作电触头材料。原则上,电触头材料都含有改善其使用特性的添加物。可以通过添加合金化组元形成均匀合金来实现,也可以通过在基体中添加单独的相来实现。例如在银基体中添加铜或镉,使之在基体中固溶形成合金;镍、钼、钨、碳、氧化镉或氧化铜等添加物在银中不固溶,形成的是复合材料。在多数情况下,复合材料的基体都是固溶体(如前所述的 Ag-Cd/29Ni-3C 材料)。

3.1 铜镉合金电触头材料

含镉的铜合金(约含 1‰Cd 的铜镉合金[①])作为导电材料广泛应用于电工领域:电车导线(耐磨性超过铜导线的 3 倍)、电机转换器和分断电触头等。用镉使铜合金化,可以提高其机械性能,导电性和导热性略有降低,再提高结晶温度,不会使腐蚀特性恶化,决定了这种合金既可直接作为分断电触头材料使用,又可作为低压电器复合材料电触头的基体材料。复合材料电触头的每个组元和基体都对其服役性能有关键性的影响,所以,本节将对 Cu-Cd 合金及其作为复合材料组元相的特性进行详细分析。

3.1.1 合金元素的性质及相图

Cu-Cd 合金组成元素的物理和化学性质有很大差别。这里所列出的是有利于分析和研究该合金及其组元特性的一些基本特性,以及电工学特性指标的测试结果(表 3.1 及附表 1~3)。

---

① 本书合金中元素的含量均指质量分数。

表 3.1　铜和镉的基本特性

性质	Cu	Cd
密度/(g·cm^{-3})	8.94	8.65
原子半径(配位数为 12)/nm	0.128	0.152
离子半径/nm	0.096^{+1}, 0.072^{+2}	0.103
晶格参数(293 K)/nm	$a=0.296$ $c=0.563$	0.361 47
熔点/K	1 357.8	594.26
沸点/K	2 816	1 039.7
熔化潜热/(kJ·mol^{-1})	12.97	6.23
气化潜热/(kJ·mol^{-1})	302	99.6
热容/(J·mol^{-1}·K^{-1})	24.4	26
标准熵 $S_{298}^{\ominus}$/(J·mol^{-1}·K^{-1})	3 311	51.75
线膨胀系数(25 ℃)/(×10^{-6}℃$^{-1}$)	16.8	29.8
热导率(20 ℃)/(W·m^{-1}·K^{-1})	386	118
电阻率(20 ℃)/(×10^{-4} Ω·cm)	1.68	7.4
电阻温度系数(0~100 ℃)/(×10^{-3}℃$^{-1}$)	3.8,4.33	4.0,4.24
电离电位/V	7.72	8.99
电子逸出功/eV	4.4	4.1
硬度(HB)/MPa	23~40	20~27
弹性模量/GPa	132	—
氧化价态	+1,+2	+2

Cu 是化学元素周期表中ⅠB族化学元素,原子序数为 29,原子量为 63.546,晶体结构为面心立方,属塑性金属。

Cd 是化学元素周期表中ⅡB族化学元素,原子序数为 48,原子量为 112.41,晶体结构为密排六方,为银色塑性金属。

这两种金属的沸点差别很大。如果使饱和蒸气压达到一个大气压,对于铜需要达到 2 816 K,而对于镉只需达到 1 039.7 K。因此,在某一温度下,镉会产生更为强烈的蒸发。这一点在研究镉及其合金时必须考虑。在 770~1 110 K 镉的蒸气压可以用对数方程表达,即

$$\lg p(\text{MPa})=11.112-\frac{5\ 218}{T} \tag{3.1}$$

式中　T——绝对温度。

图 3.1 所示为铜镉合金相图中富铜端的放大图。这两种金属在液态有限互溶,随着温度降低,凝固后镉在铜中的固溶度(原子数分数)先是增大到 2.56%,随后快速下降,到 573 K 时减小到 0.26%。接近室温时,镉在铜中的平衡固溶度很低,但准确的数据尚不清楚。在非平衡合金中,例如,电化学沉积获得的合金中,镉在铜中的过饱和固溶度可以达到 21.44%。

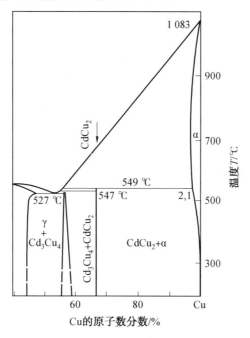

图 3.1 铜镉合金相图中富铜端的放大图

在 549 ℃时,由于包晶反应会形成 Cu_2Cd 金属间化合物。在更低温度下,这种化合物沉淀,并在合金中保持颗粒状,尺寸为 10 nm 左右。在 Cu—Cd 合金相图的富镉端还可以观察到几种化合物,但固态铜镉合金室温条件下能够保存下来的只有 Cu_2Cd 相。由固态铜和固态镉形成 Cu_2Cd 的生成热为 $\Delta H = (3.76 \pm 1.25)$ kJ/mol(620~770 K),标准生成热为 $\Delta H_{298 K} = 2.09$ kJ/mol,密度 $d = 9.01$ g/cm³。由于制备和加工方法的不同,其硬度(HB)为 400~500 MPa。

由于冷却时固溶度的变化和高弥散度硬质金属间化合物 Cu_2Cd 的析出,Cu—Cd 合金具有弥散强化效应。

3.1.2 铜镉合金的性质

作为电工材料,在铜中添加镉至少有三个目的:材料强化、增强抗熔焊性和灭弧特性。正如前面章节所强调的,室温条件下镉在铜中的固溶度很小,固溶体在冷却时,过饱和的镉会以金属间化合物 Cu_2Cd 的形式析出,对基体产生弥散强化作用,同时其固溶在基体中的部分还会起到固溶强化作用。文献资料的数据以及作者对此类电触头试样研究的结果已经证明了这一点。

在铜中添加 $0.9\%\sim1.2\%$ 的 Cd 会使其明显强化,而对其主要电接触特性——熔点(1 349 K)、电导率(硬态约为 80%IACS,软态约为 90%IACS)和热容[330 W/(m·K),纯铜为 401 W/(m·K)]影响较小。铜镉合金软态硬度(HB)为 600 MPa,硬态硬度(HB)为 1 200 MPa,即它具有强烈的形变强化效应,这对于电触头材料是一个有利的因素。接触器和电磁开关等启动电器要在一定压力下承受几百万次循环,要求电触头材料具有合适的硬度指标。在这一点上,含 1%Cd 的 Cu—Cd 合金具有优势,它具有较高的耐摩擦磨损特性。

铜镉合金的基本特性列于表 3.2 中,其中所列部分数据源于国家标准。退火态(820 K,2 h)变形合金随成分变化的特性列于表 3.3 之中。

表 3.2　铜镉合金的基本特性

性质		Cu—(0.9~1.2)Cd
密度/(g·cm^{-3})		8.89
熔点/K		1 349
热容/(J·mol^{-1}·K^{-1})		385
线膨胀系数(25 ℃)/(×10^{-6}℃$^{-1}$)		17.6
热导率(20 ℃)/(W·m^{-1}·K^{-1})		330
电阻率(20 ℃)/(×10^{-4} Ω·cm)	硬态	2.15
	软态	1.96
电阻温度系数(0~100 ℃)/(×10^{-3}℃$^{-1}$)		3
硬度(HB)/MPa	硬态	1 200
	软态	600
相对延伸率/%	硬态	7
	软态	55
弹性模量/GPa		126
剪切模量/GPa		42
拉伸强度极限/MPa	硬态	510
	软态	250
断裂强度极限/MPa	硬态	390
	软态	185
屈服强度 $\sigma_{0.2}$/MPa	硬态	480
	软态	60
浇注温度/K		1 350~1 370
热加工温度/K		1 050~1 070
退火温度/K		770~870

表 3.3　退火态(820 K,2 h)变形合金随成分变化的特性

$w(Cd)/\%$	拉伸强度极限 σ_b/MPa	比例极限 σ_p/MPa	延伸率 δ_{10}/%	断面收缩率 Ψ/%	硬度(HRF)/MPa
0.0	228	58	48	86	44
0.5	246	85	39	81.5	54
1.0	269	109	36	71	66
1.4	280	120	42	67	68
1.6	270	115	43	72	68
2.0	275	120	40	71	78
2.4	285	124	42	54	70
2.9	290	103	44	54	74
3.5	292	131	27.5	35	78

　　文献数据分析表明,铜镉合金的性质原则上与机械加工和热处理状态有关。冷变形合金具有较高的强度、硬度和较低的塑性,但经过 770～870 K, 30 min 退火后,基本上可以恢复初始的特性指标。其消除冷作硬化的再结晶和软化处理温度始于 610～620 K,而纯铜的处理温度始于 470 K。许多研究结果都强调,这类合金的时效强化效果明显。

　　冷变形合金的热处理工艺对铜镉合金的电阻率会产生影响。随退火温度和时间的改变,无论其电阻率 ρ 值,还是电阻温度系数 α 值都会发生变化,后者的变化范围为 $(2.47～3.45)\times10^{-3}\ K^{-1}$。同时发现,在某些退火条件下的再结晶行为也会对合金的导电性产生影响。

　　冷变形和退火对含 1.23%Cd 的铜镉合金电学性能和机械性能的影响见表3.4。由表 3.4 可见,与变形态相比,退火态合金的抗拉强度 σ_b 降低了 1/2,而延伸率 δ 急剧增大,电阻率略有下降,电阻温度系数则略有上升。随着镉质量分数的增大,电阻温度系数从典型值 3.8 开始明显下降。

　　含 1%左右镉的合金,其疲劳性能比纯铜高出 25%～30%。

　　文献[158]中对 Cu－Cd 合金基金属陶瓷的特性进行了研究,其结果列于表3.5。对比熔炼合金(表 3.3、表 3.4)和金属陶瓷的性能,可以发现后者的硬度较高,而电导率和密度都明显较低,这是粉末材料的特点。

　　电阻率的降低与金属陶瓷合金过高的残余孔隙率有关。熔炼合金可以视为接近于无孔隙状态,而粉末合金的残余孔隙率为 6%～9%。这是粉末材料作为电触头材料的主要缺陷之一,它会导致材料的综合服役性能下降。制备低孔隙

率(甚至零孔隙率)的电触头件是工艺研究最重要的任务。

表 3.4 冷变形和退火对含 1.23％镉的铜镉合金电学性能和机械性能的影响

$w(Cd)$ /%	抗拉湿度 σ_b/MPa		延伸率 δ/%		电阻率 ρ/($\mu\Omega \cdot cm^{-1}$)		电阻温度系数 α/($10^3 \cdot K^{-1}$)	
	冷变形	退火	冷变形	退火	冷变形	退火	冷变形	退火
0.00	463		1.7	—	1.809	—	3.67	(3.8)
0.15	481	259	1.4	35.0	1.884	1.789	3.75	3.74
0.37	499	—	1.2		1.959	—	3.36	—
0.43	554	—	1.1		1.969	—	3.28	—
0.50	554	277	1.2	35.3	1.984	1.873	3.49	3.57
0.86	580	283	1.2	36.8	2.037	1.904	3.25	3.40
0.98	601	280	1.6	37.7	2.064	1.972	3.14	3.35
1.23	643	272	1.0	44.3	2.100	1.968	—	3.39

表 3.5 Cu—Cd 合金基金属陶瓷的特性

$w(Cd)$/%	电阻率 ρ/($\mu\Omega \cdot cm^{-1}$)	密度/($g \cdot cm^{-3}$)	硬度(HB)/MPa
0.0	1.9	8.4	560
0.5	2.0	8.3	650
1.0	2.1	8.3	660
1.6	2.2	8.1	700
2.0	2.4	8.2	710

　　铜镉合金具有较高的抗电弧烧蚀性,它比铜的抗电弧烧蚀性高 2～5 倍。这一方面是源于镉的添加明显提高了合金的机械特性,另一方面是由于镉具有自灭弧特性。由于铜镉合金触头材料服役时要承受机构通断时的循环冲击载荷和燃弧条件下电弧作用的局部载荷,因而静载强度和疲劳强度值的提高都会对材料的服役特性产生有利影响。

　　与纯铜相比,Cu—Cd 合金的自灭弧特性更优。如前所述,由于镉的沸点较低,Cu—Cd 合金上电弧间隙的初始强度必然比纯铜高,因此,从理论上讲,电流过零后间隙电场强度恢复速度也较快(遗憾的是,目前没有找到 Cu—Cd 合金与 Cu 在这方面特性对比的试验数据)。发生燃弧时,镉从电弧阴极斑点蒸发,所形成的蒸气进入电弧等离子体的量明显高于返回到合金表面的量,因而电弧很大程度上是在镉蒸气中燃烧。镉原子的电离电位明显比铜高(镉为 8.99 eV,铜为 7.72 eV),这就会使电弧中的电子浓度降低,从而促使其熄灭。

　　不含镉的铜触头烧蚀明显加剧,这一点在服役后电触头表面结构和形貌上会有所表现。图 3.2 为含镉和不含镉的铜基电触头服役后接触面形貌。尽管碳的添加[图 3.2(a)]通常会加剧烧蚀,但无镉电触头表面[图 3.2(b)]损坏程度明显更加严重。类似的现象在其他成分的材料中也会观察到。一般情况下,电触头的烧蚀程度与电器结构的燃弧时间有关。作者在交流接触器(无灭弧罩,$I_e=$ 40 A,AC−4 工作制)上测试的结果表明,随着铜基电触头中镉质量分数的增大,燃弧时间减小(表 3.6)。

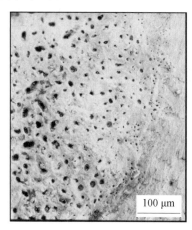
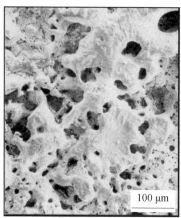

(a) Cu–1Cd–1C　　　　　　　　　　(b) Cu–1Cr–1C

图 3.2　含镉和不含镉的铜基电触头服役后接触面形貌

表 3.6　Cu−Cd 合金触头 Ac−A2 体制电寿命测试结果

$w(Cd)/\%$	燃弧时间/ms	试验结果
0	50	未通过测试
0.5	20	通过测试,磨损量较大
1.0	10	通过测试,正常磨损
2.0	8	通过测试,环保触头元件边缘损坏严重

　　在电触头材料中引入镉元素还可以提高电触头元件的抗熔焊性。这可能与材料硬度的提高有关,因为目前已经公认,强度值相近的固体材料,软态的抗熔焊性比硬态差。但主要原因还是镉的加入提高了合金的灭弧特性。燃弧时间短使熔化金属的体积减小,降低了熔焊桥接的面积,于是,熔焊部位断裂所需的力自然会下降。

　　一般认为,在正常工作条件下,接通过程中的弹跳及随后产生的电弧是电触头产生熔焊的基本原因之一。文献[163]中采用专用无弹跳设备对直流 500 A

和 1 000 A 条件下的熔焊行为进行了研究。结果表明:在这种条件下纯铜的抗熔焊性并不比传统上广泛使用的 Ag－CdO(SnO₂)材料的抗熔焊性差。

真空开关电触头一般采用含有低熔点组元(Bi、Sn、In)的铜基材料。这种材料在工作过程中表面会形成低强度的易熔材料或固溶体膜层,这个膜层大大降低了熔焊层的强度。

在 Cu－Cd 合金中,镉在固－液界面的表面活性为 $\gamma=0.045$,在液－气界面上两种组元熔体的表面张力也有很大差异:铜为 1 350 mJ/m²(1 370～1 820 K),镉为 630 mJ/m²(770～1 270 K)(在文献中没有查到绝热条件下 Cu－Cd 合金表面张力的数据)。

从形式上看,类似于低压电器的短电弧和小间隙的条件下,电弧熄灭后蒸气中的镉大部分都沉积到电触头表面上形成沉积层,它一方面阻碍了强烈熔焊,另一方面也成为下一次通断燃弧过程的离子源。

原则上,电弧熄灭后阴极斑点熔池的凝固速度也会对电触头烧蚀行为产生一些影响。由于热流向试样内部强烈传导,阴极斑点熔池在该方向上快速凝固,会形成微晶组织(由于合金化水平较低,其形成非晶态金属玻璃的可能性较小)。众所周知,随着组织细化程度的提高,快淬合金的强度指标会上升。与铜相比,铜镉合金随着导热性的下降,凝固速度降低、晶粒尺寸长大、熔焊点的强度和分断力随之下降。凝固速度下降还将引起镉在固溶体中过饱和度的减小。如第 2 章所述,其余的镉将沉积于表面和晶界上,使熔焊强度降低。

3.1.3　铜镉合金的工艺特性

Cu－Cd 合金及其粉体的制备具有一定特殊性,常规金属熔炼方法无法控制镉的大量损耗,并不适合于制备这种材料。与成分、加热方式、设备结构等因素有关,常规熔炼方法可能会导致镉的挥发量达到 80% 以上。镉的损耗主要是由于其熔点及沸点低且饱和蒸气压高。从表 3.1 可知,镉的沸点明显低于铜的熔点,所以在熔炼加热时,温度还远没有达到铜的熔化和合金形成的温度,镉就开始以蒸气形式挥发(烧损)了。因此,针对这种合金的制备设计了专门的方法:

①中间合金制备法。在 920～970 K 温度范围内会产生铜在液态镉中溶解和镉向铜中扩散两个过程,获得含镉 50%～80% 的中间合金。

②电化学沉积法。电化学沉积法即利用电解质溶液中电化学沉积方式获得合金。

③热扩散法。热扩散法即通过热扩散制备合金。

④粉末冶金法。这种方法原则上与第一种方法没有本质上的区别,只是扩散过程在原始粉末压坯体内进行。

上述方法中,在工程和生产中应用比较广泛的还是粉末冶金法。这种方法在低于铜熔点的烧结温度下,也可以同时产生铜在液态镉中溶解和镉向铜中扩散两个过程。设计加热时间时,必须要保证合金形成时所需溶解和扩散过程的充分进行。从物理化学角度来看,固溶体形成时镉的活性下降,因此,其饱和蒸气压也在降低。根据物质迁移规律,此时镉的蒸发速度也会降低。在这种情况下,其常态扩散规律(费克第一定律)可以表达为

$$i = D\frac{\Delta c}{\delta} = D\frac{c_s - c_o}{\delta} \tag{3.2}$$

式中　i——物质迁移速率,单位时间内单位面积沿法线方向上流过物质的质量或物质的量,$kg/(m^2 \cdot s)$ 或 $mol/(m^2 \cdot s)$;

　　　D——在气相中的相互扩散系数,m^2/s;

　　　c_s——蒸发表面附近的镉浓度;

　　　c_o——气相体积中的镉浓度;

　　　δ——浓度从 c_s 变化到 c_o 的扩散层宽度。

由此可知,通过改变扩散系数 D 和减小浓度差 $c_s - c_o$,可以降低镉的挥发速度。在实际情况下,控制扩散层厚度 δ 无法实现。扩散系数 D 取决于温度和压力。当温度恒定时,随着气相压力 p 的增大,D 与 $p^{-0.6}$ 成正比,即

$$D = \frac{D_0}{p_{0.6}} \tag{3.3}$$

这里 D_0 为 $p=1$ 时的扩散系数,即气压从 1 个大气压增大到 150 个大气压时,D 值下降,i 值随之下降至原来的 1/20。因此,为了抑制镉的挥发,必须使体系封闭,以防止镉蒸气的逸出,同时要尽量增大气相压力,从而保证在加热过程中 Cu—Cd 固溶体的形成。

粉末电触头单件产品尺寸较小,其性能对镉挥发造成的成分变化很敏感。因此,生产工艺必须严格保证成分的稳定性和均匀性。为此,建议采用下述方法专门制备铜镉合金粉末电触头,以保持其成分的稳定并达到预期的指标,这种方法也可以推广到所有含镉的其他电触头产品的生产工艺中。

铜和镉粉压坯烧结方法的基本工艺参数:烧结温度为 1 070 K,采用稀有气体(Ar)保护,气氛压力最高可以达到 150 个大气压。其特殊性在于:在承载压坯件的烧结舟中填充 Al_2O_3 或 TiO_2 填料,填料中掺入 1%~20% 的 CdO 或 0.5%~10% 的 Cd[①]。填料中 CdO 或 Cd 的含量根据合金中镉的含量与加热工艺规程之间关系的试验结果确定。随着填料中掺杂量的增大,试样中镉的含量增大。例如,在相同工艺条件下,不加填料时镉的损耗为 60%,加入纯 Al_2O_3 填料时损耗为 25%,而掺入 1%CdO 时损耗只有 5%。这种方法虽然可以有效保证合金中镉

---

①　本书中,填料掺杂量均指质量分数。

的质量分数,但其工艺过程复杂,增大了制造成本。

文献[168]建议将铜和镉粉压坯在 1 070～1 170 K 的 Na_2CO_3 熔盐中烧结 5～7 min,可得到较好的成分控制效果。但这种方法的有效性值得怀疑:烧结动力学取决于固相中的扩散过程,所以,如此短暂的时间不足以完成致密化过程。此外,熔融碳酸盐有利于金属和氧化物的润湿性,会沿压坯的张开孔隙渗入工件,并且在后续的致密化过程中嵌入基体。作者对类似材料体系的研究结果表明:这种材料的机械性能很差,很容易在冲击载荷作用下断裂。这种工艺条件下可以延长烧结时间,因为在熔盐的包覆下不会产生镉的挥发,但不能改善材料性能。

除了材料成分及其均匀性,评价粉末复合材料质量的重要指标之一是残余孔隙率 θ,即

$$\theta = 1 - \varepsilon \tag{3.4}$$

式中 ε——相对密度,为材料实际密度与理论密度(无孔隙材料的密度)的比值,

$\varepsilon = d/d_0$。

孔隙的存在会使电导率、热导率、接触磨损抗力、可焊性,特别是材料强度下降。要想使材料的性能指标较高,其孔隙率应低于 3%。冲击韧性对残余孔隙率十分敏感,当孔隙率降低到 $\theta < 3\%$ 时,材料冲击韧性会急剧上升。例如,铸铜在 298 K 时的冲击韧性为 $A_K = 5.2 \times 10^5 \ J/m^2$,轧制和退火铜的冲击韧性为 $A_K = 17.6 \times 10^5 \ J/m^2$,而烧结铜的冲击韧性为 $A_K = (0.29 \sim 0.39) \times 10^5 \ J/m^2$。尽管文献中并没有列出该铜基粉末样品的孔隙率,但分析认为其数值较高,因为这种金属烧结后没有经过补充致密化处理。冲击韧性较低的材料,其疲劳性能指标也较低,在循环载荷作用下会快速失效。

由 3.1.2 节中列出的 Cu-Cd 合金基粉末冶金材料的某些性能可知,其硬度比熔炼合金略高,而电导率和密度明显较低,与这种粉末合金的残余孔隙率有关。这是粉末材料作为电触头的主要缺点之一,它会使所有的使用特性恶化。制备低孔隙率或零孔隙率的电触头件,是工艺研究最重要的任务。

制备高致密度材料要以粉末冶金通用原则和规范为基础,并与具体粉末复合体的特殊性相结合。这种结合的关键在于掌握原始粉末特性和工艺因素对工件服役性能的影响,从而合理选择生产工序和工艺参数。

3.1.4 铜与液态镉相互作用动力学

在复杂粉末体某一组元熔点以上温度合金化以及烧结时,其根本问题是固相与液相金属的相互作用。液相烧结工艺在实践中应用广泛,其规律性决定了工件尺寸、孔隙率和组织形成动力学,当然也决定了成品件的特性。

镉与铜粉末体系在一定温度下的烧结也会出现液相,这个过程总体上服从

常规的液相烧结规律,但对其中铜与熔融镉的相互作用特点目前研究得很少。为掌握该体系液相烧结的行为,必须了解固态铜与液态镉相互作用时的溶解动力学和扩散规律。

有研究者借助于试样旋转法来解决上述问题并对其进行了分析。这种方法关键在于,在保证反应表面近似均匀的条件下实现物质转移和热量传导的测试。铜试样为圆盘状,直径为 10 mm,装卡在石墨环上。将试样放入镉熔体中,并沿其轴向旋转。试样一端与镉熔体接触并在其中溶解。间隔一定时间称量试样的质量,并计算溶解速度。试验结果如图 3.3 所示。从所列试验数据可知:Cu 在 Cd 中的溶解取决于试样的转速,这就证明了溶解过程属于扩散机制。溶解过程可以用流体动力学方程表示,即

$$i = 0.62 D^{2/3} n^{-1/6} (c_H - c_o) \omega^{1/2} \tag{3.5}$$

式中　D——互扩散系数;

$\quad\quad n$——Cd 熔体的动力学黏度;

$\quad\quad c_H$——相界面上(过饱和)Cu—Cd 合金的浓度;

$\quad\quad c_o$——熔体中 Cu—Cd 合金的浓度;

$\quad\quad \omega$——试样旋转的角速度。

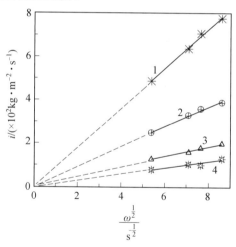

图 3.3　铜在镉中溶解的动力学曲线
1—823 K;2—773 K;3—723 K;4—673 K

随着盘状试样转速的增大和温度的升高,铜的溶解速度呈规律性增大。此时观察到的是线性规律,而外推到坐标系起点的直线方程符合式(3.5)。

当 $\omega^{1/2} = 1$ 时,可以将溶解速度与温度的关系数据进行处理,得到指数方程,即

$$\lg i = (1.467 \pm 0.057) - (2\,943 \pm 427) T^{-1} \tag{3.6}$$

该方程的相关性系数为 $\delta=0.980$。由此可以计算出整个过程的活化能约为 $E_S=(56.3\pm8.2)kJ/mol$。

利用图 3.4(a) 和 (b) 中的固溶度和黏度数据，根据式(3.5)可以计算出液态 Cu—Cd 合金固溶体中的互扩散系数。在所研究的温度范围内，扩散系数随温度的变化规律可以表达为典型扩散过程活化特征指数方程，即

$$D(M^2/c)=D_\circ\exp\left(-\frac{\Delta E_D}{RT}\right)=3.8\times10^{-9}\exp\left(-\frac{1\ 628}{T}\right) \tag{3.7}$$

它的相关性系数为 $\delta=0.993$。这样，扩散过程的活化能为 $E_D=13.5\ kJ/mol$。与一般熔体相比，在所研究的温度范围内，这个 D 值比较低：$D=(3.5\sim5.4)\times10^{-10}\ m^2/s$。根据相图可知，在所研究的温度范围内，熔体中会存在化合物 Cu_5Cd_8 的大分子。显然，铜在这种分子化合物中的扩散导致了其 D 值降低。

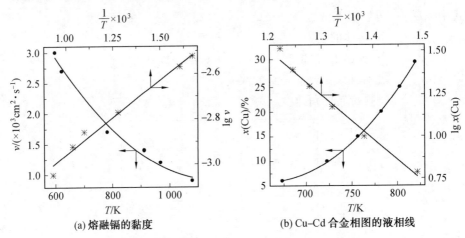

(a) 熔融镉的黏度 (b) Cu—Cd 合金相图的液相线

图 3.4　熔融镉的黏度和 Cu—Cd 合金相图的液相线

出现上述现象也可能另有原因。当固体金属在熔体中溶解时，由于溶解的热效应，可能会在溶解试样表面产生温度的变化 ΔT，它会使动力学参数 E_S 和 E_D，以及扩散系数 D 计算时出现误差。但分析表明，这种影响不但很小，而且可以定量计算。ΔT 值一般采用斯伯尔金格（Sporging）公式计算，即

$$\Delta T=\frac{i\cdot\Delta H_S}{c_p\cdot\varphi(Pr)\cdot(\mu\cdot d\cdot\omega)^{0.5}} \tag{3.8}$$

式中　ΔH_S——熔解热效力；

　　　c_p——熔体质量定压热容；

　　　$\varphi(Pr)$——布朗德特里数值函数；

　　　μ 和 d——熔体的动力学黏度和密度。

例如，$T>850\ K$ 时，Fe 在 Te 熔体中溶解时，根据式(3.8)计算，结果表明：在试样表面升温，ΔT 值可以达到 60 K，这个数值实际上已经超过熔体中溶解动

力学试验的温度测量的误差。同时,对于半导体材料等很多体系,其在液态金属中溶解时试样表面升温,ΔT 值不超过 10 K。但很明显,这种计算带有一定的估算特征。

也可以实现 ΔT 的直接测量,例如,文献[175]的作者利用旋转试样对所研究的体系在 773 K 和 873 K 时的 ΔT 值进行了直接测量。结果表明:ΔT 值与旋转速度无关,数值上并不超过温度测量误差范围,而且对按照式(3.5)计算的互扩散系数值没有影响。这个试验还证明了铜在镉中熔解热 ΔH_S 值相对较低。根据熔化相图计算出的 ΔT 值,代入式(3.8)可以得到 $\Delta H_S = 50.1$ kJ/mol。另外,铜试样和 Cd-Cu 合金固溶体的导热性较高,也是其 ΔT 值较低的原因之一。

通过对比溶解过程活化能的试验数据与式(3.5)温度关系项中总活化能和热量的数据,可以验证试验测试的精度和计算的正确性。此时,必须考虑到扩散活化能、黏度活化能和熔解热,即

$$E_S = 2/3 E_D - 1/6 E_n + DH_S \qquad (3.9)$$

式中　E_n——黏度活化能。

根据 Cu-Cd 合金的熔融镉的黏度[图 3.4(a)]和熔化相图[图 3.4(b)]数据,可以得到下述方程及其相关性系数,即

$$\lg x(Cu) = 4.655 - 2\,621.5/T \qquad (T=673\sim820\ K, \delta=0.993) \qquad (3.10)$$

$$\lg n[cm^2/c] = 653/T - 3.609 \qquad (T=598\sim968\ K, \delta=0.983) \qquad (3.11)$$

考虑到前面所列数据,可以得到:$2/3 E_D - 1/6 E_n + DH_S = 61.2$ kJ/mol,它与 $E_S = (56.3 \pm 8.2)$ kJ/mol 拟合良好。当然,更为基本的对比应当建立在不相干方法测定的 E_D 和 E_s 值基础之上。

了解和掌握铜与镉的相互作用机制,对于理解含镉的铜基粉末体烧结行为具有很重要意义。迄今为止,关于该体系烧结初期的是"固相溶解于液相之中",或是"液相溶于固相之中"还有争论。文献[101]认为:烧结初期,液相中的镉原子沿固相铜的晶界渗入固体之中,按照平衡相图形成了固溶体或金属间化合物,随后再发生产物的溶解。但也有与此相对立的观点存在。显然,体系的本质特性和具体试验参数决定了实际条件下可能会产生不同的机制。对于不同的研究的体系,根据上述试验还不能对这个问题得出单一的结论。

3.2　铜基电触头材料中的非金属添加相

可溶解于金属基体的合金化元素,原则上可以提高固溶体的机械性能,但同时会降低如导电性、导热性、熔点等电触头材料的重要性能指标。而且,固溶组元含量越高,这些性能降低得越剧烈。所以,这类添加元素的选择既要有严格的

论证,又要认真确定其含量合理。

添加的第二相是复合材料重要的组成部分,它不应对基体相造成上述负面的影响,其浓度可以通过优化复合材料服役性能来确定,并且可以在较宽范围内调整。

3.2.1　电触头复合体中的细弥散金刚石

银－碳和铜－碳系列电触头材料种类很多,其中广泛采用的是石墨态的碳。但这些材料有一个共性的缺陷就是强度和硬度不高,因而在要求循环寿命较高及有冲击载荷作用的电器上无法应用。这个缺陷本身是石墨的本征特性造成的,其无法通过制备工艺的改善而消除。石墨晶体为六方结构,由碳原子正六边形组成的平行层片构成,层内原子间为由 sp^2 杂化轨道构成的共价键,而层间的作用力仅为范德瓦耳斯力。所以,六方石墨层间键能(16.75 kJ/mol)比层内碳－碳键能(167.6 kJ/mol)小一个数量级。金属－石墨复合材料无论是在机械加工,还是在电弧作用下,范德瓦耳斯键都很容易被拉断。此时,石墨层间的键结合发生断裂,各层之间产生相对滑动,这导致了复合材料中微观裂纹的形成。此外,铜与石墨的亲和力很低,所以,材料中石墨颗粒所处的微观区域本质上与气孔的作用相当,也会促使裂纹的形成,降低材料的强度和硬度。

所以,含石墨的电触头在电流载荷作用下进行测试时,经过一定次数的通断循环后,试样会出现突发性失效。即在冲击机械载荷或其他载荷多次作用时,微观裂纹达到临界值,试样开始以大块颗粒剥落的形式快速损耗。这种情况下,电触头件会快速失效。尽管金属－石墨材料在工业中广泛应用在滑动触头及保护器上,但由于上述原因及其烧蚀速率高,其不能在多次循环冲击载荷的电器上。

因此,为了提高铜基电触头的服役性能,建议以金刚石微粒的形式添加碳。前面已经指出,金刚石微粒的引入可以提高电触头抗电弧烧蚀性及抗熔焊性,同时还在一定程度上防止电触头表面氧化膜的形成,可以使接触电阻稳定。

对于上述这种电触头的制备,一般采用的是动态法合成的金刚石粉末,尺寸约为 1 μm。动态法合成金刚石也称为爆炸合成金刚石,是将炸药和石墨组成的混合粉末体在专用容器中引爆,随后利用化学清洗去除合成产物中的石墨和非晶碳,最终获得晶粒尺寸约为 1 μm 的细弥散多晶金刚石。本书所提及的铜－金刚石复合体制备和研究就是采用这种金刚石。

细晶材料和弥散强化材料具有较高且均匀的耐电弧烧蚀性,同时还具有较低的熔焊强度和较高的耐机械磨损特性。

采用熔点较高的物质,如氮化物或氧化物对铜进行弥散强化,所获得材料的特点是磨损量较低,而且抗熔焊性较好。但是,采用这类物质对铜进行弥散强化也存在一定负面的影响。随着通断循环次数的增加,表面层中出现的强化相的氧化或沉积产物,导致接触副上的电阻值明显增大且变得不稳定。过大的阻值会导致接触副过热,甚至使电器上塑性连接件及其他结构元件熔化。这就使该类电触头材料在某些电器中的使用受到了限制。

在铜中添加金刚石微粒具有弥散强化作用,至少不会降低材料的强度和硬度。同时,在电触头服役过程中,金刚石在燃弧时不会在电触头表面上形成引起接触电阻升高的低导电性沉积物。不仅如此,金刚石在高温燃烧的产物是一氧化碳,它具有还原性,可以将电弧燃烧区内的部分氧化铜还原成金属铜或氧化亚铜。所以,在有金刚石存在时,电触头表面的氧化物主要以氧化亚铜为主。此时,氧化层的形态为很薄的氧化亚铜膜(4.2.1 节),从而保证了接触电阻的稳定性和电流转换的可靠性。

通过实验室研究,已经确定该系列电触头材料的最佳成分范围,并定义该系列材料型号为 KMK－MDA－1。该系列电触头材料混粉时各组元的配比范围见表 3.7。

表 3.7　KMK－MDA－1 系列电触头材料混粉时各组元的配比范围

组元	质量分数/％
金刚石微粒	0.1～3.0
镉	0.1～2.0
铜	余量

在 2.1 节,已经从第 1 章中有关电触头工作的物理过程角度,全面分析了添加金刚石对电触头材料性能可能产生的影响。这里补充说明并全面分析选择各组元的依据。

在电触头基体中加入硬质、难熔颗粒可以增强其抗熔焊性,是加入金刚石粒子这类添加相的理由之一。另外一个理由是,硬质颗粒可以对基体产生弥散强化作用。此外,金刚石粒子的添加可以提高电触头抗电弧烧蚀性。金刚石粒子对电弧稳定性的影响包括下述几个方面:

(1)对电极上电弧运动行为的研究表明,阴极斑点在电触头表面上以每秒几十米的速度快速移动。弧根沿着易于产生电子发射的区域移动,如晶界、相界区域。Cu－C 电触头的 Cu/C 接触区就是这种电子发射区域。因此,与复合材料中的其他组织相比,阴极斑点移动到金刚石晶体上的概率明显较高。由于金刚石的热导率 λ 非常高[在 320 K 和 450 K 时分别为 2 000 W/(m·K)和 1 300 W/(m·K)],比铜的热导率 λ_{Cu} 高出几倍,因此可以快速将热量从电触头表面传导至内部。弧根冷却,使进入电弧中的蒸气和电子发射量降低,促进电弧的熄灭。

(2)此外,电弧在运动时容易被钉扎在导电或导热性相对较低的位置,从而引起这些位置的表面材料严重烧蚀。绝缘的金刚石粒子就可能成为这样的钉扎位置,这样就会导致上述的分析结果,即提高了材料的抗烧蚀性。

(3)同样也已经证明,含碳电触头服役后表面会形成沉积的碳层。在 Ag－5C 电触头表面,这种碳层的厚度可以达到 40 μm。这个膜层一方面可以有效抵抗熔焊,另一方面(特别对于铜基电触头)可以防止表面氧化,并在束流灼热点处促进氧化物还原。

基于上述原因可以认为,作者所设计的 KMK－MDA－1 型电触头材料应当具有较高的使用性能指标。实验室测试和分析结果表明,这种材料具有良好的抗烧蚀性、低的体电阻率(2.0～3.8 μΩ·cm)、较高的退火硬度(HB 60～65)和抗熔焊性,以及稳定的接触电阻。

综上所述,铜－金刚石－镉(Cp/Cu－Cd)假合金可以用于设计各种分断电触头,其关键在于:通过改变化学成分、组织和制备工艺,提高材料的使用性能。

KMK－MDA－1 型材料尽管接触电阻很稳定,但接触电阻值相对较高;同时,其直流条件下的物质转移量较大。后者会使电触头接触面上形成凸起和凹陷,造成电触头过早失效。此外,金刚石粒子与铜基体之间结合性较差,这是这类电触头持久强度低的根本原因,它会引起在重载荷(如AC－4工作制)条件下一定周次循环后电触头因快速破坏而失效,从而影响电器工作的可靠性。

3.2.2 铜基电触头中的金属相添加物

电触头材料服役可靠性和持久性的提高,可以通过降低触头副上的接触电阻和降低直流条件下材料转移量的方式来解决,同时也可以在保持材料综合服役性能的前提下,通过提高材料持久强度的方式来实现。通过添加具有特定物理化学特性的金属(如可形成多价态氧化物的金属),可以在一定程度上解决上述问题。作者采用这种方法已经获得具有良好服役特性的电触头材料,并且已经付诸实践。这种材料的设计是在含有铜、镉和金刚石微粒的 KMK－MDA－1复合材料的基础上,按照表 3.8 中的比例添加氮化硼、金属钒、铌和钼,难熔金属(钒、铌和钼)的总量不超过 10%。

表 3.8 在 KMK－MDA－1 基础上设计的电触头材料混粉的各组元的配比范围

组元	质量分数/%
金刚石粒子	0.01～2.0
氮化硼	0.05～0.5
镉	0.5～4.0
钒	0.1～8.0
铌	0.2～6.0
钼	0.2～5.0
铜	余量

试验结果表明:当添加物含量低于上述水平时,其对于服役性能的影响不大,而含量超过上述范围时又会使电触头的性能恶化。补充添加物会促使材料的接触电阻降低,改善材料的抗烧蚀和抗熔焊特性,强化材料铜镉合金基体,同时还可以延长材料在重载荷条件下的服役寿命。与此同时,添加物还可以在不降低材料服役特性的前提下,降低价格昂贵的金刚石的含量。

　　在铜基电触头材料中添加难熔金属元素 V、Nb 和 Mo 已经为人们所熟悉。但人们通常只注意到它们对服役性能的有利影响,而对其物理化学本质并未进行深入探讨。

　　上述金属作为铜基复合材料的第二相组元,其在固态铜中的固溶度很低,一般不超过几个百分点。图 3.5 为 Cu－Nb 合金相图。在室温条件下,铌在铜中的固溶度约为 0.2%。因此,随着 Nb 含量的增大,在 $w(Nb)=0\%\sim0.2\%$ 的区间内,Cu－Nb 合金的电导率急剧下降(下降约 15%),随后的下降不再明显。同时,添加 Nb 元素还可以提高材料的高温强度[$w(Nb)=0.5\%\sim1.5\%$ 的合金高温持久强度可以提高 2~3 倍]和蠕变抗力,使其软化温度提高到 300 ℃以上。铜对铌有良好的润湿性(润湿角 $\theta=59°$),所以铌粒子的添加不会影响第二相与复合材料基体的结合,也不会使其脆化。

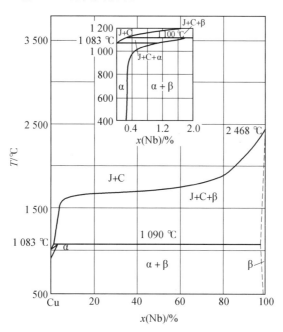

图 3.5　Cu－Nb 合金相图

Cu—V 和 Cu—Mo 合金相图与图 3.5 类似,其与铜构成假合金的性能也相似。表 3.9 中列出了 V、Nb 和 Mo 金属组元的基本性能。

降低接触电阻是电触头材料设计的关键问题之一,上述金属相对电触头材料接触电阻的影响主要有以下几个方面。首先,上述金属不同程度的氧化对应有不同价态的稳定氧化物。例如,钒元素的系列氧化物包括:V_9O、V_4O、V_2O、$VO_{0.8\sim1.3}$、$V_2O_3-VO_2$、V_2O_5(介于 V_2O_3 和 VO_2 之间还发现有 V_3O_5、V_4O_7、V_5O_9、V_6O_{11}、V_7O_{15} 等同系氧化物)。除最高价态的 V_2O_5 以外,其他氧化物无论在室温还是在较高温度下都具有金属导电性,其数值 $\gamma=10^2\sim10^4\ \Omega^{-1}/cm$。只有高价氧化物 V_2O_5、Nb_2O_5 和 MoO_3 是高电阻率的半导体,在 293 K 时为 $\rho=10^4\sim10^8\ \Omega\cdot cm$。

表 3.9 V、Nb 和 Mo 金属组元的基本性能

性质	V	Nb	Mo
原子序数	23	41	42
原子半径(配位数为 12)/nm	0.136	0.147	0.140
密度/($g\cdot cm^{-3}$)	6.11	8.57	10.22
晶格参数/nm	0.302 4	0.329 4	0.314 66
熔点/K	2 190	2 742	2 890
沸点/K	3 665	5 115	5 100
熔化潜热/($kJ^{-1}\cdot mol^{-1}$)	23.0	27.5	36.5
升华潜热/($kJ^{-1}\cdot mol^{-1}$)	540	722	662
标准熵,$S_{298}^{\ominus}$/($J\cdot mol^{-1}\cdot K^{-1}$)	29.4	36.5	27.5
热导率(373 K)/($W\cdot m^{-1}\cdot K^{-1}$)	35.9	53.2	132
电阻率(298 K)/($\times10^{-4}\ \Omega\cdot cm$)	22	15	5
电阻温度系数(0~100 ℃)/($\times10^{-3}℃^{-1}$)	3.60	3.95	4.33~4.79
硬度(HB)/MPa	600~628	735	1 370~1 815
弹性模量/GPa	140	115	323
在铜中的极限固溶度	2.0	1.9	1.8
氧化价态(稳定沉积氧化物)	+1,+2,+3,+4,+5	+2,+4,+5	+4,+6

此外,氧化物 V_2O_5 和 MoO_3 的热稳定性比 Cu_2O 低,所以即使在氧化条件下,铜基材料中添加这些金属也不会形成最高价态的氧化物 V_2O_5 和 MoO_3。因此,在 Cu—V—O 和 Cu—Mo—O 体系中,钒和钼的最高价氧化物很难形成,其在服役过程中都是以导电性较好的低价氧化物状态存在,这就决定了电触头表面上这些作为第二相的金属所占据的区域接触电阻较低,特别是在 Cu—V 或 Cu—Mo 相界面接触区。

上述特征可以通过反应的吉布斯自由能计算结果来证明。根据文献[190]的数据,当 $T=300$ K 时,有

$$V_2O_5+2Cu =\!=\!=Cu_2O+2VO_2 \qquad \Delta G_{300}^{\ominus}=-38\,320\text{ J} \qquad (3.12)$$

$$Nb_2O_5+2Cu =\!=\!=Cu_2O+2NbO_2 \qquad \Delta G_{300}^{\ominus}=-143\,000\text{ J} \qquad (3.13)$$

$$MoO_3+2Cu =\!=\!=Cu_2O+MoO_2 \qquad \Delta G_{300}^{\ominus}=-7\,100\text{ J} \qquad (3.14)$$

试验结果表明(表 3.1),尽管式(3.11)反应平衡向左移动有可能产生导电性很差的 Nb_2O_5,但当材料中有铌存在时,仍然可以降低接触电阻。同时还应注意,此时电流产生的焦耳热和材料中碳的存在会对表面反应产生一定作用。碳的存在使式(3.12)~(3.14)反应平衡向右移动,此时,式(3.14)可以表达为

$$Nb_2O_5+2C =\!=\!=2NbO_2+CO \qquad \Delta G_T^{\ominus}=201\,460+24.06T\lg T-231.6T\text{(J)} \qquad (3.15)$$

$$\Delta G_{1\,000}^{\ominus}=42\,040\text{ J},\text{即 } K_{1\,000}\approx0.007$$

由于气态产物 CO 可以不断排出,反应可以持续进行。

高价氧化物 V_2O_5 和 MoO_3 的还原反应为

$$2V_2O_5+C =\!=\!=4VO_2+CO_2 \qquad \Delta G_T^{\ominus}=-124\,350-191.6T\text{(J)} \qquad (3.16)$$

$$2MoO_3+C =\!=\!=2MoO_2+CO_2 \qquad \Delta G_T^{\ominus}=-70\,290-164.0T\text{(J)} \qquad (3.17)$$

$\Delta G_T^{\ominus}$ 为负值,且在低温条件下平衡常数值很高,这证明了有碳存在时,这些添加金属被充分氧化存在很大阻力。

以上就是铜—金刚石电触头材料中添加 V、Nb 和 Mo 等金属相时可降低接触电阻的原因。

此外,V、Nb 和 Mo 元素既在铜中有一定固溶度,同时又是碳化物形成元素。如果存在上述元素的碳化物的形成,就会进一步提高 Cu—V(Nb,Mo)固溶体与金刚石粒子之间的润湿性和黏附功,从而使金刚石与基体之间的结合得到加强。

从这个角度来说,铌的潜力最大:

$$2Nb+C =\!=\!=Nb_2C \qquad \Delta G_T^{\ominus}=-193\,850+11.72T\text{(J)} \qquad (3.18)$$

$$2V+C =\!=\!=V_2C \qquad \Delta G_T^{\ominus}=-146\,540+3.35T\text{(J)} \qquad (3.19)$$

$$23/6Cr+C =\!=\!=1/6Cr_{23}C_6 \qquad \Delta G_T^{\ominus}=-51\,640+12.09T\text{(J)} \qquad (3.20)$$

$$2Mo+C =\!=\!=Mo_2C \qquad \Delta G_T^{\ominus}=-45\,640+4.19T\text{(J)} \qquad (3.21)$$

上述添加 V、Nb 和 Mo 元素的材料被命名为 KMK—MDA—2,其电触头件的制备与 KMK—MDA—1 相似。这种材料制备的成品电触头的特性指标见表 3.10。

对前述两种材料在相同条件下制备出的电触头件进行了对比试验(试验方法和设备见 1.3 节),测定了交流条件下相对电磨损量和在直流条件下烧蚀后电触头上的接触电压降。比较典型的结果列于表 3.11 中(KMK—MDA—1 型电触头用 X 表示)。

表 3.10　KMK－MDA－2 系列材料制备的成品电触头的基本特性

性质	数值
密度/(g·cm^{-3})	8.5～8.8
硬度(HB)	65～80
电阻率/($\mu\Omega$·cm)	2.3～3.6

表 3.11　交流条件下电磨损测试结果

编号	添加物的质量分数(混合粉末中)/%						接触磨损量/[g·(10^{-6}次)$^{-1}$]	R/mΩ
	Cp	Cd	V	Nb	Mo	BN		
1	0.2	2.4	2.0	2.0	0.5	0.20	8.6	16.3
2	0.1	3.8	1.0	1.0	1.0	0.15	10.0	15.7
3	0.2	1.7	0.5	0.5	0.5	0.25	11.7	17.7
4	0.5	2.1	1.0	2.0	1.0	0.1	13.3	20.0
5	0.1	2.2	—	2.0	1.0	0.05	12.9	17.0
X	1.0	1.1	—	—	—	—	12.9	24.0

所有这类测量中的条件都相同：$I=30$ A，$U=380$ V，$\cos\varphi=0.8$，通断循环次数为 10 000 次；接触压力为 4.9 N。接触电压降为 30 次(测量的平均值)；电磨损量为触头副上的平均值。电触头件尺寸为 ϕ8 mm×2.0 mm 或 ϕ6 mm×1.5 mm。

此外，还测定了编号 1 和 X(KMK－MDA－1)(表 3.12)材料直流条件下接通和分断时的耐磨性及电转移。试验条件：$I=100$ A，$U=100$ V，通断循环次数为 10 000 次，"＋"表示电触头质量增大，"－"表示质量减小。

表 3.12　直流条件下电磨损测试结果

材料	接通磨损量/[g·(10^{-6}次)$^{-1}$]		分断磨损量/[g·(10^{-6}次)$^{-1}$]	
	阳极动触头	阴极静触头	阳极动触头	阴极静触头
KMK－MDA－1	＋4.1	－4.9	－1.2	－4.4
KMK－MDA－2	＋0.2	－0.3	－0.5	－1.6

由表 3.12 可知，改良后的电触头材料抗电磨损性提高，接触电阻值较低，直流条件下的电转移量极小。使用上述材料制备的电触头可提高电器的工作可靠性。

3.2.3　铜基电触头材料的组织调控

以铜作为低压电器电触头材料基体的问题是其接触电阻较高,以及在大气环境作用下表面氧化造成的接触电阻不稳定。人们尝试采用合金化,甚至加入还原剂(经常采用石墨)的办法来消除氧化,至少是期望能降低这些因素的影响。

目前已经标准化铜基电触头复合材料(附表 5)中很多都含有石墨,一般采用铜和石墨混合粉末固相烧结法制备;另外还有一些铜基电触头会在石墨中补充添加镉、锌、铬、钼,镍、钴等金属以及一些氧化物。这类材料的共性问题是,电触头在服役过程中表面形成工作层后,其接触电阻值较高,而且稳定性较低。

文献[200]中提出了铜基电触头的一种制备方法,目的是通过聚合物热分解实现在铜基体中碳的添加。该方法是在混合粉末中添加 2%~4%(质量分数)的有机聚合物粉末,并在压制之前进行热处理,热处理条件为 870~970 K 的保护气氛卜保温 80~90 min。这种方法制备的材料可以用来制备电蚀加工的电极,也可以用于加工与之类似技术领域的各种类型的分断触头。

上述方法的缺点在于,铜与聚合物粉末在干混时难以实现均匀化,而且热处理后材料中的碳残留量过大,就会使成品件的服役性能,特别是接触电阻的稳定性降低。此外,在振动式混粉设备中的能量较高,由于所需的混合时间较长(一般为 2~3 h),因而其侧壁和研磨体上的碎屑量较大,可能会造成基体材料的严重污染。

文献[4]中提出了专利方法,通过制备组织均匀弥散程度较高的电触头材料,以保证其接触电阻低且稳定。该方法采取铜和有机物混合→压制→烧结的工序制备烧结电触头材料,其特点在于,有机聚合物以溶液形式添加。混粉时各组元的配比见表 3.13。

表 3.13　使用文献[4]中的专利方法混粉的各组元的配比

组元	质量分数/%
有机聚合物溶液换算成的碳	0.2~1.2
铜	余量

这种方法改善电触头服役性能的根本原因是组织均匀性的提高。前面已经提到,电触头上的实际接触面积仅占表观接触面的百分之几,导通仅发生在一些独立的接触斑点上。这种提高组织均匀性方法的本质在于,要保证在每个接触斑点区域内都有碳的存在。电触头的工作过程中,接触斑点在电流作用下会被加热到几百摄氏度,这样碳就可以将这些区域中铜的氧化物还原为金属铜,使接触电阻保持低且稳定的状态。

上述复合材料的组织均匀性依赖于聚合物膜层的分布和热分解。铜合金粉末与聚合物溶液混合时,每个粉末颗粒表面都会形成一层均匀包覆的聚合物膜层。这种膜层的形成与粉末形态无关。在随后的热处理过程中,聚合物分解并形成超细的碳残留。这些残留物均匀分布在电触头基体之中,一方面降低了触头副间的接触电阻并提高了接触电阻的稳定性;另一方面提高了电触头的抗熔焊能力。目前已经确认,当材料中碳含量相同时,减小碳颗粒尺寸,可以明显提高电触头材料抗熔焊能力这个关键的技术指标。这种工艺方法还可以保证获得低孔隙率高密度的材料。

需要强调的是,以溶液的形式加入混合粉末中的聚合物,除了有利于获得均匀弥散分布的第二相外,还在混合粉末造粒过程中起到黏结剂的作用,使粉体具有良好的流动性,在自动压制成型时可以均匀填充模具型腔。

复合材料的第二相组元对其性能影响很大,必须控制其含量。试验结果表明:在上述材料中,当添加碳量较低时其作用不明显;添加碳量过高又将损害材料的力学性能,使材料脆化。

采用这种方法制备指定成分和密度的电触头件时,首先按照制定的成分配比配制混合粉末(铜粉和聚合物溶液),将其在混粉机中混合 10~15 min 后,烘干至湿度为 7%~12%,然后利用擦筛造粒。将造粒后的复合粉体在钢质模具中压制成形,压制压强为 100~200 MPa。如果压制压强过低,则无法保证试样的密度;当压强过高时,会因孔隙封闭而导致在后续热处理中产生膨胀变形。随后通过热处理使聚合物分解。由于热分解过程中产物的挥发,材料中孔洞的体积增大,为了提高烧结的效果,要求对试样在钢质模具中进行补充压制,其压强为 500~700 MPa。此工艺环节的压力如果达不到这个范围,就无法获得所要求的密度和孔隙率。补压后的坯件在惰性气氛保护下烧结 1~2 h,烧结温度为 1 020~1 320 K。温度低于 1 020 K 时不会获得有效烧结,而温度高于 1 320 K 时可能会产生局部熔化。

为了进一步提高烧结坯的致密度,可以对其进行复压。复压可在初压所用的钢质模具中进行,压制压强为 1 000~1 400 MPa。同样,这个阶段的压强较低时达不到致密化效果;压强超过 1 500 MPa 时,坯件的密度不会进一步增大。复压后压坯的最终退火温度为 670~870 K,保温时间为 0.5~1.0 h。

上述工艺环节完成后,电触头材料性能可以达到相应的国家标准。以作者所开发的 KMK-MDA-3 系列电触头为例,其密度可以达到 8.1~8.5 g/cm^3,硬度(HB)为 500~550 MPa,电阻率为 2.2~2.8 $\mu\Omega \cdot$ cm。

图 3.6 为利用上述方法制备的 $w(C)=2\%$ 的铜基电触头材料扫描电子显微镜(SEM)照片。从图 3.6 中可以看出,材料中的碳相在基体中均匀分布,呈联通状,基体金属相的颗粒尺寸为 2~10 μm。一般电触头上接触斑点的尺寸为 3~5 μm,这种电触头材料的组织状态完全可以保证在每个斑点内都会有碳颗粒存

在。在通电或燃弧状态下,这些碳组元会对铜的氧化物起到还原作用。从图 3.6 中的高倍照片可以发现,金属基体颗粒上还有许多含碳的细小蜂窝,其形成与所采用铜粉的形貌有关。由于这里采用的电解铜粉具有枝晶结构,平均尺寸为 45 μm,由大量细小晶粒构成,因而聚合物溶液在其表面均匀成膜并随后分解沉积,构成了图中的复杂组织结构。

(a) 地被照片

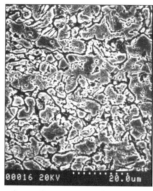
(b) 为图的局部放大照片

(c) 为图的局部放大照片

图 3.6　不同放大倍数下 KMK－MDA－3 铜－碳材料的 SEM 照片

将上述方法制备的系列铜基复合材料与常规粉末冶金法制备材料(表 3.13 中的 X)进行对比研究,在台架试验上测定了材料的相对磨损量和接触电压降,试验条件与 3.2.2 节的试验条件相同。KMK－MDA－3 材料试验结果见表3.14。

表 3.14　KMK－MDA－3 材料试验结果

编号	$w(C)/\%$	接触磨损量 /$[g \cdot (10^{-6}次)^{-1}]$	$\Delta U/\text{mV}$	$R/\text{m}\Omega$
1	0.5	19.5	190	6.3
2	0.8	24.4	68	2.3
3	1.2	23.0	74	2.5
4	1.5	39.6	95	3.2
X	0.9	29.6	270	9.0

如表 3.14 试验结果所示,采用有机聚合物溶液作为碳源时,可以明显降低电触头材料接触电阻,并提高其稳定性(例如,编号 2 的 ΔU 值 30 次测量都在 42~98 mV 的范围内,对比试样的变化范围为 130~420 mV)。同时还发现,碳的添加一定会降低材料抗电弧烧蚀性,并且与碳在基体中的弥散度无关。这种现象与文献资料中的结果相同。一般认为,有碳存在时,其产生热电子发射会使电弧稳定性提高。

因此,按照上述方法制备的电触头具有低且稳定的接触电阻(与 Ag—15CdO 电触头接近,在上述测试条件下 Ag—15CdO 电触头的接触电阻值为 $R=1\sim1.5$ mΩ),比对比试样的接触磨损量更低,可以用于接触磨损量不作为关键指标的电器中。

总之,上述研究过程是基于对铜基电触头制备和服役过程物理化学的基础问题的分析,提出了该体系材料的组织均匀化的目标,并通过新工艺的开发实现了预期目标,最终获得了接触电阻值与银基材料接近的高性能铜基电触头材料。这种研究思路,特别是结合各组元物理化学相容性的设计思想,可以为其他体系的电触头材料开发提供借鉴。

3.2.4 CdO/Cu—Cd 电触头材料

与银基电触头材料相似,含氧化物的铜基电触头材料具有较好的电接触特性,是有可能推广的铜基电触头材料之一。目前公认最有效的电触头材料添加物是氧化镉(CdO),它可以利用一些特殊的工艺有效地引入复合粉体之中。

对于现行的银基电触头材料,其将氧化物分散到金属基体中的工艺方法主要是几种物理化学沉积方法,其中包括液相共沉积法、内氧化法及二步湿法沉积(又称 NCF 工艺)等。

利用上述方法制备铜基电触头材料时,由于铜和氧的亲和力较高,其氧化物第二相在基体中的均匀弥散分布存在一定的问题。为了克服这个困难,人们尝试采用超细粉体机械混合的方法。例如,有人建议采用超细氧化锌粉末。但是,由于超细粉末易于团聚,机械混合的方式无法获得第二相在基体中稳定的均匀弥散分布状态,从而降低了材料的服役性能。因此,对于新型电触头材料的研发,不仅要设计新的材料成分,还要开发可以保证实现第二相均匀分布的制备工艺方法。

下面以作者曾研发的低压电器弧触头用铜基复合材料为例,探讨氧化物改性铜合金电触头材料组织控制的工艺方法问题。这里所研究的铜基电触头材料的成分包括金属铜、氧化镉和金属镉,其中金属镉固溶在铜中形成铜镉合金作为复合材料基体。

在铜基体中添加镉的目的是提高触头副的接触稳定性,同时也会使接触电阻有所降低,还可以控制材料的硬度。目前,铸造及粉末冶金铜镉合金(Cu—Cd)已经有用作电触头材料的案例,其作为电触头材料的特性指标要远高于纯铜,但其接触电阻和抗熔焊性指标很差。同时,也有报道含氧化镉的铜基金属陶瓷(Cu—5CdO)具有较好的电接触特性,特别是在直流条件下的物质转移量很低。对于同类的 Cu—5CdO 材料的研究表明,其在惰性气氛中表现出良好的服役特性,但在大气环境下损伤很快。

有研究者利用标准粉末冶金法制备了 Cu−(2.5%～20%)CdO 系列电触头材料,即将铜粉和氧化镉粉进行混合,经过冷压成型、保护气氛烧结、复压等工序制备成样件。研究发现,该体系材料制备的电触头在潮湿大气环境下仍然具有较高的抗熔焊性和较稳定的接触电阻,但其抗电弧烧蚀能力及基本物理机械性能指标并不理想。此外,Cu−CdO 体系的材料在制备过程中很难控制其成分和相组成,这主要表现在烧结过程中,一方面 CdO 存在一定量的挥发,另一方面部分 CdO 还会被铜还原成金属 Cd 更容易挥发。成分和组织的可控性差会造成电触头性能的下降,影响其有效利用。

为了改善 Cu−CdO 系列电触头材料的服役特性,提高其工作可靠性和服役寿命,作者提出在该复合材料体系中添加金属镉,使其成为铜镉合金基复合材料。这样可以大大提高材料的接触稳定性和力学特性指标。即在含有铜和氧化镉的复合粉体中,添加一定量的金属镉,其比例见表 3.15。

表 3.15　CdO/Cu−CdO 电触头材料成分

组元	质量分数/%
氧化镉	1.0～8.0
镉	0.5～1.2
铜	余量

试验结果表明,当添加物的含量低于上述范围时,其对接触特性的影响并不大,而超过上述范围时,会导致相应性能指标的恶化。即当 CdO 的添加量超过8%(质量分数)时,会使电弧作用后触头副的接触电阻急剧升高,同时接触磨损量也迅速增大;镉含量超过上述范围时,会导致材料变脆。

当添加物含量在上述范围内时,对导电和导热性的降低并不明显,但会明显提高材料的接触稳定性及硬度,这是由于铜镉合金具有比纯铜更高的机械物理性能、抗磨损性能及耐电弧烧蚀性。此外,电触头材料中含镉可以降低固溶体中铜的热力学活性,从而降低铜对氧化镉的随机性还原,使材料的相组成和化学成分都保持在设计状态,从而改善材料的综合性能。

制备这种材料所采用的电解铜铜粉和镉粉名义尺寸均为 45 μm。在复合粉体中加入热力学非稳定的镉盐溶液(如醋酸镉或硝酸镉等),目的是通过沉积的方法将氧化镉引入材料,从而实现其在材料中的均匀弥散分布。具体操作步骤:按照比例称取铜粉、镉粉和镉盐溶液,在混合的同时进行烘干,随后在 570～770 K 温度范围内进行热处理,使镉盐分解形成氧化镉。热处理温度低于上述范围时,镉盐分解不充分;高于上述温度范围时,混合粉末会发生局部烧结,影响后续工艺环节的稳定性。

热处理后得到的混合粉末在钢质模具中压制成坯,压制压强为 250～

500 MPa。随后在保护气氛烧结炉中对压坯进行烧结,烧结温度约为 1 220 K。低于该温度无法保证烧结的有效性,而高于该温度镉和氧化镉大量蒸发,从而无法获得预期的材料成分和组织。烧结坯件经复压后再进行一次退火处理,复压压强为 1 000~1 400 MPa,退火温度为 670~870 K,退火保温时间为 0.5~1 h。

经上述工艺环节制备的电触头材料密度为 8.6~8.8 g/cm³,硬度(HB)为 600~650 MPa,电阻率为 2.3~2.8 $\mu\Omega \cdot$ cm。

作者按照上述成分范围制备了一系列 CdO/Cu-Cd 复合材料电触头样件,并将测试结果与该系列材料比较相近的材料进行了对比,结果见表 3.16,其中的 X 就是对比材料的文献数据。所有试样都是在台架上进行交流条件下的接触磨损测试,测试条件:$I=30$ A,$U=380$ V,$\cos \varphi=0.8$,循环次数为 5 000~10 000 次,每经过 1 000 次循环测量 3 次接触电压降;接触磨损量取触头副磨损量的平均值。

由测量结果可知,按照上述方法所制备的电触头样件具有较低的电磨损量、接触电阻和较高的硬度,即金属镉的添加改善了材料的电学性能和力学性能。利用该系列材料作为弧触头可以有效提高电器元件的可靠性和服役寿命。

表 3.16　KMK-MDA-4 系列电触头材料交流条件测试结果

编号	$w(Cd)/\%$	$w(CdO)/\%$	接触磨损量 /[g·(10⁻⁶次)⁻¹]	ΔU/mV	硬度(HB) /MPa
1	0.4	1.0	16.4	710	560
2	0.8	2.0	13.3	550	590
3	1.0	4.0	8.8	470	600
4	1.2	6.0	9.9	520	620
5	0.5	8.0	18.5	960	630
6	1.5	10.0	43.6	1 690	660
X	—	6.0	14.2	570	540

制备 Cu-Cd/CdO 体系材料时采用了热分解控制法。这种方法的关键在于将热力学上不稳定的盐作为氧化物的先驱体,将其溶液按一定量加入固相粉体之中,保证液相对粉体的完全润湿,然后在强力混合过程中加热。在此过程中,前驱体盐可控结晶,均匀分布在粉末颗粒表面。在随后的升温热处理过程中前驱体盐分解,在混合粉体中形成均匀弥散分布的氧化物沉积。

上述方法是最简单的晶化处理工艺方法之一,可以在金属粉末颗粒表面获得薄膜形式的沉积盐层。这种工艺要求盐的分解温度不能过高。

随后利用所获得的混合粉末进行标准粉末冶金工艺处理:钢质模具中成

型→烧结→固溶→致密化→复压→退火,即可获得设计的材料。

　　显然,上述制备方法在类似的改性处理中并未广泛采用,因为它要求针对具体的目标和化学成分选择合适的工艺条件。本研究工作中,铜基复合材料要形成的目标氧化物就是单一的 CdO,因而其工艺过程满足上述要求。

　　铜基复合材料的热力学分析试验表明,很多氧化物都可以作为金属铜的氧化剂,这意味着它们之间的物理化学相容性很低,对铜—金属氧化物复合体的形成具有阻碍作用。其中,铜—氧化镉材料在一定条件下就属于这类复合体系。例如,在较高温度进行热处理时,铜和氧化镉之间的反应产物就可能为氧化亚铜和金属镉(表 3.16)。但计算分析表明:在本研究所涉及的整个热处理温度范围内,上述反应的自由能均为正值;如果考虑到镉的蒸发会降低 $\Delta G^{\ominus}$ 值(表 3.17 的下半部分),但其仍为正值。

表 3.17　Cu—CdO 系列材料组元相容性热力学评价

T/K	$\Delta H^{\ominus}$ /(kJ·mol^{-1})	$\Delta S^{\ominus}$ /(J·mol^{-1}·K^{-1})	$\Delta G^{\ominus}$ /(kJ·mol^{-1})	K
CdO+2Cu ══ Cu$_2$O+Cd				
773.15	93.986	32.071	69.190	$2.11×10^{-5}$
973.15	94.193	32.309	62.751	$4.28×10^{-4}$
1 173.15	94.279	32.393	56.277	$3.12×10^{-3}$
1 273.15	94.176	32.310	53.041	$6.66×10^{-3}$
CdO+2Cu ══ Cu$_2$O+Cd(g)				
773.15	196.058	130.813	94.920	$3.86×10^{-7}$
973.15	194.445	128.957	68.950	$1.99×10^{-4}$
1 173.15	192.708	127.338	43.321	$1.18×10^{-2}$
1 273.15	191.693	126.509	30.629	$5.54×10^{-2}$

　　如果考虑到在铜中固溶的镉元素的作用,也可能会引起这个平衡反应向右移动,使表 3.17 中的反应发生,但这种计算的热力学数据未查到。为此,作者针对这种可能性开展了试验研究。以纯铜粉和纯氧化镉粉末作为原料,对复合粉体压坯在 1 220 K 烧结后的样品分析表明,其在 SEM 观察和衍射分析时,都在 Cu—CdO 材料基体上发现有独立的氧化镉相存在。这意味着,在上述热处理条件下,如果考虑到 Cu—Cd 固溶体的形成,氧化物的还原反应(表 3.17)可能会发生,材料中两相的共存取决于动力学因素,即烧结扩散阶段镉从固溶体中的蒸发的阻力。

　　从这个角度来看,对于铜镉合金作为基体的 CdO/Cu—Cd 复合材料,其制备

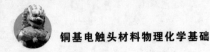

过程中向混合粉末加入金属镉,有利于保证获得预期的成分和相组成。以 $Cu-Cd$ 代替 Cu 作为材料基体,其铜元素在固溶体中的活性下降,这会使平衡方程向左移动,从而会降低 CdO 的消耗及 Cu_2O 增多的趋势。

由上述分析可以预期,在原始成分为 $Cu-CdO$ 的烧结材料中,其氧化物第二相的最终存在形式,或者是被包围在氧化亚铜的壳中,或者是形成了固溶体。这个问题需要单独去研究,它是该体系复合材料的基本问题,直接影响材料的功能特性。

第 4 章

铜－金刚石电触头材料的制备工艺和性能

本章以解决 Cp/Cu—Cd 电触头材料设计、制备和服役过程中的材料学、工艺学及物理化学问题为例,系统阐述了铜基电触头材料制备工艺优化、氧化动力学分析、动态力学性能表征的问题研究方法及结果,建立起材料组织与性能的对应关系,并对其服役特性进行了测试。该体系材料已在工程中得到实际应用。

Cu-Cd 合金基粉末电触头材料的优势在于其以铜代银,但对这种材料制备工艺及其性能的研究还很少。第 3 章中给出了粉末冶金以及铸造 Cu-Cd 二元合金性能的文献资料,本章将讨论添加金刚石微纳米颗粒的 Cu-Cd 合金基电触头材料的相关工艺学及物理化学问题。

全方位研究铜-金刚石电触头材料所涉及的问题很多,但粉末材料的服役性能在很大程度上取决于制备工艺特性,其性能优化只能以工艺过程各阶段的优化为基础。同时,优化工艺也需要研究性能,这是相互关联的问题。因此,本文对该体系材料的研究将从基本粉末复合体的工艺性以及材料服役性能的研究作为起点。

4.1　Cp/Cu-Cd 复合材料的工艺特性

解决具有规定性能粉末工件制备问题,首先就要选择生产工艺路线(图2.1)。传统粉末冶金法要求选择工艺路线的同时,确定压制压强、坯件烧结温度等工艺规范、附加致密化方法和工艺参数及最终热处理规范。

4.1.1　原始粉末及其混合

含 1%Cd 和 1%金刚石的 Cp/Cu-Cd 复合材料实验室条件下的制备工艺中一般采用电解铜粉、电解镉粉和爆炸法制备的金刚石作为原料。原始铜粉和镉粉的粉末颗粒基本尺寸为 45 μm(松装密度为 1.7~1.8 g/cm^3),金刚石的颗粒尺寸为 1 μm 左右。电解粉末的松装密度低,流动性差,采用自动压制时需要进行造粒。所以在生产工艺设计时,建议采用雾化铜粉和镉含量为 3.5%~4% 的铜镉合金粉。雾化粉末的尺寸约为 100 μm,松装密度为 2.8~3.0 g/cm^3。粗大的雾化铜镉合金粉可以省去混合粉末在制备小工件时所需的造粒工序,简化了成形工艺过程。

同时采用密度差异较大的雾化铜粉和细铜粉时,可以获得高质量的金属陶瓷。同样,也可以采用文献[198]作者建议的将电解铜粉或其复合粉末进行球磨处理,这种处理可以调控粉末流动性。

由于电解铜粉与雾化铜镉合金粉的颗粒结构和形态差异较大,其在工艺性能上必然存在差异。例如,在同一工艺条件下压制和烧结时,电解铜粉的试样密度相对更高。

图 4.1 为原始粉末的组织形貌。电解铜粉颗粒具有枝状结构,比表面积大。雾化粉末尺寸较大,呈球形或规则形状,颗粒比表面积相对较小。

文献[206]研究了不同方法制备的铜粉颗粒形状对其比表面积 S 和松装比

(a) 电解铜粉　　　　　　　　　(b) 雾化Cu–Cd合金粉

(c) 电解镉粉　　　　　　　(d) 铌粉　　　　　　　(e) 金刚石粉

图 4.1　原始粉末的组织形貌

d_H的影响。从文献中的数据可以得出,平均尺寸相同的电解粉末和雾化粉末的比表面积 S 值相差 $3\sim5$ 倍。一般可用简化的公式来粗略估算直径为 ϕ_{Cp} 球形粉末的比表面积,即

$$S=\frac{6}{\phi_{Cp}d_{Cu}} \tag{4.1}$$

式中　d_{Cu}——铜粉的松装密度。

计算得到的雾化粉末的比表面积为 $70\ \text{cm}^2/\text{g}$,比实际值要高一些。这是颗粒形状不十分规则和粉末颗粒尺寸的分散性造成的。电解铜粉的比表面积可能处于 $250\sim400\ \text{cm}^2/\text{g}$ 范围内,因而这种粉末在压制和烧结过程中活性很大。

该体系材料的制备选择的是传统粉末冶金法。首先按设计的成分配比称取粉末,在混合粉末中添加酒精以提高混粉效率并防止起尘,然后将粉末置于混粉

机中混合一定时间。混合时在粉末中加入一定量的钢球。经分析:混合后金刚石颗粒在整个粉末体中分散均匀,使成品试样的组织和性能表现出良好的均匀性和稳定性。不同批次的试样的电学性能、机械性能、耐电弧烧蚀性等综合性能指标均表现出较好的重复性。这里采用的混粉机有三种类型:一种是转桶式混粉机,可以添加小钢球;另一种是普通球磨机;第三种是加速度为 $200\sim600$ m/s^2 的高能球磨机。利用前两种设备所需的混合时间约为 1 h,第三种设备所需的混合时间为 $10\sim12$ min。对混合粉体的分析表明,利用上述三种设备都可以达到预期的混粉效果。

由于超细金刚石粉具有较高的表面能,其在存储过程中就会发生团聚,形成粗大的高强度团聚体,需要采用球或弹簧等研磨体施加以作用力才能将其破碎。实现金刚石粒子在复合体内均匀弥散分布是十分复杂的工艺问题。解决这个问题的比较快速有效的方法是,预先将金刚石粉末进行超声波处理。这种处理不但可以将团聚体破碎,而且可以清除金刚石表面的石墨层,并在一定程度上使颗粒表面圆滑。超声波处理时,粉末分散在一定量的酒精之中,处理时间为 $20\sim40$ min,然后将所得到的悬浊液喷淋到金属粉末中,形成复合粉体并进行球磨处理。这样处理样件后,其金刚石颗粒在材料基体内分布比较均匀。但即使这样处理,也不能完全消除金刚石颗粒的局部团聚。

图 4.2 为 Cp/Cu—Cd 复合材料试样表面组织形貌。从图 4.2(b)可以明显看出金刚石粒子的分布特点:在单独粒子相对均匀分布的同时,存在局部团聚现象。如图 4.2(c)所示,在低致密度材料中,发现金刚石粒子团聚体分布于材料的孔隙之中;而图 4.2(d)为变形的金刚石粒子团聚区在致密度较高的无孔隙材料中的分布。

总体来说,当添加金刚石颗粒的团聚体相对较小($5\sim10$ μm)时,不会对材料的性能产生本质上的影响。后期对不同系列试样进行测试,其机械性能、电学性能和电烧蚀性能表现出良好的重复性,证明了该系列材料的组织均匀性还是达到预期目标,也就间接证明其混粉工艺达到了良好效果。

但对于 Cp/Cu—Cd 电触头材料体系来说,必须结合具体应用电器的特点,对混粉工艺过程进行全面研究和参数优化,这样才能保证金刚石颗粒在铜合金基体中的相对均匀分布。这一方面是保证材料性能的基础,另一方面也可以适当降低价格昂贵的金刚石组元的含量,从而降低材料成本。

4.1.2　混合粉体冷压成型特性

Cp/Cu—Cd 复合材料粉体成型一般采用模压方式,即将上述混合粉末经过烘干后,根据用途的不同,在相应的模具中压制成不同尺寸的压坯。模压的压制压强一般在 $50\sim500$ MPa,有时甚至可以达到 1 000 MPa。对于铜基粉末,这个

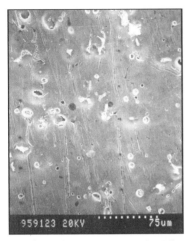

(a) 烧结后未经处理表面的组织形貌

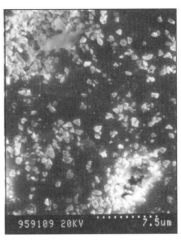

(b) 腐蚀后表面金刚石的组织形貌

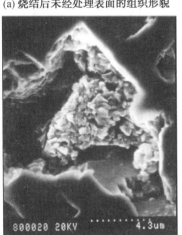

(c) 抛光后表面孔调处金刚石团聚区的组织形貌

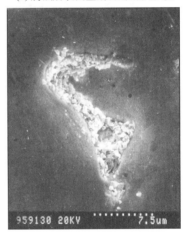

(d) 抛光后表面金刚石塞积区的组织形貌

图 4.2　Cp/Cu－Cd 复合材料试样表面组织形貌

范围值为 $p=300\sim500$ MPa，所制备压坯孔隙率 $\theta=15\%\sim20\%$。在压制方向上厚度相对于其他尺寸较小（$1\sim3$ mm）的试样，认为其模具侧壁摩擦力的影响可以忽略，一般采用单轴压制即可，所获得压坯的整体密度均匀。实际上，当压坯在烧结时没有发生畸变的情况下，其尺寸的变化也是均匀的，即压坯密度的均匀性直接影响烧结坯密度的均匀性。

如前所述，由于单质镉在 1 040 K 时就沸腾，因此，Cp/Cu－Cd 复合材料烧结过程不关注工件中镉的挥发问题。尽管在铜中的固溶必然会导致镉的蒸气电压降低，但在 1 170～1 320 K 时其仍然会保持较高的值，如果不采取特殊手段，镉会从工件中全部挥发。

因此，在烧结时采用专用的设施——充有保护气体的与外界隔离的烧结舟，并且原则上在氮气保护下采用确定的温度和保温时间烧结,以保证材料化学成分保持在接近预定指标的水平。

粉末铜合金的特点在于,原则上不可能通过单次压制和烧结获得孔隙率低于15%的高质量工件,必须进行附加致密化处理。所以,获得低孔隙率材料的下一道工序就是复压。这道工序仍然可以使用初压的模具,但压制压强要提高,最高可以达到1 500 MPa。原则上,经过一次复压后,可以得到孔隙率$\theta \leqslant 3\%$的材料。要获得更高的密度,需要采用两次复压加中间退火工艺。此时,θ值可以降低为$1.5\% \sim 2\%$。

最后一道工序是退火,目的在于消除压制后产生的应力,同样也是在稀有气体保护下退火$0.5 \sim 1$ h,温度为$670 \sim 870$ K。

在全部工序中,规则形状试样的密度都是通过测量其尺寸和质量的方法来检测的。在测量低孔隙率试样时,采用的是阿基米德法。所有结果都在试验精度范围内。相对密度ε和孔隙率θ根据无孔隙材料理论密度d_0值计算,而理论密度根据铜镉合金密度$d_1 = 8.89$ g/cm^{3}和金刚石密度$d_2 = 3.52$ g/cm^{3}采用加和方式求出,即

$$\varepsilon = (\varphi_1 d_1 + \varphi_2 d_2)/d_0 \tag{4.2}$$

式中　φ——相应组元的体积分数。

试验结果表明:Cp/Cu-Cd粉末复合体的密实化过程符合一般的压制规律。图4.3为Cp/Cu-Cd粉末在$\varepsilon - p$坐标系中的压实曲线。曲线1是以电解铜粉末为基体的混合粉末(以下称为1号粉)的压实曲线;曲线2是以雾化铜镉合金粉末为基体的混合粉末(以下称为2号粉)压实曲线。

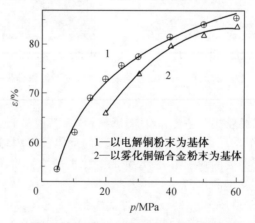

图4.3　Cp/Cu-Cd粉末的压实曲线

虽然曲线1和曲线2的形式相同(随着压制压强的增大,压实强度$d\varepsilon/dp$下降),但仍可观察到两种混合粉末在压实过程中的明显差异。在所研究的压强p

范围内要得到同样密度时,2 号粉要比 1 号粉的压制压强高出约 100 MPa。这种现象的出现既与粉末的形态有关,又与颗粒的组织结构相对应。合金在雾化时,微小液滴的冷却速度与雾化过程所设定的条件有关。一般液滴的冷却速度为 $10^2 \sim 10^5$ K/s,因而会产生快速凝固和淬火效应。快速凝固 2 号粉具有微晶结构和较高的强度。

按密实化机制的不同,粉末材料的密实化过程可分为三个阶段:①颗粒之间的相对滑动而使堆垛程度提高;②颗粒接触区域内局部变形;③整体变形。在压力接近于屈服强度 $\sigma_{0.2}$ 时,发生由第一阶段向第二阶段的转化。准确来说,对于金属粉末 $p_{1 \to 2} = (1.3 \pm 0.2)\sigma_{0.2}$,相应 $\varepsilon = 0.7 \sim 0.75$。当颗粒材料向孔隙内流动时,第三阶段开始。此时,$p = HB_{max}$($HB_{max}$ 为金属的硬度),$\varepsilon = 0.9 \sim 0.98$。在压强 $p = (4 \sim 8)HB_{max}$,即接近于物质的理论密度时,可以得到无孔隙的材料。金属铜的 HB_{max} 在 293 K 时为 878 MPa。

对于压制过程的每个阶段,其试验数据均可用压制方程来表述,即

$$\varepsilon = \tilde{\varepsilon}(p/\tilde{p})n \tag{4.3}$$

式中　n——系数;

$\tilde{\varepsilon}$、$\tilde{p}$——上述压实机制所适用的范围内相互对应的两个值。

显然,在对数坐标内,这种关系可表达为线性,并可以计算出 n 值,即

$$\lg \varepsilon = m + n \lg p \tag{4.4}$$

本试验结果在对数坐标中的形式符合式(4.3)、式(4.4)(图 4.4 中,曲线 1 和曲线 2)。由图 4.4 可见,对于 1 号粉来说,在 $p = 250$ MPa 时,线性关系出现拐点;而对于 2 号粉来说,这个拐点出现在 $p = 300 \sim 350$ MPa。根据上述概念,这些拐点对应的 p 值为密实化过程的第一阶段向第二阶段转变时的压强,相应 $\varepsilon = 0.73$,说明整个转变完全处于特定的范围之中。

将 1 号粉的压实性与文献中电解铜粉末的数据相比较可知,它们之间无论是从定性还是定量角度比较,实际上都完全相同。图 4.4 中的曲线 1 和曲线 2 可以分别写为

低压力区:

$$\varepsilon'_1 = 0.24 p^{0.19} \tag{4.5}$$

高压力区:

$$\varepsilon''_1 = 0.33 p^{0.15} \tag{4.6}$$

文献[193]指出,$n' = 0.20$,$n'' = 0.15$,这与试验结果拟合良好。外推 ε'' 到 $p = 1\,000$ MPa,得出 $\varepsilon = 0.93$,这也与文献[88]中给出的数据相同。这些结果证明所添加的镉和金刚石对压制性能影响很小。

图 4.4 中曲线 3 和曲线 4 的线段斜率差异很明显,相应于式(4.5)和式

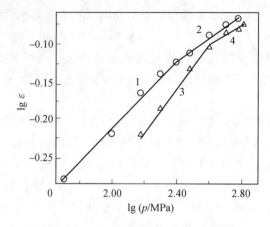

图 4.4　ε 与 p 在对数坐标系中的线性

(4.6),可表达为

$$\varepsilon'_2 = 0.18 p^{0.22} \tag{4.7}$$

$$\varepsilon''_2 = 0.37 p^{0.12} \tag{4.8}$$

根据指数 $n' = 0.22$ 和 $n'' = 0.12$ 可知,与 1 号粉相比,压力在密实化第一阶段的影响较明显,而在第二阶段较弱。从压实机制角度看,这也是合理的。硬质且形状规则的粉粒易于对压力的改变做出反应,相互间易于滑动,从而促进在第一阶段压实过程中得到更密的排列。但在压实第二阶段中,由于变形区开始形成并发生一定的作用,粉粒的硬度起相反的作用。

对式(4.3)还可以表示为

$$p = p_0 \varepsilon^{1/n} \tag{4.9}$$

假如以 $\varepsilon = 1$,可以看到常数 p_0 的含义。这时 p_0 表示无孔状态的压力。但是,这只有在压制的第三阶段,即在压力较大和 $\varepsilon = 0.9 \sim 0.98$ 时,才是真实的。在本试验中没有达到这个阶段。

4.1.3　冷压坯件烧结特性

压坯的烧结温度为 1 073～1 233 K,烧结时间为 0.75～1 h。烧结温度的提高和烧结时间的延长会导致镉的挥发量增大,使工件的化学成分难以控制。图 4.5 为压制压强对电解铜粉试样烧结后直径变化 $\Delta\phi/\phi$、高度变化 $\Delta h/h$(这里定义为长度变化 $\Delta l/l$)和密度 d 的影响。显然,在 $p = 300$ MPa 以前,随着坯件密度的上升,压坯直径的变化率 $\Delta\phi/\phi$ 值呈线性下降;在该压力值处出现一个拐点,然后以较小的斜率继续线性下降。从 $p > 400$ MPa($\varepsilon > 0.82$),试样的径向收缩停止,开始膨胀。

沿压制方向上试样尺寸的变化更为复杂。在 50～100 MPa 的压力范围内试

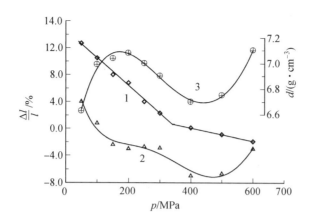

**图 4.5　1 203 K/0.75 h 烧结后电解铜粉末基压坯尺寸
和密度随压制压强的变化**

1—直径；2—高度；3—密度

样在高度方向才产生收缩。径向和高度两个尺寸变化的共同作用产生了密度的非单调性变化：从 50 MPa 时的 6.6 g/cm³ 上升到 200 MPa 时的 7.1 g/cm³，压力继续上升至 400 MPa 时又降低到 6.7 g/cm³，随后 500 MPa 以上又开始上升。另外，压力值在 250～1 000 MPa 范围内变化时，试样密度值的变化较小，为 7.0～7.1 g/cm³。要注意的是，一般铜压坯的烧结密度为 7.8～8.0 g/cm³，而这里的绝对密度值 d 较低，可能是烧结温度较低或保温时间较短造成的，但其根本原因也可能是其他一些因素。

压制压强对 1 号粉和 2 号粉烧结的影响是不同的。1 号粉在 $p = 300～350$ MPa 时开始膨胀，而 2 号粉在 $p = 600～700$ MPa 时才开始膨胀。图 4.6 为烧结体孔隙率 θ 与压坯孔隙率 θ_{green} 之间的关系曲线。以合金形式添加镉的试样（2 号雾化合金粉末基），其 $\theta - \theta_{green}$ 比较好地满足线性关系 $\theta = 0.47\theta_{green} + 0.06c$，相关性系数 $\delta = 0.85$；而单质粉末为基体（1 号电解铜粉基）试样的关系就比较复杂，即 $\theta = 0.33 - 0.87\theta_{green} + 1.52\theta_{green}^2$，$\delta = 0.76$。曲线 1 的形状与图 4.5 复杂的 $p - d$ 关系曲线（曲线 3）相对应。

对于上述所关系的解释，既可以从随着压制压强的变化致密化机制的改变中寻找，也可以在压坯烧结时产生的物理化学过程中探索。

曲线 1 上的转折点和相应的曲线 2（图 4.5）上的拐点所对应的压力值 p，在图 4.4 上也对应着转折点，在此处转向以颗粒塑性变形为主的压制的第二阶段。此时，颗粒间的接触增大，并发生强化，相对密度接近于 $\varepsilon = 0.8$，出现与表面不连通的封闭孔隙。

在初压和烧结时存在几个阻碍铜及其合金试样致密化的因素，主要包括：

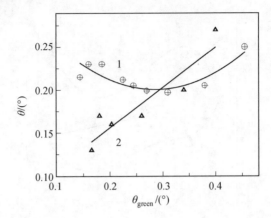

图 4.6　1 203 K/0.75 h 烧结后试样孔隙率的变化
1—电解粉末；2—雾化粉末

①应力松弛，特别是在压制方向产生的应力松弛；②压入孔隙中的气体或发生化学反应形成的气体的楔入效应；③由于组元的扩散系数不同而形成的扩散孔隙。

本研究中第二种因素对试样的致密化起着主要作用。镉具有较高的蒸气压，碳与铜的氧化物形成 CO 和 CO_2，这些气体在烧结时会产生附加的气体楔入效应，这种附加作用是可以确定的。

含有固溶体的体系的特征孔隙通过扩散形成，可以在研究 Cu—Cd 体系中观察到。由于固溶体中 Cu 和 Cd 的偏扩散系数不同，在组元相互扩散时，会强化扩散，从而出现剩余的空位，并由空位缩聚形成扩散孔隙。由热力学准则可知，占优势的扩散流产生于具有最低蒸发热 $Q_{蒸发}$ 的组元。在 Cu—Cd 系中，两组元的蒸发热不同。在 298 K 时，$Q_{Cu}=337.6$ kJ/mol，$Q_{Cd}=111.3$ kJ/mol，因而必然形成由镉向铜的定向扩散流，进而在镉的位置形成孔隙。除 2.2.1 节提到的情况外，文献[99,211,212]的作者在研究其他类似的金属体系，例如 Cu—Sn 合金时也观察到类似的现象。

要消除孔隙扩散，必须减弱其形成因素，即采用高纯度的原始粉末和利用合金组元。然而这还不能完全消除孔隙扩散的影响：由于试样表面镉的蒸发，可在表面产生镉的浓度梯度，形成扩散流，并有因此形成扩散孔隙的可能性。在混合粉末中添加 Cu—Cd 合金粉末，在一定程度上可以使扩散孔隙均匀化，但由于镉的浓度存在均衡的过程，所以扩散孔隙的出现难以避免。

由于镉的局部蒸气压较高，在气相中物质传递的概率较大，同时镉的熔点较低，都会显著影响烧结过程。根据开尔文方程，随着试样表面畸变程度增大，蒸气压也发生变化，它取决于表面能 σ 和表面畸变程度（r 为曲率半径），即

$$RT\ln\frac{p}{p_0}=\frac{2\sigma\tilde{V}}{r}$$

（4.10）

式中　p——弯曲表面上的蒸气压；

　　　p_0——平面上的平衡蒸气压；

　　　$\tilde{V}$——局部摩尔体积。

因此，镉在凸起的表面上的蒸气压比平表面上蒸气压要大，而在凹下的表面上相反。所以在压坯烧结过程中，镉易于穿过气相从一个孔隙内部到达另一个孔隙，发生物质转移。

从 Cu－Cd 二元合金相图图 3.1 可知，液相的镉对固相铜具有浸润性。该体系的试验研究数据：在温度约为 670 K 时，润湿角不超过 20°。此时，由于在铜颗粒间的窄缝中形成曲率较大的凹形面，从平面转移过来的镉蒸气，会被吸附在曲面上。如果镉的这种内部封闭的物质迁移能够实现，空位的逆向迁移可以补偿由于 Cu 和 Cd 扩散系数的差别引起的物质转移。在这个过程中，接触颗粒间可出现扩散分离现象，这与烧结的目的相反。显然，这种现象应该是在确定的温度范围内，即当原子的扩散迁移率在固相中足够高时才会出现。

从另一方面来说，在升温过程中镉粉熔化后也会由于相同的原因占据狭窄的接触间隙。铜在镉中溶解，固溶度可以达到相图液相线对应的数值。然后开始接触区凹面蒸气吸收过程（形成 Cu－Cd 固溶体），以及如上分析模型所述的铜、镉和空位的相互扩散过程。因此，两种模式的作用方向相反。从形式上看，在实际过程中它们共同起作用，而且效果相互叠加。

同时，粉末的粒度和形貌以及组织缺陷都会对烧结时的收缩过程产生影响。因为粉末的原始特性不仅会对试样的致密化过程产生数量上的影响，而且可以改变一些规律性特征。

图 4.7 绘出了 1 号粉和 2 号粉压坯的相对密度在烧结时随压制压强变化的曲线。这些曲线一开始就有明显的区别。从图 4.7 中可以看出，2 号粉试样 $\Delta\varepsilon$ 的最大值出现在 $p = 200 \sim 300$ MPa 时，数值为 $8\% \sim 9\%$；而 1 号粉在 $p = 100$ MPa 甚至 $p = 50$ MPa 时就发生明显的强化烧结（$\Delta\varepsilon$ 为 $21\% \sim 27\%$，在图 4.7 上未标出）。产生强化烧结的原因是与颗粒间的大量接触和表面能的提高。

所有曲线随后的变化趋势都类似，只是绝对值上有差异：随着 p 的增大，$\Delta\varepsilon$ 下降到负值，即试样膨胀；但当 p 增大到某一值时，$\Delta\varepsilon$ 又开始上升。1 号粉试样 $p = 500$ MPa 时 $\Delta\varepsilon$ 开始增大，而 2 号粉试样 $p = 700$ MPa 时 $\Delta\varepsilon$ 开始增大。当孔隙率下降至 15% 甚至更低时，这种 $\Delta\varepsilon$ 的增大可以用颗粒接触处产生较大的致密化形变和金属相间结合程度提高来解释。可以看到，烧结温度在 $1\,070 \sim 1\,233$ K 之间曲线特征没有改变，烧结温度为 $1\,070$ K 时得到的试验点基本上位于曲线 3 和曲线 4 之间，这些点在图 4.7 中没有标出。

试验表明，烧结温度对收缩率的影响不十分显著。压强为 $p = 300$ MPa，温度为 $1\,070 \sim 1\,233$ K 时，收缩率为 $8\% \pm 1\%$。温度为 $1\,133 \sim 1\,203$ K 甚至达到

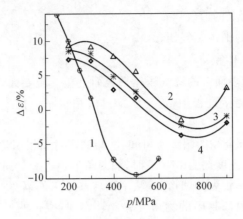

图 4.7　不同温度下保温 0.75 h 烧结时试样相对
密度变化 $\Delta\varepsilon$ 与压制压强 p 的关系
1—1 号粉,1 203 K;2—2 号粉,1 133 K;
3—2 号粉,1 203 K;4—2 号粉,1 233 K

1 233 K 的温度间隔中,$\Delta\varepsilon$ 呈平稳的下降趋势。

　　研究发现,超细金刚石粒子的添加对试样的烧结动力学有一定程度的影响。已知液态铜对金刚石并不浸润,考虑到金属添加相镉从特性上并不是碳化物形成元素,也不会与金刚石或石墨发生反应,因此可以认为,铜镉合金对金刚石也不会润湿。在这种情况下,金刚石相只会阻碍烧结过程的进行。这一点可以通过不含金刚石压坯的单独试验来证明。这种试验中试样的收缩量明显增大。

　　铜或者微合金化铜合金粉末压坯的烧结温度一般选择在 1 120～1 320 K,但工程上经常采用的烧结温度为 1 000 ℃左右,因为这样有利于提高材料的强度、塑性和冲击韧性。这些性能指标的提高主要与孔隙材料中晶粒长大受到抑制有关。因此,对于烧结来说希望采用尽可能高的烧结温度,但同时又要避免镉的大量损耗。它在很大程度上取决于烧结设备和器具,合理选择设备和器具可以保证工件达到指定的化学成分。

　　在上述情况下,补充致密化工序以及随后的消除残余应力的退火工艺没有特殊性。表 4.1 为试样退火态的硬度和相对密度,试样经过不同压力的复压及中间退火处理。可以看出,欲制备相对密度 $\varepsilon \geqslant 0.97$ 的材料,要求单次压制压强 $p=1\,400\sim1\,500$ MPa 和两次复压压制压强 $p=1\,100\sim1\,200$ MPa。合理的中间退火和最终退火工艺参数为 770～820 K,0.5～1 h。

表 4.1　试样退火态的硬度和相对密度

性能	烧结体	复压压强/MPa				
		500	1 000	1 200	1 500	1 200①
硬度(HB)/MPa	430	520	585	590	590	610
相对密度/%	86.4	93.2	96.7	96.9	97.5	97.8

注:①两次复压加中间退火。

4.1.4　金刚石的石墨化倾向性研究

本节将专门分析铜－金刚石粉末复合体烧结过程中,所添加的金刚石微粒发生石墨化的可能性。这一问题关系到烧结温度的选择依据,以及这种类型金刚石作为 Cu－C 烧结复合体组元的合理性。

在一般条件和较低压力下,金刚石属亚稳态的同素异构碳,发生晶格转变的动力学阻碍很大,因而保持了自己的结构。随着温度的升高,动力学约束下降。当温度超过 870 K 时,金刚石可与空气中的氧发生相互作用。当温度超过 970～1 670 K(根据文献[218－220]作者的数据)时,其表层组织在真空中也发生石墨化转变。在温度超过 2 070 K 时,金刚石发生整体石墨化效应。原则上,研究者均认为金刚石石墨化起始温度 $T_起$ 与粉末的分散性(粒度)、纯度和制取方法有关。例如,静态法人工合成金刚石时,作为催化剂加入的铁和铌,会以杂质形式沉积在金刚石中,从而明显降低了金刚石的起始石墨化温度 $T_起$,符合一般规律,因为无论对于正向反应还是逆向反应,活化剂均能降低其激活能。随着粉末分散性的增大(粒度减小),体系的自由能会增大,晶格的缺陷增多。这会导致石墨化过程的驱动力增大,因而使石墨相的形核位置增多,并使反应加速。

已有文献对静态法及动态法生产的金刚石粉末石墨化初期的行为展开研究,试验条件是 1 370～1 670 K 大气及真空环境。文献[217,218,220,221]中对静态法合成金刚石粉末石墨化过程的研究数据较为可靠。研究中采用了不同的粉末体 1/0～125/100(分子和分母所对应的数字分别为粉末的上限尺寸和下限尺寸,μm),真空度为 0.1 Pa,温度区间选择为 1 600～2 100 K。结果表明,按激活能 E 的差异,可将反应分为两个区间:在温度低于 1 900 K 时,$E=200$ kJ/mol;在温度高于 1 900 K 时,$E=1 300$ kJ/mol。将这一关系曲线向低温区外推至采用的烧结温度 $T_烧=1 150～1 220$ K,即可得到此时的表面石墨化速率,为 6×10^{-10} g/(cm² · h)。这个数据说明,1 h 烧结时间内,在金刚石表面覆盖的石墨态碳层的厚度仅为单层分子的 1%。

因此,根据石墨化速率,按试验选择的烧结参数计算,可以认为,金刚石的石墨化过程无须关注。但金刚石与金属和金属氧化物在含一定氧浓度的气氛中相互接触时,所发生的反应过程有可能造成其他后果。金刚石与氧或含氧化合物相互作用,导致表面缺陷增多。缺陷的引入会使金刚石体积增大,从而促进石墨化过程。因此,有必要对铜－金刚石压坯中经动态法和静态法合成的金刚石粉末,在实际生产和实验室条件下烧结过程中的石墨化倾向进行研究。

文献[219]中详细研究了 1 090～1 770 K 和残余压强为 10^{-3}～10^{-1} Pa 时动态法生产的金刚石微粉的高温稳定性。为便于对比,还同时对静态法生产的金刚石微粉 ACM 1/0 进行了平行试验。研究结果表明,尽管动态法生产金刚石的弥散度较高(比表面积为 60～70 m^2/g),缺陷较多,但其热稳定性与静态法生产金刚石的热稳定性处于一个水平:温度为 1 673 K 时,其石墨化并不严重,数量为 2%～4%。挥发性杂质含量在两种粉末中也相同,都不超过 5%。同时还发现一个十分重要的现象,即烧结舟材质对石墨化动力学过程有着实质性的影响:氧化物陶瓷因其在高温下与金刚石反应,不适合作为烧结舟材料。显然,这个因素可以解释在不同研究中试验数据存在较大差异的现象。

已经证实,在有少量氧存在时,十分容易发生石墨化。文献[218]中,在 $T=$ 873～1 273 K 和 $p(O_2)=7$～400 Pa 时,同时会产生氧化和石墨化反应,反应活化能为 $E=(230\pm20)$kJ/mol,反应级别也从 $p(O_2)<100$ Pa 时的 $n=1$,变化到 $p(O_2)>100$ Pa 时的 $n=0$。值得注意的是,试验结果与微粉的粒度无关。采用等离子体化学刻蚀法(这种方法是基于金刚石和非金刚石碳对于空气中低温等离子体的活性差异很大)分析金刚石表面,可以唯一性地确认石墨化发生在氧化之前。因此,温度超过 1 123 K 时,石墨化速度超过了所形成的非金刚石碳层的"气化"速度。总的反应速度可以表达为:$T=1$ 273 K 和 $p(O_2)=70$ Pa 时,在 1 h 内粒度为 5/3 粉末试样的氧化量可以达到 25%(质量分数),表面上非金刚石碳层厚度相当于粉末质量的 1.8%。对于粒度为 1/0 的微粉,其比表面积比上述粉末高 4 倍(分别为 2 m^2/g 和 8 m^2/g),这个数值自然更高。

由此可知,在 130～1 300 Pa($p(O_2)=25$～250 Pa)这种相对较低的真空度下烧结多孔坯件时,有可能伴随有金刚石的明显"气化"和石墨化。

也有一些关于合成粉末石墨化程度较高的试验数据。例如,粒度为 5/3 微粉在 1 073 K 真空条件下,经 0.25 h 保温后有 43%(质量分数)转化为石墨。但是,这种数据无法验证。并不排除与玻璃载体的强烈反应造成上述试验结果的严重偏离,关于这种反应前面已经提及。

根据前面所列举的高真空条件下石墨化速度的数值,这个反应实际上温度 $T<1$ 200 K 时并不必关注。但在粉末压坯实际烧结条件下,金刚石粒子会与金属、氧化物、烧结气氛等含氧和其他气相物质相接触。例如,在动态法制造金刚石表面上吸附的羟基、羰基和羧基官能团的量可以达到 5%～8%(质量分数),只有在 $T\approx1$ 070 K 经几个小时的退火才能完全消除。

这样,在达到足够高温度以前,金刚石表面含氧化合物的存在促使石墨化易于发生。在加热时除了可以逐步从表面去除这些化合物以外,还会使残余气氛的压力升高。因此,在烧结过程中,实际状态远远偏离了理想的高真空状态或者可控气氛状态。所以,有必要对实际生产和试验条件下烧结铜—金刚石压坯过程中人造金刚石的石墨化的倾向性进行试验研究。试验采用的粉末尺寸为 $1~\mu m$(动态法生产的金刚石)和 $3~\mu m$(静态法生产的金刚石)。

　　SEM 照片定性表明了材料中金刚石粒子的存在。图 4.8 所示为在交流接触器上短时间使用后成品电触头的表面状态。从图 4.8 中可以清楚地观察到金属基体中分布的圆坑及其中的白色粒子[图 4.8(a)、(b)]。微观成分分析表明,这些圆坑之中有碳存在[图 4.8(c)、(d)]。图 4.8(a)~(c)中标注的白色粒子为金刚石颗粒。

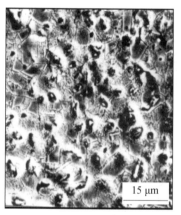

(a) 表面形貌扫描照片

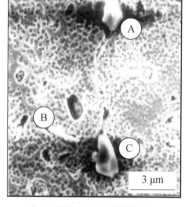

(b) 为图(a)中的局部放大

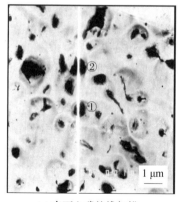

(c) 表面上碳的线扫描

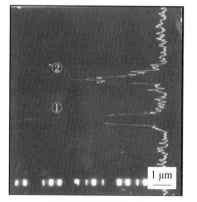

(d) 表面上碳的线扫描

图 4.8　在交流接触器上短时间使用后成品电触头的表面状态

　　将成品电触头用酸溶液($10\%\,HNO_3 + 10\%\,HCl$,质量分数)腐蚀后,对其残留物进行了 X 射线衍射定量分析。研究结果表明:这种方法对于该体系材料具有较高的灵敏度,适合于定量分析金刚石微粉中少量石墨残留($>0.2\%$,质量分数)。材料的化学成分和制备工艺条件的调整均在允许的范围之内。在 X 射线衍射图上(图 4.9)可以看到三个峰,分别对应于金刚石的晶面,具体参数见表 4.2。

表 4.2　Cp/Cu－Cd 触头酸腐蚀残留物 XRD 分析结果

峰	试验值 d/nm	标准值[①]			hkl
		d/nm	I/I_o	$2\theta/(°)$	
a	0.202	0.206	100	43.92	111
b	0.126	0.126	27	75.3	220
c	0.107	0.108	16	91.48	311

注:①参考 ASTM6－0675 中的数据。

金刚石衍射图(图 4.9)的背底上没有出现非金刚石型碳的衍射峰,即在所研究的条件下没有发现人造金刚石的明显石墨化。

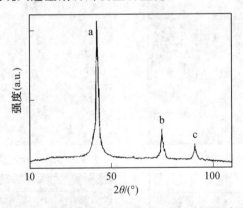

图 4.9　电触头件酸蚀后残余物的 X 射线衍射图

除了上述微粉之外,还曾尝试采用动态法合成的超细金刚石粉末(颗粒尺寸为 4~5 nm)。试验表明,这种粉末在烧结时的表现类似于石墨:试样尺寸增大,发生"蓬松"。显然,这证明了超细粉末在烧结过程中发生石墨化转变。这种粉末具有发达的界面和缺陷,因此晶格转变的可能性很大。文献[223]的精确试验结果证明了这一点。由该文献可知,在 1 000~1 200 K 时,伴随着晶体密度的明显降低和比表面积的增大,超细金刚石粉末发生明显的石墨化转变。

4.2　Cp/Cu－Cd 复合材料在存储和服役过程中的表面变化

　　铜被用作电触头材料的最大障碍是其易于形成氧化膜,且氧化膜(CuO 和 Cu_2O)具有极低的电导率。在 298 K 条件下,CuO 和 Cu_2O 的电导率分别为 $1 \times 10^{-5}\ \Omega^{-1}/cm$ 和 $(3 \sim 10) \times 10^{-5}\ \Omega^{-1}/cm$。因此,氧化膜急剧增大了接触电阻,使铜及其合金难以作为电触头材料应用。

　　电触头材料的氧化与腐蚀主要出现在电器存放及工作两个过程中。在工作过程中,电触头会在电弧作用下产生氧化;在电器存放过程中,电触头与大气组成成分之间会产生相互作用。通常电触头存放过程中的腐蚀可以不必考虑,因为在电触头使用前将采用高温钎焊(1 020~1 120 K)将其焊在触桥上,此时将在电触头表面形成厚厚一层氧化皮。这些氧化皮必须通过化学方法除去。之后,才会在存储过程和服役过程中通过腐蚀过程或其他物理化学过程,在电器中的电触头表面形成氧化膜。

4.2.1　铜基电触头材料的大气腐蚀行为

　　与空气接触表面的氧化会引起接触电阻增大,使电触头元件在焦耳热的作用下被加热乃至超过允许的服役温度。温度升高本身也会使氧化速度急剧增大。所以,人们研究电触头材料在空气中的氧化规律时,往往采用接近于电触头实际服役的温度,最高可以达到 393 K。而束流点的温度要远远超过这个数值。

　　对于复杂的金属材料体系,如含有固溶相及第二相添加物的材料,其氧化理论模型本身尚无法构建,只能定性地说明氧化膜的形成过程,所以只能通过试验来描述其氧化行为。单一金属的氧化动力学研究已十分详细,在许多文献中已有所反映,并建立起了一定的理论基础。这对于实际材料体系的氧化动力学研究将具有一定的借鉴和对比作用。

　　因此,对含镉和金刚石超细粒子,以及其他一些组元的铜基金属陶瓷氧化动力学特征进行研究具有重要意义。下面分析文献[225,226]中公布的基本研究结果。

1.铜－金刚石复合材料氧化动力学

　　制备工艺保证了材料的密度不低于其理论密度的 98%,即试样孔隙率原则上为 2%～2.5%。试样为 34 mm×44 mm×(1~2)mm 的长方形,比表面积为 31.5 cm^2。氧化试验是在恒温箱中进行的,选择的温度范围是 313~423 K。定量化测量所选择的温度为 363 K。氧化动力学曲线是以一定的时间间隔 τ,周期性测定试样的增重值 Δm 来标定质量变化速率 i($i = d\Delta m/d\tau$)。测量试样质量的天平精度为 0.02 mg,每个试验点为 5 个试样的测量结果的统计平均值。

本试验研究的材料的化学成分见表 4.3。可见,除试样 1 外,其他试样中金刚石和镉的含量差异不大。

　　从研究角度来说,首先要关注的就是在室温存储条件下电触头非防护表面的氧化问题。采用 X 射线光电子能谱(XPS)对实验室条件下空气中搁置 6 个月的标准成分试样进行了测量。图 4.10 为经 6 个月搁置后 Cp/Cu－Cd 材料表面层铜和氧沿深度方向分布,用从试样表面向内部铜和氧的分布曲线表示,说明氧化膜的厚度不超过 10 nm。

表 4.3　氧化试验所用材料的化学成分及图 4.15 中曲线 2～7 的斜率 k′和相关性系数 δ

编号	$w(\text{Cp})$/%	$w(\text{Cd})$/%	$w(\text{La})$/%	k'	δ
1	—	1.03		—	0.979
2	0.98	0.76		309.2	0.984
3	1.11	0.70	0.05	158.1	0.973
4	1.21	0.76	0.10	169.7	0.975
5	1.09	0.68	0.15	131.7	0.987
6	1.07	0.72	0.20	173.6	0.985
7	1.23	0.64	0.20	—	—

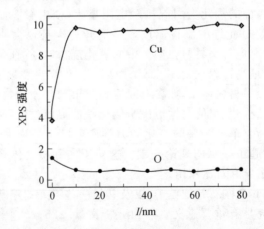

图 4.10　经 6 个月搁置后 Cp/Cu－Cd 材料表面层铜和氧沿深度方向分布

　　这与已知的长期试验数据并不矛盾。在非工业场地的大气环境中,铜的氧化速度一般为 $(3.4～12)×10^{-10}$ g/(cm² · h),换算成 6 个月氧化所对应的膜层厚度为 20～70 nm。考虑到环境温度、试样及大气成分的差异,这种差别应当是合理的。

　　提高温度的氧化试验结果如图 4.11 所示。图 4.11 中纵坐标为试样单位面积上的增重。由图 4.11 中可明显观察到,所添加的元素对表面氧化膜生长动力学有显著影响。生长速度最低的为 Cu－Cd 试样(表 4.3 中的试样 1)。该试样中不含金刚石,其氧化动力学曲线对应于图 4.11 中的曲线 1。在 90 ℃ 加热 600 h 之内,氧化物薄膜增长速度缓慢且稳定,最终厚度不超过 450 nm。当有金刚石微粒加入时,氧化速度急剧增大(达到 10～15 倍,图 4.11 中曲线 2),并且在 90 ℃ 加热到 20 h 时,氧化膜的厚度已达 1 000～1 500 nm。而加入万分之几的稀土元素 La 可明显降低膜的增长速度(图 4.11 中曲线 3),但在 0.1％～0.2％范围内继续增大 La 元素含量时,对氧化速度并没有十分明显的影响。

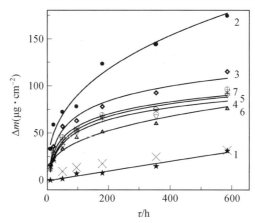

图 4.11　363 K 空气中不同成分试样的氧化增重
Δ*m* 与氧化时间 τ 之间的关系曲线

在图 4.11 中试样 4～6 的氧化动力学曲线相互差异较小,数据点之间的差别处于试验误差范围之内。

人们早就发现微量稀土元素对铜合金的氧化有抑制作用。例如,添加 0.04％～0.05％的 La 元素可以使铜合金起始氧化温度提高 30～80 K。在这种情况下,氧化膜生长缓慢的机制可能与使铜离子在生成膜中扩散速度衰减有关。在氧化膜的晶格中有三价阳离子,其中包括 La^{3+} 的存在。但从理论角度来看,这种解释并不充分。

现已证明,铜在熔点以下氧化时,其氧化膜的生长速度取决于晶格的紊乱程度,并因铜离子在固态氧化物中的扩散速度远高于氧的扩散速度,所以通过铜向氧化物—气相界面传输而在该表面上发生氧化。

已有文献证明,在从低温到接近于铜熔点的很宽温度范围内,铜会氧化成 Cu$_2$O,只是在氧化物—气相界面上有可能形成很薄的一层 CuO。例如,在520～620 K 温度范围内,原则上氧化膜厚度为 100～200 nm 时才会在其表层发现 CuO。但也有另外一种基于试验和理论计算形成的观点认为,只有在约 1 270 K 的高温条件下,氧化膜才有可能基本由 Cu$_2$O 构成。热力学分析也证明这种观点是正确的。但大量试验数据,也包括作者的研究数据证明,在较低的温度下优先覆盖于铜表面的仍为 Cu$_2$O。可以认为,在低温条件下 Cu$_2$O→CuO 转化的动力学阻力较大,故在观察时间不够长的情况下,转化反应并未获得明显的发展。

图 4.12(a)为 Cu—O 平衡相图上氧化物形成区域图,其相应的参数对于分析氧化过程十分重要。由图 4.12(a)中可知,该体系中可以形成两种氧化物,即 Cu_2O 和 CuO,前者在熔点以下都是稳定的。氧在固态铜相中并不溶解,其含量(原子数分数)达到 1.7% 时会形成熔点达 1 338 K 的共晶。

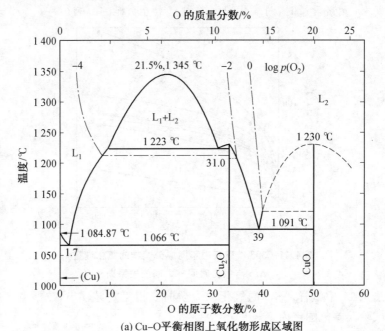

(a) Cu—O 平衡相图上氧化物形成区域图

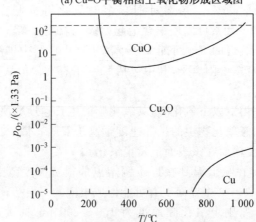

(b) Cu—O_2 体系中随着温度和氧分压变化氧化
物和金属存在区域的系统研究成果

图 4.12　Cu—O 相图及铜氧化形成 Cu_2O 和 CuO 时
温度与气相中氧分压之间的关系

图 4.12(b)为 $Cu-O_2$ 体系中随着温度和氧分压变化氧化物和金属存在区域的系统研究结果。反应开始后几分钟的电子衍射决定了表面层的性质。图 4.12(b)中虚线为空气中氧的分压。由此可见,只有在超过 470 K 时才会出现不是很厚的 CuO 膜层,在 570~770 K 时其含量最高,随后又因分解而降低。文献数据和作者 XPS 分析的结果都证明:在较低的温度范围内氧化物层增厚随时间的延长向 CuO 出现的界面移动。

在假定氧化膜呈完整晶体结构的前提下,可以计算整个氧化层的厚度 L。一般认为,如果表面化合物的摩尔体积大于基体的体积,则生成膜基本是无孔隙的。在本研究中,通过对 Cu 基体及 Cu_2O 所相应的摩尔质量 M_i 和密度 d_i 之比可计算出体积增量系数 θ 大于 1,即

$$\theta = \frac{M_{Cu_2O} \times d_{Cu}}{M_{Cu} \times d_{Cu_2O}} = 1.64 \tag{4.11}$$

尽管在实际上 Cp/Cu－Cd 材料的氧化膜并不是均匀连续的,上述假设与实际情况并不相符,但为了便于叙述并与其他结果比较,这里仍采用氧化膜厚度这个概念。图 4.13 为在 363 K 空气中不同成分材料的氧化膜计算厚度 L 与氧化时间 τ 之间的关系曲线(与图 4.11 对应)。

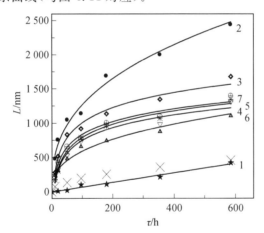

**图 4.13　在 363 K 空气中不同成分材料的氧化膜计算
厚度 L 与氧化时间 τ 之间的关系曲线**

随着具体条件的不同,铜及其合金在低温氧化时表面膜生长有可能遵循以下规律:

线性规律

$$L = k\tau + c \tag{4.12}$$

抛物线规律

$$L^2 = k'\tau + c \tag{4.13}$$

立方规律

$$L^3 = k'\tau + c \tag{4.14}$$

对数规律

$$L = a\ln\tau + b \tag{4.15}$$

式中　L——氧化膜厚；

　　　τ——时间,h；

　　　k,k'、a、b——常数；

　　　c——表征原始膜层厚度 L 的常数(当表面膜足够厚时,通常该值很低,可以不予考虑)。

通常,铜表面上氧化膜生长时,在高温下遵循抛物线规律,在室温下也常常呈抛物线规律生长。

但本研究的结果(图 4.11 中曲线 1)表明,Cu－Cd 合金氧化不遵从式(4.13)关系,而呈线性规律变化。而且当在 Cu 基体上引入金刚石组元时,表面氧化膜的生长规律也会发生明显变化。将图 4.11 中的试验数据和图 4.13 中的计算值重组并放入 $L^2-\tau$ 坐标系中(图 4.14)可见,所获得的数据点并不完全满足抛物线生长规律。如果将比例放大,还会发现,试样 2～7 上的试验数据点与相应 $L^2-\tau$ 直线的偏离特征一致。

霍尔姆在综合了许多文献资料的基础上,对于铜多晶体无污染表面上生成氧化膜的规律提出了如下方程,即

$$L_2 = 20^2 + \tau \times 10^{8.2 - \frac{1\,310}{T}} \tag{4.16}$$

式中　L——氧化膜的厚度,nm；

　　　τ——氧化时间,h；

　　　T——绝对温度,K。

由式(4.16)可见,$\tau = 0$ 时,表面膜原始厚度 $L = 2$ nm,整个反应的激活能 $E = 0.25$ eV,约 25 kJ/mol。这个数据与 Cu_2O 导电过程的特征值一致。故可以证明,此时在晶格中物质转移和电荷转移的机制相同。

但必须指出的是,还有些文献中公布的数据值较高,即在 323～673 K 温度范围内,整个氧化过程的激活能值 $E = 84.3$ kJ/mol。这种差异的原因目前尚不清楚。若取 $T = 363$ K,假设生成物均为 Cu_2O,按照式(4.15)计算,然后进一步换算成试样单位面积上的增重 Δm 时,所得的计算结果与编号 1 和试样 H 上测得的试验结果十分接近。这些计算结果如图 4.11、图 4.13～图 4.15 中的交叉形点标注。由图 4.13 可见,在由 0 至 400～500 h 氧化时间内,1% 左右的金属镉可明显降低铜的氧化速度。继续增大镉含量时,铜镉合金的氧化速度与铜的氧化速度相近,氧化膜厚度为 20～30 nm。

文献[163,233]曾对 Cu－Cd 合金在低温条件下的氧化和腐蚀方面的性能进

行过研究。同样发现:镉的添加对合金在氧化介质中的稳定性有不同程度的影响。

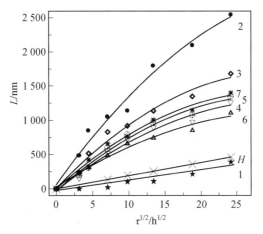

图 4.14　不同成分材料的氧化膜厚度 L 与氧化

时间 τ 的 $L-\tau^{1/2}$ 关系

H—根据式(4.14)得到的计算值

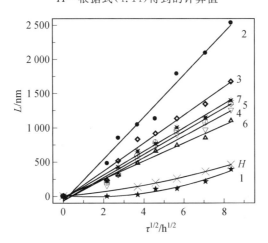

图 4.15　不同成分材料的氧化膜厚度 L 与氧化

时间 τ 的 $L-\tau^{1/3}$ 关系

上述试验结果表明:在铜基体中添加金刚石颗粒后,氧化速度急剧增大。据报道,碳是唯一可加速铜及其合金腐蚀的元素。所加入的固态碳(金刚石或石墨)是否起作用,文中并未指出。根据研究结果,尚不能确认唯一起作用的就是金刚石态的碳。因为在材料制备的烧结过程中,金刚石颗粒表面会产生石墨化,于是在金刚石颗粒与铜基体直接接触处会有石墨态碳存在。虽然研究表明(前面已经分析过),金刚石颗粒只有一小部分发生石墨化,不超过 2%,但在界面上石墨层的作用却可能较大,并有可能引起一定的宏观效果。此外,有人利用俄歇谱分析结果表明,在含氢的混合物中,ACM 1/0 金刚石颗粒表面会形成非晶碳层的包覆。文献[227]及其他一些文献中并未解释碳对铜及其合金氧化动力学产生影响的原因。引起这种变化的机制并不是显而易见的,需要专门去研究。

将图 4.11 上试样 2~7 的氧化动力学曲线放入 $L-\tau^{1/3}$ 坐标系中,所得结果如图 4.15 所示。可见,在所研究的氧化时间内,数据点完全满足直线关系,直线的斜率和相关性系数见表 4.3。

在低温条件下,金属氧化膜的厚度经常渐近于某一极限值 L_{max}。极限厚度 L_{max} 与表面原始状态有关,即与坯料加工方法有关。随着温度的增大,L_{max} 值增大(如 78 K 时,约为 0.4 nm;323 K 时,约为 3 nm;353 K 时,约为 8 nm;373 K 时,约为 10 nm)。在室温氧化 300 h,铜的氧化膜厚度为 3~6 nm。Mott 薄膜生长理论表明:存在一个临界温度 $T_{临}$,低于这个温度,氧化膜在前期快速增长至厚度为几十埃米的数量级之后,就几乎不再继续增长。$T_{临}$ 值取决于薄膜生长过程激活能 E,其表达式为 $T_{临}=E/39R$(这里 R 为气体普适常数)。大量的试验研究结果表明:致密的铜件在 430 K 开始时明显氧化,并形成厚膜($L>1\ \mu m$)。这个温度值就接近于 $T_{临}$。

在 $T>T_{临}$ 时,薄的氧化膜生长过程是否符合抛物线规律或立方规律,与所形成氧化物的导通类型相对应。N 型半导体氧化物生长属于前一种类型,P 型半导体氧化物生长属于后一种类型。由于 Cu_2O 属晶格节点上有阳离子空位的 P 型半导体,氧化膜生长动力学遵从立方规律,因此上述研究结果基本上不与理论相悖。

在本研究中,Cu_2O 层厚度接近或超过薄膜所定义的极限(约为 1 μm,图 4.11),但膜层的生长速度相对较低,仍可归结为薄膜。一般认为,如果氧化物层在几小时(10^4 s)内生长厚度超过 1 μm,其生长遵循 Wagner 厚膜生长机制,而生长速度较低时,则按薄膜生长机制生长。

文献[233]发现,在温度为 370~470 K,甚至 1 020 K 以下时,铜的氧化膜生长规律并不只表现为立方生长规律。这是由于用上述理论的同时,对这种现象的解释还需要考虑两个因素的作用:氧化膜老化(由于老化作用薄膜发生密实化,且通过离子和粒子的渗透性发生变化)和 $Cu_2O\rightarrow CuO$ 转化的表面反应的影响。对 N 型半导体氧化物在内部或外部界面上反应过程受到限制的情况下,氧化物可按线性规律生长。

尤其是疏松膜、带孔膜或起层膜均可用线性规律来解释。氧可无阻碍地通过这类氧化膜直接接触到金属表面,即由于体积系数 θ 太小($\theta<1$)或太大,而导致表面膜不具有保护作用。但在本研究中,试样 1 的线性生长不属于这一种机制,因为所生成的氧化膜对氧化过程有一定的阻碍作用。Cu_2O 在外部界面的氧

化反应可能是氧化膜线性生长的原因。此外也不能排除 Cd 元素在合金中所可能起到的作用,由于镉和氧的亲和力比铜大,且其在氧化物中的含量相对较高,因而它也可能会改变表层氧化物的传导方式。同样,在中等温度下,Cu－Sn 合金呈线性规律氧化。

温度为 363 K 时,不同成分材料氧化动力学曲线特征方程见表 4.4。

表 4.4　氧化动力学曲线特征方程

序号	材料成分	动力系曲线	相关性系数
1	Cu－1,0 Cd	$L = 0.71\tau$	$\delta = 0.988$
2	Cu－0.76 Cd－1.0 Cp	$L^3 = (2.08 \times 10^7)\tau$	$\delta = 0.984$
3	Cu－0.7 Cd－1.1 Cp－0.05 La	$L^3 = (3.94 \times 10^6)\tau$	$\delta = 0.973$
4	Cu[①]	$L^2 = 20^2 + \tau \times \exp(18,9 - \dfrac{3\,015}{T})$	—

注:①霍尔姆数据[32](L—nm,τ—h,T—K)。

上述动力学方程之中并不像霍尔姆方程那样包含常数——原始膜层厚度 L_0。在长期氧化时,测量值 $L \gg L_0$,误差取决于 L;另外,误差的绝对值也超过 L_0,所以在这种条件下的修正并没有意义。

随着氧化温度的提高,铜表面的颜色变暗,据此可以判断氧化膜的厚度(不同作者的数据和测量方法的差异原则上不超过 1 nm),见表 4.5。

表 4.5　铜合金氧化膜颜色与厚度对应

膜的颜色	L/nm
暗褐色	37.0
红褐色	41.0
深紫色	45.0
紫色	48.0
蓝色	52.0
白蓝金色	83.0
亮黄色	98.0
橙黄色	120.0

实际金属材料发生氧化时,很难观察到严格遵循理论规律的现象。这一方面是因为边界条件的简化造成理论的不完善,另一方面是因为固相或液相中杂质作用的复杂性、多相性和膜的非均匀性等因素的作用。

氧化试验前试样表面的状态及热力学参数在氧化过程中所起的作用很大。

与此相关的,研究中对经电解抛光处理的试样在 150 ℃条件下进行了试验,实际测量了相应的动力学规律性,所得结果如图 4.16 所示。电解抛光液为酸溶液（H_3PO_4、CH_3COOH 和 $HClO_3$）,试样作为阳极,电流密度为 0.3 A/cm^2。虽然试验的数据点分散性较大,但是仍然可以看出,在材料中引入金刚石微粒后表面氧化膜的生长速度明显加快。

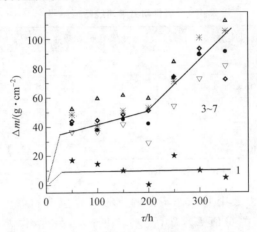

图 4.16　在 423 K 空气中经电解抛光处理的几种
成分试样氧化动力学曲线

2. 铜－金刚石复合材料氧化膜的成分和结构

从文献数据对比可见,由于试验条件的差异,以及所研究材料化学成分和相组成的不同,动力学研究结果差异很大。对氧化膜的成分及其随时间变化的细节目前还知之甚少。

采用 XPS 可以确定氧化膜的成分及其变化。作者即采用这种方法对粉末冶金 Cp/Cu－Cd 电触头材料表面膜的成分进行了研究。试验采用的设备为 ES-KALAB MKII 光电子能谱仪,采用 Al 阳极（$h\nu = 1\ 487$ eV）,残余气压为 5×10^{-6} Pa。测量的相对峰位是 C1S（284.6 eV）。

在不同温度下,随氧化时间延长 Cp/Cu－Cd 电触头材料表面颜色会发生变化。在 40 ℃加热过程中,试样表面无变化。在 80 ℃加热 500 h 以后,试样表面仍然有较好的光亮度;加热至 600 h 以后,试样表面呈金黄色。在 120 ℃加热至 100 h 以后,试样表面开始呈红色。

图 4.17 所示为 Cp/Cu－Cd－0.10La 材料不同状态表面膜的 XPS 分析结果。由图 4.17 可知,所有试样的 XPS 全谱中都表明有铜和碳的存在。氩离子刻蚀后的表面 XPS 谱上没有出现氧的峰,证明刻蚀处理已经完全去除氧化膜层;其他样品上均有 O1S 峰出现。氧化后表面上的 C1S 峰强度发生衰减,Cu2P 峰也发生相应变化,在 d 谱上尤为显著。所有试样的全谱上都没有出现 Cd 的信号,

这显然是材料中 Cd 含量过低造成的［Cd 的最强峰 Cd3d$_{5/2}$ 的峰位为（403.1±0.4）eV］。

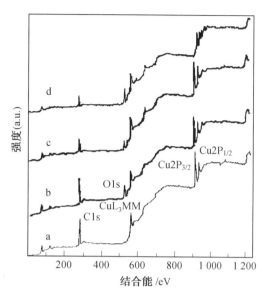

图 4.17 Cp/Cu－Cd－0.10La 材料不同状态表面膜 XPS 的分析结果

a—氩离子刻蚀 10 次后表面；b—原始态；

c—353 K 氧化 400 h；d—393 K 氧化 50 h

图 4.17 中氧化后的 C1S 发生明显衰减，这说明该峰不仅反映了油脂蒸气造成的积碳膜的信息，还反映出材料中所含金刚石添加相的信息，证明了氧化层中碳的存在。C1S 峰在 a 谱和 b 谱中强度相当，而在 c 谱中强度高于 d 谱中的强度。由于 c 谱所对应试样的氧化膜厚度约为 900 nm，至少说明在该厚度氧化膜中还是有一定量的碳存在。尽管表面膜层中碳含量的变化对于探讨氧化膜的生长机制非常重要，但是现有方法无法实现其定量表征。

判断铜的化合物的特征信号是最强的 Cu2P 峰。在本试验条件下判断铜的不同价态比较容易，主要在于 Cu^{2+} 化合物的 Cu2P 峰有较强的伴峰出现，而在 Cu^{+} 化合物的谱中没有观察到伴峰。图 4.18 所示为 CuO 的 XPS 标准谱。

图 4.19 为 Cp/Cu－Cd－0.10La 材料不同状态表面膜 XPS 的 Cu2P$_{1/2}$ 与 Cu2P$_{3/2}$ 峰的放大图。原始态试样 b 和 353 K 氧化 400 h 的试样 c XPS 的 Cu2P$_{1/2}$ 与 Cu2P$_{3/2}$ 峰的峰形相同，如图 4.18(a) 所示，并且均没有伴峰出现。上述两个峰位对应的结合能 E_b 分别为 932.6 eV 和 952.4 eV。这些数值处于不同研究者给出的 Cu$_2$O 结合能数据范围内，比纯铜结合能略高。

为进一步确定材料氧化膜成分，利用文献[244]所介绍的方法，将图 4.17 中的 Cp/Cu－Cd 材料原始态氧化膜的 XPS 中的 L$_3$MM 俄歇伴峰进行分峰处理。

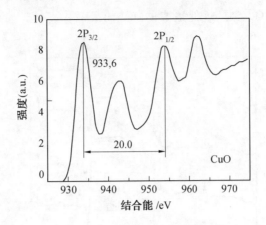

图 4.18　CuO 的 XPS 标准谱

由图 4.20(a)分峰处理后的图形可以看出,该 L_3MM 俄歇伴峰由两种物质的 L_3MM 俄歇伴峰叠加而成:A 峰是纯铜的 L_3MM 俄歇伴峰,其动能为 933.6 eV; B 峰是 Cu_2O 的俄歇伴峰,其动能为 918.4 eV。考虑到 XPS 所记录的是仅源于表面 $2\sim3$ nm 氧化层的光电子信息,因此可以认为,与大气直接接触的电触头表面的氧化层的成分为 Cu_2O。因而,表层以下直至纯金属的氧化层的成分也应当为 Cu_2O。

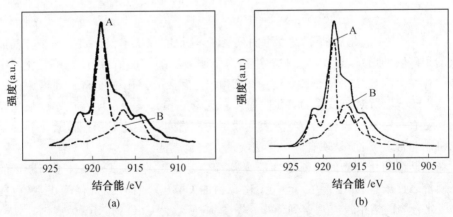

(a)　　　　　　　　　　　　(b)

图 4.19　图 4.17 部分 XPS 的 Cu2P$_{1/2}$ 和 Cu2P$_{2/3}$ 峰放大图

图 4.20(b)为 Cp/Cu-Cd 电触头材料在 353 K 氧化 400 h 后表面氧化膜 XPS 上 CuL_3MM 俄歇峰的分峰处理结果,表明 CuL_3MM 俄歇峰仍然是由纯铜的俄歇峰 A 和 Cu_2O 的俄歇峰 B 组成。这说明在该处理条件下,氧化膜仍然是由 Cu_2O 组成的,没有形成 CuO。

氧化温度提高至 393 K 时,氧化试样表面的 XPS 的 Cu2P 峰会发生变化。该温度下氧化 10 h 时,其 XPS 及其 Cu2P 峰与上述情况相同;氧化至 25 h 以上

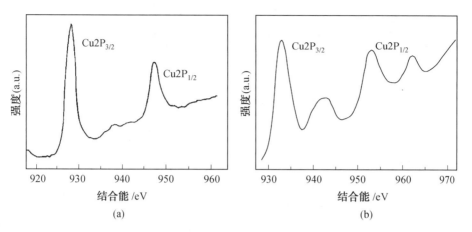

图 4.20 不同状态 Cp/Cu－Cd－0.10La 材料表面氧化膜 XPS 中 CuL₃MM 俄歇峰分峰
处理图形

时,如图 4.19(b)所示,Cu2P 峰上出现伴峰,与图 4.18 所示 CuO 的标准谱相比,两者的形状很相似,但也存在一定差异。与图 4.20(a)相比,其主峰有一定的宽化,但与标准谱相符;并且峰位也向正向移动:$E_b(Cu2P_{3/2}) = 933.2$ eV,$E_b(Cu2P_{1/2}) = 953.1$ eV。文献[244]给出的铜的氧化物的 $2P_{3/2}$ 电子结合能为:$E_b(Cu_2O) = (932.4 \pm 0.2)$ eV,$E_b(CuO) = (933.3 \pm 0.2)$ eV;CuO 的峰宽约为 3.4 eV,Cu_2O 的峰宽约为 1.9 eV,这与本研究的数据相符。上述 XPS 谱线与标准谱的定量差别在于主峰与伴峰的强度比,试验测得的伴峰强度相对较低。这可能与产生光电子膜层中含有 Cu^{2+} 的同时,还含有大量 Cu^+ 有关,因为后者产生的信号仅对主峰有贡献。显然,这种情况下 CuO 层并不致密,表现为一种氧化物相在另一种氧化物中以岛状分布,这一点已经在其他研究者早期的研究结果中被证实。

因此可以确定:在该条件下 Cp/Cu－Cd 电触头材料的表面已经形成了 CuO。这正是在 393 K 加热 30 h 后材料的颜色开始变红的原因。根据 Cp/Cu－Cd 电触头材料在 393 K 加热时颜色的变化和 XPS 分析的结果可以确定,在该温度下加热时间小于 30 h 时,氧化膜仍由 Cu_2O 组成,材料表面呈金黄色;加热时间超过 30 h 后,材料表面开始形成 CuO,材料表面开始发红;加热 75 h 后,氧化膜完全由 CuO 组成,材料表面呈暗红色。

表 4.6 列出了 Cp/Cu－Cd 电触头材料在 353 K 氧化 100 h 和 393 K 氧化 25 h 后,氧化膜中 Cu 的 $2P_{3/2}$ 的结合能、L_3MM 动能以及两者之和的测量值。同文献[243]所列纯铜、CuO 和 Cu_2O 的结合能、动能,以及两者之和的标准值进行比较,可以得出与上述相同的结果。

表 4.6 Cu 的 2P$_{3/2}$ 的结合能、L$_3$MM 动能，以及两者之和的测量值　　　　eV

加热条件	2P$_{3/2}$	L$_3$MM	A＋br
80 ℃加热 100 h	932.9	916.1	1 849.0
120 ℃加热 25 h	933.4	917.3	1 850.7

由表 4.6 可以得到的结论是，在上述试验条件下氧化膜主要由氧化亚铜组成，该膜层与大气接触的界面上继续氧化会形成铜的二价化合物 CuO。CuO 只能通过 Cu$_2$O 的氧化形成，而不能通过金属的直接氧化形成。大量的研究结果表明，低于 423 K 时氧化膜中不会有 CuO 存在；只有温度超过 453 K 时，CuO 才会稳定存在，且其含量会随时间的延长而增大。

因此，金刚石的添加会使铜基材料的氧化过程急剧加速，并会明显降低 Cu$_2$O 向 CuO 转变的临界温度，甚至在 393 K 时氧化膜中就会出现 CuO 成分。

由图 4.15 和表 4.5 中的方程可以得到，在 393 K 氧化 25 h 后氧化膜的厚度约为 900 nm，其生长速度约为 4 nm/h。在 373～673 K 温度范围观察对铜的氧化过程发现，Cu$_2$O 的形成存在一个临界速度，低于该速度时表面上开始出现 CuO(453 K 时，该值为 20 nm/h；573 K 时，该值为 6 600 nm/h)。从这个概念上来说，4 nm/h 接近于试验条件下的这个临界速度值。

下面讨论氧化层中碳的存在。已经证明，铜的氧化和氧化物生长速度取决于其晶格扰动状态，且由于铜离子在固相氧化物中的扩散速度远高于氧的扩散速度而易扩散到氧化物－气相表面。在所研究的体系和条件下，惰性的碳颗粒可以作为标记，相对于可以观察到组元的扩散流和相界面的运动。由于铜和 Cu$_2$O 的摩尔体积比为 1∶1.64，氧化过程中氧化物－气相表面相对于碳标记向气相界面移动，而金属－氧化物界面向反方向移动。尽管碳标记会在氧化物中"生根"，并且在其中相对于金属－氧化物界面向氧化物－气相界面移动，而后者的移动速度要比前者快 1.64 倍，所以在开始氧化之后的任意时刻，纯氧化物都会覆盖膜的多相区。

所以，当膜厚 $L＝10$ nm 时，上述生长机制实质上已经排除了在表面上产生光电子的 2～3 nm 薄膜层存在碳的可能性。

由此可知，对于碳的铜基复合材料来说，并不能实现适合于铜及其合金的氧化机制。对于这一点上述的一些资料已经证明，而且本研究的试验数据也证明，碳是可以加速铜及其合金腐蚀的物质。

所以，碳对氧化动力学的作用并不清楚。可以尝试用下述观点来解释这种作用。已知金刚石、石墨或炭黑形式的添加物与铜及不含碳化物形成元素的合金之间结合性较差。所以，按照动力学性质，铜－金刚石相界面接近于自由表面，至少近似于晶界。沿着这种界面的扩散系数比体扩散系数 D 高出 $10^5 \sim 10^3$

个数量级。氧在相当于添加相平均尺寸的距离上快速扩散,随后产生了在这些特殊孔隙内表面氧化膜的生长。也不排除添加相比表面积过大,且其变化导致相邻的区域相互塔接,导致立方氧化规律的出现。

正如前面提到的,氧化层成分中碳的存在对于闭合通电状态保持接触电阻的稳定性十分重要。接触面,特别是表面覆盖有大气氧化产物的接触面可以在电流作用下被加热到几百摄氏度。在这种条件下,含碳电触头上铜的氧化物很容易被还原,形成导通的金属或金属陶瓷桥。因此,接触的可靠性在一定程度上得到恢复。长达 300 h 的测量结果表明,在通以额定电流时,所研究材料制备的电触头温升围绕一个稳定的水平以 5～10 K 的振幅波动,可以作为上述推测的间接证明。

3. 含铌加合金的氧化

可以用作电触头材料的多相组元材料之一的就是金属铌,它的添加会对电触头的服役性能产生有利影响,并且对合金的氧化动力学产生明显影响。电器常常在有一定湿度的大气环境中使用,这也会对氧化膜生长动力学及其形态产生影响。材料的化学成分、氧化动力学方程系数和相关性参数见表 4.7,试验测试条件:温度为 313～423 K,相对湿度小于 90%RH。氧化试验是在恒温恒湿箱中进行的。

表 4.7 材料的化学成分、氧化动力学方程系数和相关性参数(353 K)

编号	化学成分的质量分数/%	$\Delta m = k\tau^{1/3}$, 60%RH		$\Delta m = a\ln\tau + b$, 90%RH		
		k	δ	a	b	δ
1	Cu	0.015 2	0.901	0.036	−0.005 8	0.971
2′	Cu－Cd	5×10^{-5}[①]	0.970[①]	—	—	—
2	Cu－2.1Cd	2.6×10^{-4}[①]	0.945[①]	0.016	0.005 0	0.968
3	Cu－2.4Cd－2Nb	0.030 6	0.978	0.032	0.073 4	0.964
4	Cu－2.0Cd－2Nb－0.05La	0.025 4	0.973	0.026	0.026 9	0.992
5	Cu－2.1Cd－2Nb－0.1La	0.022 2	0.987	0.036	0.028 1	0.904
6	Cu－2.1Cd－2Nb－0.5La	0.029 3	0.956	0.042	0.061 7	0.975

注:①线性关系见式(4.12)。2′—$T=363$ K,3%～5%RH。

上述材料在 353 K 条件下的氧化动力学研究结果见表 4.7 和图 4.21～图 4.23。为了便于对比,这里选用文献[225]中 Cu－Cd 合金在 363 K,相对湿度为 3%～5%RH 条件下的氧化数据(曲线 2′)。由图 4.21～4.23 中可见,与前期研究结果相同,在所有材料中,Cu－Cd 二元合金的氧化速率 $i=\mathrm{d}\Delta m/\mathrm{d}\tau$ 最低;纯铜的氧化膜长速率较高;组元复杂的铜合金氧化膜生长速率更高。在 Cu－Cd 合金中添加铌急剧加速了试样的氧化进程。在 Cu－Cd－Nb 三元合金中添加少量稀土元素 La 时，合金的氧化速率就会明显减慢；继续增大 La 元素的含量，对降低合金氧化速率没有明显的作用。当相对湿度提高到 90％RH 时，会引起所有材料氧化速率的急剧增大。

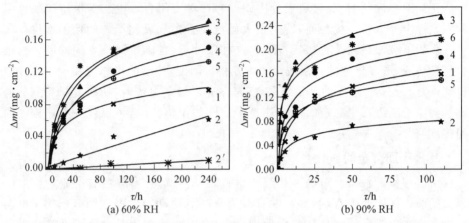

图 4.21　表 4.7 中几种材料在 353 K 不同相对湿度条件下的氧化动力学曲线

由图 4.21(a)可知，Cu—Cd 二元合金(曲线 2′)在湿度较低时，其氧化动力学曲线具有直线特征。尽管合金 2′的氧化温度较高，镉含量较低，但由于试验湿度相对较低，其氧化速率比合金 2 的氧化速率低 5 倍。由图 4.21(b)可知，在相对湿度较高的条件下，Cu—Cd 合金与其他几种材料的氧化动力学曲线的类型相同，即当 Cu—Cd 合金或含铌和镧的铜基材料的氧化速率 i 随时间的增长而明显减慢时，说明材料表面物质与大气相互作用的产物使表面发生钝化。此时其氧化动力学规律较为复杂。

显然，将氧化动力学试验数据转换到 $\ln\Delta m$ —$\ln\tau$ 坐标系中，即可确定其与上述规律的拟合性。图 4.22 为数据转换的结果。由图 4.22 可知，湿度较低时，数据点呈直线分布；而在湿度较高时，所有试样的数据点分布曲线都呈半对数特征。对图 4.22(a)的数据进行线性处理，得到的斜率 K'' 和相关性参数 δ 如下：2—0.99(δ=0.987)；1—0.37(0.872)；3—0.36(0.979)；4—0.44(0.982)；5—0.38(0.920)；6—0.43(0.982)。

这样，二元合金 2 的氧化动力学曲线符合直线规律式(4.12)，相应的斜率 K''＝0.99。对于其他材料，K''值接近于 1/3，即符合立方规律式(4.14)。对于这一现象在文献[224]对铜—金刚石复合材料的研究中也有记录。图 4.22(b)上曲线的特点证明，在该条件下所有材料的氧化动力学过程遵循对数规律式(4.15)。

事实上，将 60％RH 条件下的数据转换到 Δm—$\tau^{1/3}$ 坐标系中，而将 90％RH 条件下的数据转换到 Δm—$\ln\tau$ 坐标系(图 4.23)中就会发现，数据点与相应直线符合良好，其相关性参数见表 4.7。表 4.7 中还列出了相应直线方程的系数值。

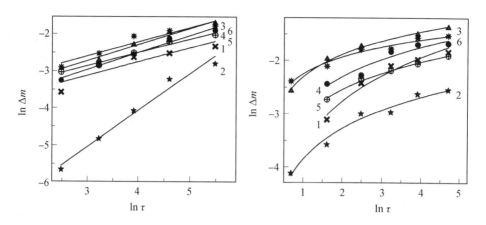

图 4.22　图 4.21 中的数据在对数坐标系中的氧化动力学曲线

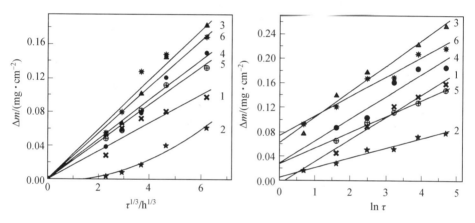

图 4.23　353 K,90％RH 条件下表 4.7 几种材料的氧化动力学曲线
在不同坐标系中的处理结果

　　表 4.8 中列出了 423 K、环境湿度为(60％～70％)RH(对应于该温度下相对湿度约为 0.4％RH)条件下氧化增重的测量结果。

表 4.8　在 423 K 空气中表 4.7 试样氧化过程中单位面积上的增重值　mg/cm²

时间 τ	1	2	3	4	5	6
25 h	0.053	0.001	0.042	0.031	0.041	0.022
50 h	0.397	0.048	0.197	0.090	0.208	0.150

　　与前面情况相类似,此时的 Cu－Cd 二元合金(合金 2)的氧化速率最低,而铜(合金 1)试样的氧化速率最高。复杂成分的复合材料的氧化并不剧烈。显然,随着温度的提高,添加组元的作用机制发生了变化。

模拟电器实际存储条件的氧化试验是在 313 K 下进行的（图 4.24 和图 4.25）。在该条件下，所有氧化动力学特征和湿度及添加组元的影响都与前面所述的内容相似。但是，在相对湿度为 60% 时，二元铜镉合金的氧化动力学规律从形式上发生了变化，也满足立方规律。由于氧化过程中速率很低，因此很难得到单一的结论。与其他试样相比，合金 2 的氧化速率极低。

在 $\Delta m - \tau^{1/3}$ 坐标系中[图 4.24(b)]，上述条件下所获得的数据点满足立方规律，其线性相关性参数 δ 分别为：1—0.96；2—0.99；3—0.98；4—0.99；5—90；6—0.89。与较高温度下的氧化规律相似，高湿度条件下氧化试验结果也完全可以用对数规律来表述（图 4.25）。

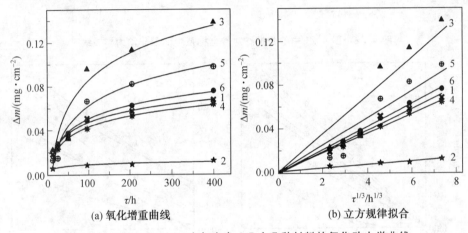

(a) 氧化增重曲线   (b) 立方规律拟合

图 4.24　313 K,60% RH 空气中表 4.7 中几种材料的氧化动力学曲线

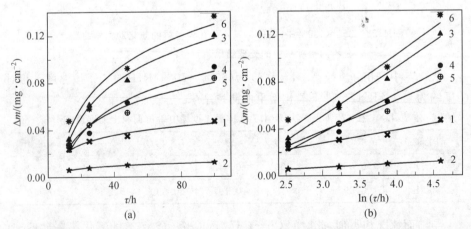

(a)   (b)

图 4.25　313 K,90% RH 空气中表 4.7 中几种材料的氧化动力学曲线

合金的微观组织直接影响其氧化动力学和氧化膜的结构及形态。由于试样表面晶界和其他一些能量不均匀界面的存在，导致表面对气体的吸附性存在差

异,并引起反应产物层的不均匀生长。即使在氧化膜较厚时,仍然可以观察到这种基体表面不均匀性的影响,最明显的表现就是,该区域内氧化物晶格发生较大畸变。

图 4.26 为 4 号材料基体和氧化表面状态的显微组织形貌。由图 4.26(a)可知,基体的晶粒尺寸为 20~50 μm,基体中含有第二相组元和孔隙。

图 4.26(b)、(c)为氧化后试样表面的组织形貌,其中白色区域即为导电性较差的氧化物生长区。通过观察可以发现,氧化物生长区主要集中在第二相组元附近、孔隙和晶界上。

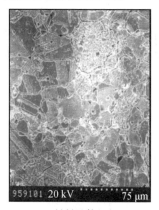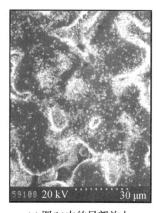

(a) 材料基体组织　　　　　(b) 试样表面氧化　　　　(c) 图(b)中的局部放大

图 4.26　试样 4 基体和氧化表面状态的显微组织形貌

XPS 测量表征出表面层的成分。如上所述,在含镉量较低的材料中,无论在纯净表面,还是在氧化后的表面上都没有 Cd 峰。但在镉含量 2% 的材料中,在 405.3 eV 处出现了 $Cd3d_{5/2}$ 峰,它对应于二价氧化态。氧化表面上在 207.5 eV 处出现了 $Nb3d_{5/2}$ 峰,它对应于化合物 Nb_2O_5 中的 Nb^{5+}。通过离子刻蚀顺序剥离表面层,会发现峰值向低能值方向移动,峰形状也发生变化:在很薄的 Nb_2O_5 膜层下存在 NbO_2 和 NbO 氧化物层。

根据固体化学位和 Cu_2O 晶格扰动机制,在有铜电离空位 $●'Cu^+$ 和空穴 $⊕$ 参与时,有

$$4Cu+O_2 \Rightarrow 2Cu_2O+4●'Cu^+ +4⊕ \tag{4.17}$$

引入的 Cd^{2+}、La^{3+}、Nb^{n+}($n=2 \sim 5$)等多电荷阳离子会占据阳离子亚点阵的节点,为了使晶体保持电中性,必然导致空位 $●'Cu^+$ 浓度增大。这本身会增大铜向氧化膜外表面转移的可能性,使氧化膜生长加速。前面已经提到,在 Cu_2O 中,铜的扩散速度比氧的扩散速度快两倍。因此,铜的氧化膜增长主要缘于铜以空位形式扩散到 $Cu_2O|O_2$ 交界面上。从这一观点出发,似乎所有合金化添加组元都会导致加速氧化。而试验结果表明:实际情况很复杂。

在 Cu−Cd 二元合金氧化时,镉具有保护作用,但这个作用机制还没有研究清楚。有一种可能性,那就是镉与氧的亲和力较高,从而阻碍了 Cu_2O 表面的吸附能力,产生这种阻碍作用并不需要很高的镉含量和表面浓度。通过 Cu−Cd 合金线性规律氧化这一事实,以及其外表面上与气体反应的动力学指标的测定,可以确认镉的这一作用。同时,高价的 La^{3+} 和 Nb^{5+} 难以扩散到 $Cu_2O−O_2$ 的表面。除此之外,它们处于氧化物的晶格上,可能会阻碍 Cd^{2+} 的扩散运动,导致这种元素从表面上分离,从而改变了氧化动力学规律。

需要强调的是,在所有情况下(可能仅有 Cu−Cd 合金除外),氧化过程无不与扩散特性和穿过氧化膜的物质转移有关。随着氧化膜的增厚,这一过程减缓。这里可以排除化学或电化学作用的可能性,因为在气相中暴露 1∼2 h,产物层的厚度就已经达到 5∼10 nm。而后的动力学过程取决于氧化层的化学成分、宏观和微观组织、化学计量偏差性质等。

在湿度较高的试验中,钝化层的性质会发生变化。湿度对铜的腐蚀速率具有定量的影响。在 RH<63% 时,即使有 SO_2 存在,腐蚀速率也不会很高;但当 RH>75% 时,腐蚀迅速加剧,与研究结果一致。在相对湿度较高时,腐蚀表面被吸附水膜所覆盖,水膜中溶有气体和合金组元,即使在干净的,未被吸水性粒子污染的纯金属表面,在 RH≈90% 时,也会吸附 2 个单分子层厚的水膜。在实际的表面上,水膜可达 25 个分子层。这个水膜是电解质,在它的参与下,钝化层的反应过程就会发生变化。此时,固−液界面发生下述电化学反应,即

$$H_2O \Longrightarrow (H_2O)_a^{\sigma} + \sigma e \tag{4.18}$$

$$(H_2O)_a^{\sigma} \Longrightarrow O_{OK}^{2-} + 2H^+ - \sigma e \tag{4.19}$$

$$H_2O \Longrightarrow O_{OK}^{2-} + 2H^+ \tag{4.20}$$

$$Cu_2O \longrightarrow 2Cu^+ + 1/2O^{2-} \tag{4.21}$$

$$2Cu^+ + H_2O \longrightarrow Cu_2O + 2H^+ \tag{4.22}$$

式中　σ——形成化学吸附时所释放出的有效电荷;

　　　a——化学吸附状态。

但由于吸附层中的扩散被抑制,固−液和液−气界面处的反应基本平衡,因而这个反应只能改变生成物的成分。例如,在氧化物中可能出现羟基铜,这已经在长期腐蚀试验中观测到。

上述观察到的氧化膜生长规律,可以用下述模型来解释:即在膜较薄时(<100 nm)或极薄时(<10 nm),表面电荷和材料内部集中在晶界上的电荷构成了电场,因而可以用立方或对数规律来描述生长过程。

铜基体上形成的氧化物膜一般具有双层结构:$Cu|Cu_2O|CuO|O_2$。正如一些文献资料和本研究利用 XPS 方法测定的结果所示:在所有研究条件下,氧化膜基本由附于基体上的 Cu_2O 构成。当物质迁移在 Cu_2O 中进行时,这个过程十分

缓慢。Cu_2O 的氧化动力学服从于立方规律,可用其氧化数据来证明这些规律的合理性。

必须指出,空气中存在的活性气氛,例如 SO_2、H_2S、NO_3、HCl、Cl_2、NO_2、O_3 等都会对铜及其合金的腐蚀和晦暗膜产生本质性的影响。这些气体即使在非生产场所有一定量存在,也会加速晦暗膜形成,破坏接触点的导通性。在这种情况下表面膜的化学成分自然很复杂,而其生长规律更难确定。

湿度的提高显然会使情况变得更为复杂。一般认为,当湿度 RH 提高到 70% 以上时,由于上述气体溶解于吸附的水膜中形成电解质,使膜的形成机制转化为电化学机制,导致膜层生长速度急剧升高。但是,这种情况在室温条件下电器存储或停工时也会出现。而在有电流通过接触元件时,电触头的工作温度为 $353\sim373$ K,表面上接触点区域的温度会更高,这里的湿度不可能达到上述数值。

4.2.2　服役过程中电触头表面的变化

如前所述,电器在工作时,电触头有两种工作状态,即闭合导通额定电流和通断循环。前一种工作方式原则上与上述存储状态没有差别,并伴有类似的氧化过程。当然,这种氧化具有一定的特点。第一个特点在于,电触头在比较高的温度下发生氧化,而电触头是因自身接触电阻产生的焦耳热而被加热的。这种加热会导致膜层生长速度成倍提高。

第二个特点与接触面的氧化有关。在这种情况下,氧难以到达相互接触的两个表面,而接触电阻的恶化取决于导通接触面上氧化膜的扩散生长动力学。目前,已经可以通过半定量方法结算出闭合电触头上接触电阻随服役时间的变化。利用指定外界条件下体系的物理化学特性,可以近似地评价这些参数。但是,最为可靠的数据只有通过试验才能获得。下面将分析这些在电器上测试的结果。

上述研究的最终目的是保证铜基电触头在服役过程中具有低且稳定的接触电阻。在实际储存和工作状态,电触头的表面会发生氧化,使接触点上的氧化膜逐渐增厚。而闭合通电电触头上自由表面的氧化行为可能是问题的关键。

为了测定接触电阻 R_n 并评定其稳定性,在接触器上通以交流电。在封闭电触头对上通以约定发热电流 $I_{th}=I_e\times1.35=55$ A($I_e=40$ A)。长时工作制下,测触头对之间的电压降及触头件端子的温度值。该装置采用计算机自动控制和数据采集,可同时测定 18 个点。当接触电阻比原始值增大几倍,或端子温度超过 $370\sim390$ K 时,试验自动停止。

图 4.27 所示为表 4.7 所列几种材料制备的电触头长期通电的试验结果。显然,铜和铜镉合金在通电 $100\sim150$ h 之前较为稳定,此时其温度值为 $333\sim353$ K。进一步通电,就会导致接触电阻和温度的急剧上升,材料 6 表现出

较差的稳定性。文献[249,252,253]从接触点氧化的角度出发,分析了铜基触头 R_n—τ 关系曲线的特点。研究表明,闭合电触头接触压升高 10 倍,则稳定接触的期限也相应地增长。

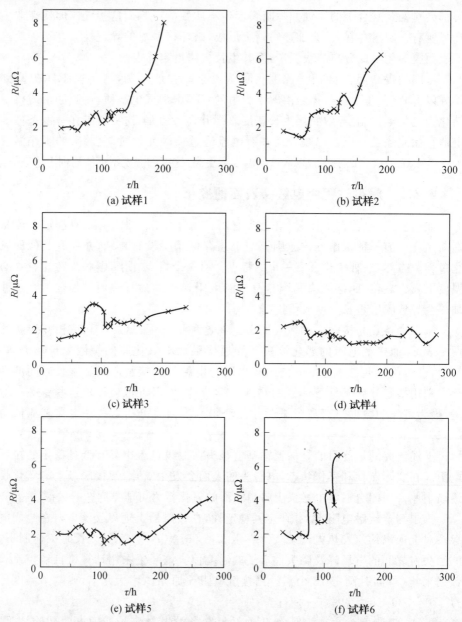

图 4.27　额定电流 $I_e = 40$ A,约定发热电流 $I_{th} = 55$ A 交流接触器上测定的六种成分触头对的接触电阻(材料成分见表 4.7)

试样 3～5 的试验结果相对较好。直至最后其接触电阻值仍较为适中,保证了电触头的温升较低。试样 4 的性质尤为优异,在整个通电期间接触电压降波动不大,且平均值与初始值相近。

这些研究结果表明:电触头材料氧化动力学与闭合状态下接触稳定性之间的关系并不明确。抗氧化性较好的二元 Cu—Cd 合金,其接触电阻的稳定性并不令人满意。而氧化较为剧烈的试样 3 在通电情况下却表现出了较好的特性。但是,对于同一型号的材料,材料表面氧化性与闭合通电时的接触特性却有明显的对应关系。

电触头的第二种基本工作方式为通断循环,它与电弧的产生及其对材料表面和近表层的作用相关。试验表明:在工作过程中,电触头原始表面会受到电弧作用,经过 1 000～2 000 次循环作用后会被一直均匀的表面层覆盖,在之后的循环中该表面层的变化很小。这种表面层在前面已经提及(图 1.5),被称为工作层。

对模拟电烧蚀试验和工业运行试验后的材料组织进行分析,结果表明:最基本成分的 KMK—MDA—1 材料上完全没有上述形式的工作层存在。工作后电触头表面并不平整,被凸起和凹坑覆盖,这些都是电弧相互作用留下的痕迹,但并没有观察到工作层的存在(图 4.28)。尽管如此,这种材料仍然具有高的接触稳定性和抗熔焊性。显然,关于电触头材料必须有工作层存在才能获得高水平使用特性的概念并不始终正确。这类材料不存在表面工作层也是其接触电阻稳定的基本原因。在长期接触磨损测试条件下,电触头的接触电阻 R_K 尽管很高,但很稳定。表 4.9 中列出了图 1.11 设备上每经 1 000 次通断循环测得的闭合触头上的接触电压降 ΔU 的数据(横线下为接触电阻值)。测量 ΔU 值时,先经过几次无载荷通断循环,然后在交流条件下测量三次。

表 4.9　无表面工作层 Cu—Cd—C 对称电触头副上的接触电阻和电压降

通断循环次数/次	0	1 000	2 000	3 000	5 000	7 000	10 000
$\dfrac{\Delta U}{R}$ /(mV·mΩ^{-1})	$\dfrac{800}{26.7}$	$\dfrac{630}{21.0}$	$\dfrac{800}{26.7}$	$\dfrac{400}{13.3}$	$\dfrac{700}{23.3}$	$\dfrac{600}{20.0}$	$\dfrac{500}{16.7}$
	$\dfrac{600}{20.0}$	$\dfrac{680}{22.7}$	$\dfrac{600}{20.0}$	$\dfrac{550}{18.3}$	$\dfrac{800}{26.7}$	$\dfrac{520}{17.3}$	$\dfrac{550}{18.3}$
	$\dfrac{720}{24.0}$	$\dfrac{530}{17.7}$	$\dfrac{530}{17.7}$	$\dfrac{600}{20.0}$	$\dfrac{800}{26.7}$	$\dfrac{840}{28.0}$	$\dfrac{700}{23.3}$

所研究材料的特殊性在于,其原始无污染电触头和工作后电触头的接触电阻 ΔU 值接近。为便于对比,对其他几种成分的铜基电触头副进行了测试。例如,制备和测量了含镉的铜基电触头材料 Cu—10CdO。在相似条件下所有触头副电压降 ΔU 测量值都不超过 60～70 mV。在服役过程中,ΔU 值升高到 1 V,甚至更

高。所获得的试验结果见表 4.10。

表 4.10 无表面工作层 Cu—10CdO 对称触头副上的接触电阻和电压降

通断循环次数/次	0	1 000	2 000	3 000	5 000
$\Delta U/\mathrm{mV}$	70	800	1 300	1 050	3 200
	42	650	1 100	900	3 500
	40	700	1 300	850	3 500

这种电触头在工作时产生电弧发射和过热,电磨损量较高($43\ \mathrm{g}/(10^{-6}\ \text{次})$,基本成分的 Cp/Cu—Cd 材料为 $12\ \mathrm{g}/(10^{-6}\ \text{次})$。经过 1 000 次通断循环后,电触头表面覆盖一层黑色的玻璃层,显然是由铜和镉的非晶态氧化物构成的。

显然,Cp/Cu—Cd 表面形成的这种工作层并不是所期望的,因而含有大量 CdO 的 Cu—CdO 材料并不适合于用作电触头材料。文献[142]的作者也在同种材料研究中得到了类似的结论。在氢气中 Cu—CdO 电触头实际工作效果与标准的 Ag—10CdO 电触头相同。而在空气中会被侵蚀,并因氧化而快速失效。

原始态电触头表面电压降 ΔU:从前面的表中可见,除 Cu—C—Cd 外,所有研究材料的原始态接触电压降值均为几十毫伏。这种特殊性的原因目前还不能完全解释,但有一点可以说明的是,这必然与基体中金刚石的添加有关,因为在测量所有触头副中这是唯一的差别。

一般在电触头服役时产生的表面变化,在 KMK—MDA—1 材料上也会产生,但只是发生在金属相上。已经发现,在通断循环过程中电触头表面工作层的镉会发生贫化。图 4.28 所示为服役后电触头近表面层 Cd 元素的分布。由图 4.28 中可知,镉的贫化层深度大约为 10 μm。显然这是电弧热量和焦耳热使电触头过热,镉从表面层挥发造成的贫化。

从一般物理化学概念来说,这里应当产生下述过程:电弧弧根使表面层局部熔化。熔融的金属处于相对冷态且高导热性的基体之上,其冷却和凝固速度非常快(约几毫秒),并且发生向电触头表面的喷溅。首先,这必然导致在表面层中一定程度上形成柱状晶;其次,这类似于在定向凝固和区域熔炼时,固液相中分配系数之比小于 1 的杂质被排出,引起表面上镉的排出。在以铜为基的 Cu—Cd 合金中,镉在固相和液相之间的分配系数非常小,其数值为 $\gamma = 4.5 \times 10^{-2}$,这意味着在平衡结晶条件下表面上的镉会被完全排出。但实际过程非常快,弧根熔池的定向凝固远离平衡条件,这种趋势会使表面富镉。但是,镉这种金属在熔点以上饱和蒸气压极高,会产生强烈挥发,因此造成熔化后的表层中镉的贫化。从图 4.28 中可知,电触头熔化过的表面层深度大约为 10 μm。

图 4.29 为交流 30 A,$\cos \varphi = 0.35$ 条件下弧根单次掠过后电触头表面的显微组织形貌。在 SEM 下可以清楚地观察到电弧弧根掠过后留下的痕迹。电弧

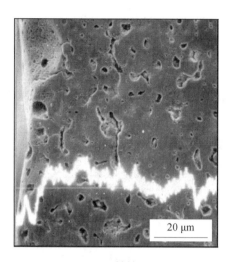

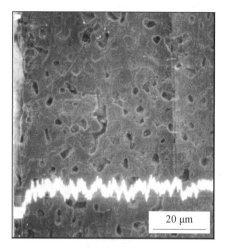

(a) 材料1　　　　　　　　　　　　　　(b) 材料2

图 4.28　服役后电触头近表面层 Cd 元素的分布

掠过后,所研究的材料表面有两种典型组织。其中一种类似于腐蚀液选择性腐蚀后的多晶表面组织[图 4.29(a)],清晰显示出了材料的晶粒结构。第二种表面较为平整,但高倍放大时会观察到由凝固的细小且凸起微滴构成的细化组织。并且,只有凸起的上端发生了氧化。

　　电弧作用后表面组织表征出上述电触头材料上电弧的移动性。无熔化组织[图 4.29(a)]或微量熔化痕迹[图 4.29(b)、(c)]证明弧根的移动性较高,它是材料具有高耐电烧蚀性的可确定原因之一。对于复杂成分的复合材料,其电弧长期作用后的表面会有另外一种形式(图 4.30)。其形态很大程度上与电触头服役参数和磨损程度有关。

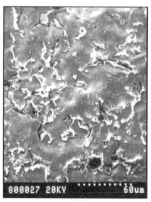

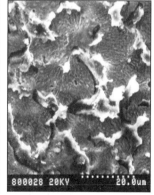

(a) 烧触后　　　　　　　　(b) 氧化后　　　　　　　(c) 氧化后放大图

图 4.29　弧根单次掠过后电触头表面的显微组织形貌

表面的氧化和覆盖的碎化氧化物球体尤其特殊[图 4.30(c)]。在表面存在熔体喷溅、凸起和凹陷区域，但类似于图 1.5 所示的较厚的工作层，在所研究的材料中并没有形成。

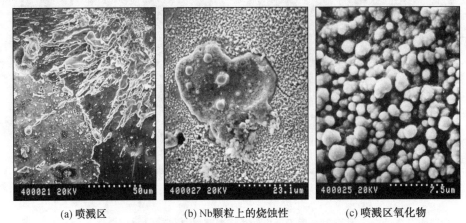

| (a) 喷溅区 | (b) Nb颗粒上的烧蚀性 | (c) 喷溅区氧化物 |

图 4.30　通断条件下电触头长期工作后表面的显微组织形貌

4.3　Cp/Cu－Cd 复合材料强度

强度是电触头材料十分重要的质量指标。电触头在工作时要承受电弧作用、热应力及电流过载等动载荷的作用。此外，如前所述，国家标准规定电器接触系统的机械寿命要达到 500 万～1 000 万次。在研究材料硬度这个重要特性的同时，还需较为详细地研究材料的机械性能，以阐明其与工艺特性的关系。孔隙率较高时，会对材料强度产生明显的负面影响，$Cu－Cu_2O$ 体系材料中就存在这种现象。

对铜—金刚石系列材料所制备试样的机械性能在霍普辛森杆冲击试验装置上进行了研究。试验装置组成如图 4.31 所示：①片状试样；②起传递和支撑作用的两个导波杆；③真空炮发射的弹体；④阻尼架；⑤导向装置；⑥控制仪器及应变传感器。

弹体冲击瞬间，沿导波杆在端部产生压力载荷脉冲，其在杆中的传播时间远远超过在试样中的传播时间。满足这个条件就可以实现试样中载荷分布均匀性的要求。脉冲振幅与弹体速度成正比，所研究材料的强度极限应低于杆材的强度极限。所产生的脉冲(弹性压缩波)有部分因杆与试样截面积及声抗的差异而被反射。在试样中引起应变的未反射脉冲部分，通过支撑杆并在阻尼架中被吸收。

文献[254,254]中对霍普辛森杆冲击试验方法的技术和理论进行了讨论，并

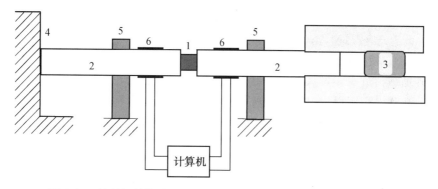

图 4.31　材料机械性能测试用霍普辛森杆冲击试验装置结构示意图

1—试样；2—导波杆；3—真空炮弹体；4—阻尼架；5—导向装置；6—应变传感器

推荐将惯性和摩擦力的共同影响降到最低值时采用的试样长径比为 $L = D/2$。所以研究采用的试样为 $D = 10$ mm 和 $L - 5$ mm。对四个体系的材料进行了测试，测试材料的化学成分见表 4.11。

表 4.11　试样成分及力学性能

编号	成分	硬度(HB)/MPa	$\theta/\%$	σ_b/MPa	$\sigma_{0,2}$/MPa	E/GPa
1	Cu－2Cp－0.5Cr	520	9.5	240	130	30
2	Cu	460	2.3	290	160	38
3	Cu(M2)	1 030		420	330	67
4	Cu－2Cp	540	2.7	450	340	78
5	Cu－1Cd－2Cp－0.5Cr	680	3.2	470	360	92
文献[162, 255]数据	退火铜	450	—	200～280	60～100	42～120
文献[162, 255]数据	变形铜	1 100	—	200～400	150～250	120～180

　　按上述标准工艺方法制备试样。补充添加铬以提高材料中金刚石与基体之间的结合强度，因为铬有可能会形成碳化铬。为了测定可固溶难熔添加物颗粒尺寸的影响，选用了粗颗粒(约为 1 μm，试样 1)和细颗粒(约为 45 μm，试样 5)铬粉。为便于对比，选取了供应态(冷变形，无热处理试样 3)M2 铜。此外，还选用了无添加物的纯铜粉末试样 2。

　　霍普辛森杆冲击试验方法可以获得应变 ε 随所施加应力 σ 的变化关系，数据经过计算机处理后，得到 σ—ε 关系曲线(图 4.32)。该曲线可以确定材料的弹性模量 E。E 值本身是材料常数，在弹性变形范围内试样的应力与应变满足胡克定律，即

$$\sigma = \varepsilon E \qquad\qquad (4.23)$$

式中　σ——应力,MPa;

　　　ε——相对弹性应变。

外加载荷进一步增大时,倾斜角会发生变化,这意味着在试样中出现了残余应变。在弹性极限以上,应变量急剧增大,此后材料进入不要求增大外部载荷而产生ε增大的阶段。此时,金属材料在相对恒定的载荷下产生流变,产生流变的应力值σ_T即为弹性极限。所有塑性材料都具有这种形状的曲线。而对于脆性材料(如氧化物金属陶瓷),其曲线形状呈三角形。

在室温(293 K)条件下,以$2.5 \times 10^3 s^{-1}$的应变速率对试样进行了单轴压缩(单轴应力状态)测试。每个试样测量两次,即第一次为原始试样,由于试验没有破坏性,随后对试样进行加工并重复试验。

图4.32中列出了初次冲击和二次冲击的结果。由图4.32中可知,初次加载σ-ε曲线属于强烈形变强化弹-塑性体的典型曲线。从图4.32中可以发现不同试样的曲线路径有很大差异,这一点并不奇怪。合金机械性能与其状态(铸态、变形态和退火态等)和组织有明显的对应关系。为便于对比,表4.11中列出了退火铜和变形铜的性能指标的典型数据。对于粉末材料,这里附加考虑了孔隙率、成分不均匀性、基体与添加相的结合程度的影响。这些都直观地表现在所列图形之中。

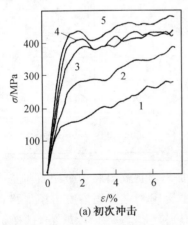

(a) 初次冲击

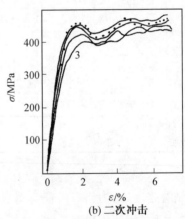

(b) 二次冲击

图4.32　室温条件下M2铜(3)和铜-金刚石复合材料(1,2,4,5)的应力-应变曲线

含有金刚石的同时又添加粗颗粒铬粉的材料1具有较高孔隙率(约为10%),其强度值最低。显然,粗粉的加入不能保证改善材料的机械性能,这既有残余孔隙率过高的原因,也有基体化学成分不均匀的影响。粗颗粒铬粉与铜的接触面积小,其颗粒间距很大,所以在相对短时间(1 h)烧结时不足以使元素通过扩散均匀分布,无法获得平衡态固溶体[图4.33(a)、(b)]。

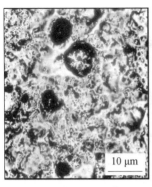
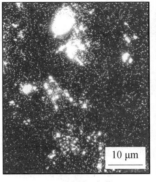
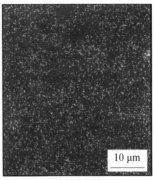

(a) 材料1 SEM形貌　　　(b) 材料1成分　　　(c) 材料5成分

图 4.33　试样 1 和试样 5 的成分像(成分见表 4.11)

在试样 5 上会发现另一种状态。细粉的添加增大了 Cu－Cr 接触面积(即铬在基体中的扩散流),并缩短了扩散路径。因此,铬得以均匀分布,自然就改善了性能。图 4.33 为材料中 Cr 元素分布照片,可见 Cr 元素在基体中均匀分布的同时,也存在未溶解的铬颗粒。

无论从经济角度,还是工艺设计(考虑到镉的挥发性)角度,都不希望通过延长烧结时间来获得成分均匀的合金。因此,可固溶添加相粉体的粒度,需在适当范围,或者直接选择已合金化的铜粉。

与试样 1 相比,低孔隙率的退火态铜粉末体的性能较高。之后是 M2 铜、含有金刚石和复杂合金化元素的复合体试样 5,其间的差别并不大。但是,金刚石和合金化添加物明显影响材料的弹性和强度指标:与强变形铜相比,退火态试样的指标更高。显然,孔隙率较低时,其对粉末合金的性能影响不大,这一点与文献[111]数据相吻合。所有粉末试样的屈服强度和变形抗力都超过退火铜的相应指标。

值得关注的是,二次冲击加载时所有测试材料的动力学曲线都相近。M2 铜形变强化并不明显,其初次冲击加载和二次冲击加载曲线差别不大。而其他材料都很接近,试样性能指标的增大量按 2→1→4→5 的顺序减小。这证明基体的形变强化在这里起主要作用,而金刚石粉末、金属间化合物的形成和固溶强化的影响处于次要位置。

试验结果证明,铜－金刚石复合体具有较高的强度性能指标。镉及碳化物形成元素铬的补充合金化,提高了材料基本的性能指标,并优化了材料的硬度指标,从而保证了材料既具有高的抗磨损性,又具有良好的加工性。明显形变强化效果也是材料的重要的特性。

4.4　Cp/Cu－Cd复合材料组织与服役性能之间的关系

　　电器开关分断触头用的电触头材料,其所有服役性能都具组织敏感性,即本质上的失效机制,在很大程度上取决于材料的宏观和微观组织。观察表明,只有材料质量优越,才能保证电触头服役的长期性和可靠性。本研究领域内的质量指标:①残余孔隙率低;②异质添加相的平均尺寸合理;③基体相晶粒平均尺寸合理;④相组元之间黏附结合强度高。这些指标在复合材料学中是普遍认同的指标,同时,它们也是制备高强、高导电及其他高性能材料的一般要求。

　　在经过一定次数的"开－关"循环后,尽管此时触头元件总的磨损量还不是很大,触头元件常常发生严重的快速失效。失效发生时,电触头上有肉眼可见的碎片剥离。而且,定量指标表现出单向性:例如,孔隙率越大,电触头的服役寿命越短。对经过不同次数分断试验后电触头材料的组织分析表明,在服役起始几个周期电触头表面已经形成微裂纹。电触头表面工作层上微裂纹的组织形貌如图4.34所示。

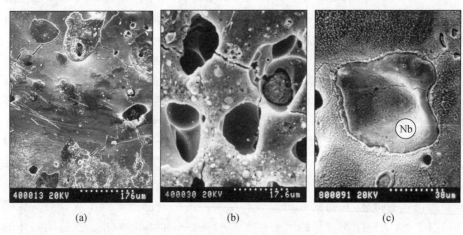

(a)　　　　　　　　　(b)　　　　　　　　　(c)

图4.34　电触头表面工作层上微裂纹的组织形貌

　　微裂纹原则上会穿过孔洞,并具有弯折特点。裂纹会沿着第二相界面扩展,或穿过第二相。图4.34(c)上的裂纹穿过了铌粒子,这也说明颗粒和基体之间结合很好,同时粒子的强度和塑性较差。磨去工作层后可以发现,裂纹在材料中优先沿晶界扩展。典型特征如图4.35所示。

　　所以,晶界是这种复合材料组织中的弱化部分。提高这种复合材料强度的关键在于找到强化基体晶粒间结合强度的方法。在上述情况下,晶间结合强度弱化的原因,可能与晶界氧化有关,但这种氧化很难测定。烧结是在稀有气体保

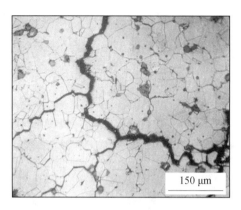

图 4.35　电触头近表面层裂纹的组织形貌

（表面工作层已经抛掉）

护条件下进行的,所以,电解铜粉发达的枝状晶表面所吸附的氧(按标准,质量分数最高可达 0.45%),在烧结时会部分残留在材料中,并均匀地分布于晶界上。因此,氧在具有有利作用(在电弧中吸收电子)的同时,也具有弱化基体强度的负面作用。

为了给上述假设提供证据,在含氧气氛中进行了烧结试验,气氛中氧分压 $p(O_2)$ 为 1～10 Pa。这个数值已经超过了 Cu_2O 的分解压,所以,在烧结过程中会产生吸氧现象。从动力学角度应当是晶界和相界吸氧。图 4.36 为这种氧化材料的微观组织形貌。照片为二次电子像,由图 4.36 中可见,导电性较差的氧化物呈亮色,分布于晶界,本身形成较宽的界面夹层。

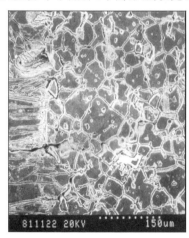
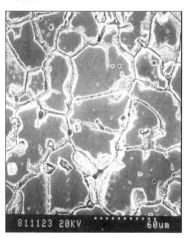

图 4.36　氧化材料的微观组织形貌

这种条件下制备出的电触头一般晶粒内部孔隙率较高,服役寿命较低。随着裂纹扩展,电触头沿弱化晶界产生破坏。此外,其表面工作层的形成也具有明显的特点。如图 4.36(a) 左侧所示,氧化后材料在服役时,触头表面会形成厚度为 0.3～0.4 mm 的工作层,工作层的晶粒沿纵向拉长,甚至贯穿整个工作层。

显然,这种晶粒生长取决于热流由试样表层向内层的流动程度,而穿过氧化层的物质传递受到阻碍。类似的现象在真空触头用 Cu－Bi 合金的条状晶粒形成时也会观察到。图 4.37 为表面氧化处理后触头(额定电流 I_e＝100 A)进行 AC－4 工作制(分断电流 I_c＝600 A)型式试验时裂纹形成和扩展的特点。

150 μm

图 4.37　表面氧化处理后触头经 AC－4(I_e＝100 A,
I_c＝600 A)工作制服役后的裂纹特征

上述触头材料裂纹形成特点证明晶粒组织(其中包括基体晶粒尺寸),对触头服役寿命有影响。对这个问题的研究已有很长时间,针对 Cu－1Cd－2Nb－1Cp 复合材料基体平均晶粒尺寸对触头工作寿命的影响如图 4.38 所示。为获得不同尺寸的晶粒,对材料进行了塑性变形处理(个别情况下进行了多次处理),然后在规定工艺条件下进行退火处理。试样经过抛光和腐蚀后,按文献[257]所述方法进行了晶粒尺寸测定。型式试验条件见 4.5.3 节(U＝380 V,I＝30 A,$\cos \varphi$＝0.35,无灭弧装置)。将电器单相触头失效时的循环次数视为寿命指标值。

由获得的曲线可见,存在触头件寿命最高的最佳尺寸区间(图 4.38 中第 Ⅱ 段)。这个区间较宽,在 15 μm 到 50 μm。尤其是这一区域没有出现晶粒的明显合并长大。在对上述内容进行研究的同时,对产品制备时变形处理和热加工参数进行了修正。

电触头材料中添加相尺寸对触头使用性能的影响,在一些文献中也有类似的报道。研磨常常有利于提高服役寿命,但也有某一合理的尺寸范围。本书对铌粒子尺寸的作用进行了研究。为了获得所需尺寸的粉末,采用了筛分的办法,对于特别细的粉末,采用液体悬浮的办法。

事实上,粗铌粉无法保证制备出高质量材料(图 4.39)。当粉末颗粒平均尺寸 L_a 由 40 μm 减小到 20 μm 时,触头件寿命会提高 4～5 倍,进一步减小颗粒尺寸,寿命指标(通断次数 N)变化较小。颗粒平均尺寸 L_a 减小为 15～20 μm 时,

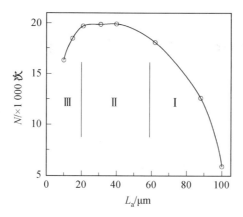

图 4.38　Cu－1Cd－2Nb－1Cp 复合材料基体平均
晶粒尺寸对触头工作寿命的影响

N 值有下降趋势,但总体来说比较稳定。所获得的规律性特征,首先取决于电弧与复合体表面相互作用的特性(电弧的移动性、阴极斑点上熔池的形成)。第二相的细化使相界面增多,弧根的移动性增大,因此材料局部过热、蒸发和飞溅量减小。阴极斑与金属添加相的尺寸比例,应当存在一个最佳的数值范围。

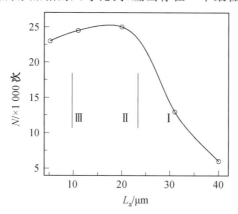

图 4.39　第二相粒子(Nb)尺寸对触头(Cu－1Cd－2Nb－1Cp)
服役寿命的影响

　　同样,添加的铌粉颗粒较粗时,复合体烧结的扩散阻力的存在会影响均匀分散程度。铌在铜中的扩散系数相对较低[1 170~1 220 K 烧结时,固溶度(质量分数)为 0.4%~0.6%],其浓度梯度值 dc/dr(r 为坐标)很小,而引入粗的铌粒子时,会使扩散路径增大。此时,所制备材料中合金化元素分布的均匀性较差,局部颗粒间铌的浓度梯度会导致其物理性能不均匀,自然也就会引起材料强度的降低和通断磨损量的增大。

4.5 Cp/Cu-Pd 复合材料电接触特性测试

建立新型电触头材料十分重要且必要的一个环节是通过型式试验来考核触头件的基本物理性能和使用性能指标。只有在获得接触电阻(或接触电压降)及其长期耐电蚀和抗熔焊稳定性方面的有利数据,并对具体材料的物理化学特性深入研究后,才可以将所建立的材料推荐进行运行试验。

4.5.1 导电性测试

电导率 γ 是电触头材料的重要性能之一。它通过影响触头元件体电阻和电流线收缩阻力,决定触头副的接触电阻值。此外,由于电导率 γ 与热导率 λ 相关 $\left[\dfrac{\lambda}{\gamma}=k_{\mathrm{L}}T,k_{\mathrm{L}}\right.$ 为洛伦兹常数,见式(1.15) $\left.\right]$,所以无须直接测量,就可以对材料的这个重要热学特性进行讨论。

通过对所研究材料试样电阻率的测量,得到了电阻率与基本合金化元素和组元相——金刚石、镉和铌含量之间的关系。在上述化学成分范围内成品材料的电阻率在第3章中已经给出。添加元素对退火铜电阻的影响如图4.40所示。取铜在298 K时的电阻率 $\rho=1.724\ 1\ \mu\Omega\cdot\mathrm{cm}$ 为100% IACS(International Annealed Copper Standard,国际退火铜标准)。纯铜在293 K时 $\rho=1.68\ \mu\Omega\cdot\mathrm{cm}$,即102.6% IACS。

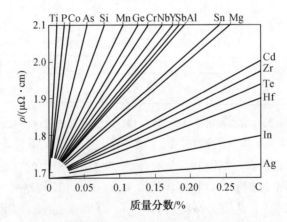

图 4.40 添加元素对退火铜电阻的影响(原始铜的含量为 99.97%)

不形成固溶体和化合物的添加成分,对基体金属导电性影响不大。在固相基体中能很好熔解的添加物,会急剧增大基体材料的电阻值。能与基体形成化合物,而在基体中固溶度不大的添加成分,对导电性的影响介于上述两种状态之间。镉和铬属于最后一种情况,它们在热处理过程中会有部分熔于基体,而另一部分会与基体铜形成金属间化合物。

在常用的浓度范围,镉对铜基体导电性的影响不大。但文献数据差异却很明显。在 $Cu-Cd$ 合金相图中铜角隅范围内,镉的添加引起铜电阻率变化 $\Delta\rho/\Delta C$ ($\mu\Omega \cdot cm/\%$)[1] 为 0.3 和 0.2。同样,对于铁和铬,这个数值分别为 $(\Delta\rho/\Delta C)_{Fe}=9.3 \mu\Omega \cdot cm/\%$ 和 $(\Delta\rho/\Delta C)_{Cr}=4.0 \mu\Omega \cdot cm/\%$。软态铜镉合金的电阻率为 $1.96 \mu\Omega \cdot cm$,硬态铜镉合金的电阻率为 $2.15 \mu\Omega \cdot cm$。而文献[157]中得到的硬态铜镉合金的电阻率为 $2.28 \mu\Omega \cdot cm$。这种波动可能主要是由试样纯度检测的差异造成的,其中最主要的是原始铜中氧含量的差异。添加成分与氧的亲和力若大于与铜的亲和力,则在热处理时会发生氧化,也会使铜脱氧,其氧化物以单独相的形式析出,并会使电导率 γ 有所降低。

图 4.41 为铜－金刚石复合材料电阻率与添加元素质量分数的关系。按图 4.41 计算本书所研究的添加成分电阻随成分变化,可以得到:$(\Delta\rho/\Delta C)_{Cd}=1.0 \mu\Omega \cdot cm/\%$;$(\Delta\rho/\Delta C)_{Nb}=2.5 \mu\Omega \cdot cm/\%$;$(\Delta\rho/\Delta C)_{Cr}=3.0 \mu\Omega \cdot cm/\%$。尽管文献数据有明显差异,但总体来说还是证明,在固溶度范围内,Cd、Cr 和 Nb 的添加对铜基体导电性的降低还不太明显。随着添加成分含量的进一步增大,$\Delta\rho/\Delta C$ 值通常会降低。

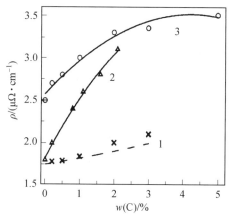

图 4.41　铜－金刚石复合材料电阻率与添加元素质量分数的关系

1—金刚石;2—镉;3—铌;虚线—计算值

---

① $\mu\Omega \cdot cm/\%$ 中的 % 代表原子数分数。

在铌原子数分数为 0.2%～0.3% 时,增大铌含量会使 Cu—Nb 合金的电导率较为急剧。继续增大铌含量,电导率的减小较为缓慢:$\gamma(C_{Nb}=0.25\%)\cong 0.84\gamma_0$,$\gamma(C_{Nb}=1.5\%)\cong 0.75\gamma_0$($\gamma_0$ 为纯铜的电导率,$\gamma_0=1/\rho=10^6/1.68=59\,520\ \Omega^{-1}/cm$)。显然,由于在 300 K 时,铌的电阻率为 $\rho_{Nb}=19.5\ \mu\Omega\cdot cm$,明显高于铜的电阻率,所以当铌的加入量超过固溶度极限时,电阻虽然增长得不是很明显,但必然还是增大的。纯组元构成的 Cu—Nb 合金退火后,电导率的减小变缓:5%Nb——2.2 $\mu\Omega\cdot cm$(0.76γ_0),10%Nb——3.0 $\mu\Omega\cdot cm$(0.56γ_0),15%Nb——3.7$\mu\Omega\cdot cm$(0.45γ_0)。

由于二元合金化的作用,本书所研究的含铌材料的电导率 γ 值更低一些,但也完全满足电触头材料的要求。测量的材料为 Cu—1Cd—xNb(铌含量至 5%),以及金刚石含量为 0.2%～3% 的 Cu—Cp 复合材料和 Cu—1Cp—xCd(镉含量至 2.1%),测量结果列于图 4.41 中。

由于绝缘体—金刚石在工艺温度范围内不会与铜发生反应,既不熔解,也不会形成化合物,所以其颗粒可以被视为孔洞,这种材料导电性的计算可以根据已知的广义导通理论计算:

奥捷列夫斯基方程(0<θ<0.67)

$$\gamma=\gamma_0(1-1.5\theta_D) \tag{4.24}$$

描述弥散体系的巴里申方程

$$\gamma=\gamma_0(1-\theta_D)^{1.5} \tag{4.25}$$

式中　θ_D——绝缘添加相的体积分数。

考虑到试样的实际孔隙率 $\theta=2.5\%\pm0.5\%$ 和金刚石粒子的体积分数,根据奥捷列夫斯基方程计算的结果(图 4.41,虚线 1),与试验结果吻合良好。金刚石质量分数的变动至 3%,基体的导电性降低不大。试验数据与理论曲线之间的偏离,可能与少量金刚石粒子被铜基体中的氧所氧化,并以 CO 和 CO_2 的形式挥发有关。

因此,本书研究的所有添加成分,对铜基体导电性的降低作用很小。即使复杂的合金化体系,只要优化成分组合,其电阻率也很低,一般不超过 3.5 $\mu\Omega\cdot cm$。相应地,根据维德曼—弗朗茨规律可知,材料的导热性很高,可达250 W/(m·K)。这些指标是衡量此类材料能否稳定服役的重要参数。

4.5.2　电磨损性能测试

如前所述,触头副转化特性损坏的基本原因之一是电烧蚀,即电弧作用下的磨损。电磨损特性的实验室研究,是材料事前评价的重要环节。电烧蚀测试用设备及其电路的原理图如图 1.11 所示。测试样为自配对(相同材料配对)触头零件。尺寸见设备说明一节。将在上述设备上所研究的内容预先做如下设定:

①触头上的电压降;②相对耐磨性;③触头抗熔焊性。

所研究的服役性能指标与 Ag－12CdO 材料制备的工业用标准 KMK－A10M 触头性能进行对比。

所有材料以自配对触头形式在交流条件下测试的结果基本都在第 3 章列出,而表 4.12 以总结形式列出了几种触头材料在交流条件下的台架试验结果。

表 4.12　几种触头材料在交流条件下的台架试验结果

材料	接触磨损量/[g·(10^{-6}次)$^{-1}$]	ΔU/mV
MDA－1	11.9	720
MDA－2	8.8	470
MDA－3	2.1	490
MDA－4	23.3	68
KMK－A10M	1.2	～50

由表 4.10 可知,与 Ag－12CdO 材料相比,在台架试验条件下 MDA 系列材料的转换磨损特性较低。其接触电阻也很高。工作表面比较平整,没有明显的凸凹不平。触头表面也没有明显的氧化物层。值得关注的是 MDA－4 材料,其接触电阻与银基触头相接近。

标准试验之一是测量服役过程中电器端子温升指标,它可以直接反映出触头件的温度。这种测量是在交流接触器(I_e＝20 A)上进行的,工作制为 AC－3.2。触头副采用的材料有:4.2.2 节所述的 Cu－10CdO 材料;烧结时发生氧化的 MDA－1 材料;标准的 MDA－1 材料、MDA－2 材料和批量生产的 Ag－12CdO (图 4.42)。由图 4.42 可见,MDA－2 材料具有低且稳定的 ΔT 值。MDA－1 材

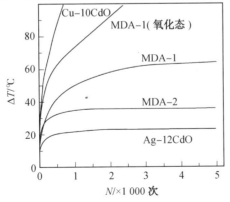

图 4.42　额定电流 20 A(AC－3.2 工作制)条件下
几种触头上温升与通断次数的关系

料的 ΔT 值较高,而且略高于标准要求($55\ ^\circ\text{C}$)。工艺规程不良时获得的 MDA－1 材料及含 CdO 的材料,很快就因过热和造成相邻塑料部件熔化而使电器失效。

对在直流条件下抗烧蚀性和接触电阻也进行了研究。分断条件:电流为 50 A,电压为 30 V,时间常数为 10 ms。接通电流为 100 A,电压为 100 V。将直流条件下的触头测试结果列于表 4.13 中。Ag－12CdO 的测试结果为平均值。

磨损量测量以 5 000～10 000 次循环平均成单次接通或分断的质量变化来表征。负号表示触头开断时从阴极到阳极的物质转移产生的失重,正号表示触头增重。

表 4.13 直流条件下触头测试结果

材料	接通磨损量/[g·$(10^{-6}$次$)^{-1}$]		分断磨损量/[g·$(10^{-6}$次$)^{-1}$]	
	动触头阳极	静触头阴极	动触头阳极	静触头阴极
MDA－1	＋4.1	－4.9	－1.2	－4.4
MDA－2	＋0.2	－0.3	－0.5	－1.6
MDA－3	＋0.03	－0.05	－0.1	－0.2
MDA－4	－1.2	－1.3	－2.5	－3.6
Ag－12CdO	＋0.04	－0.2	－0.6	－0.7

通过与 Ag－12CdO 材料的对比,可以确定所研究材料的一系列特点:

(1)MDA－1 材料。

①直流接通时产生触头材料从阴极向阳极的大量物质转移,造成一个触头上形成大的凸起,而另一个触头上形成较深的凹坑。

②直流接通时触头的熔焊倾向性较为明显。这应该与材料烧蚀特性有关,因为锥形凸起嵌入凹坑之中使触头产生强化熔焊。

③在分断时触头的抗烧蚀性还比较好。没有一个触头向另一个触头的明显的物质转移。

如上所述,所研究的触头特点在于,其测试后的表面几乎没有工作层存在。这有利于触头表面不会因氧化膜形成而使接触电阻上升。无表面工作层的负面影响在于,熔焊点的强度升高而使熔焊倾向性增大。

从试验结果可以得到的结论是,MDA－1 材料用于直流电器会给其服役带来障碍。

(2)MDA－2 材料。

MDA－2 材料的性能比较令人满意。其抗电弧烧蚀性较高,电极间的物质转移量明显较低,熔焊倾向性也较低。

(3)MDA－3 材料。

MDA－3 材料性能更为优越。而含有超细碳颗粒的 MDA－4 材料的特性指标更差一些。

由上述实验室台架试验结果可以得到关于新材料进一步完善和应用的几个结论：

(1)MDA－1 型触头在直流接通和分断时的抗烧蚀性较高,但其在电流接通时从阴极到阳极的大量物质转移比较复杂。无论在直流条件下,还是在交流条件下,MDA－1 型触头的接触电阻值都比较高。此时,其初始(无污染触头表面)接触电阻也很高。MDA－1 型触头具有较高的熔焊倾向性,这与此类触头特殊的磨损特性和较高的接触电阻值有关。这种材料可以用于对接触电阻和抗熔焊性没有特殊要求,或者闭合时有机械滑动或滚动的交流电器上。这类触头在直流电器上应用比较困难。

(2)MDA－2 和 MDA－3 材料制备的触头件既可以用于交流电器,也可以用于直流电器。对于往复瞬时开断的高接触压力电器开关,这种材料较高的接触稳定性和较低的接触电阻成为电器可靠工作的基础。

(3)MDA－4 材料制备的触头接触电阻较低,但接触稳定性不高,可以用于长时工作制的自动开关类电器上。

需要强调的是,根据台架试验结果得到的结论具有特殊的预测性。较为基本的结论只有经过在对工业电器上接触系统的全面分析和实际条件下的真正测试才能得到。

进一步完善上述系列触头材料成分需要考虑的铬元素的添加量,一般认为这个数值不应超过 1%,也就是铬青铜中的含量。此外,复合材料基体强化的提高会导致其强度和硬度的提高,同时,基体与金刚石颗粒界面有形成碳化铬的趋势,使界面结合力增大,从而也会使材料强化(见 4.3 节)。含铬电触头材料预期会有较高的电接触特性。

4.5.3　型式试验

1. 开关型式试验

在自动开关上测试了 MDA－1 型成分为 Cu－2C－1Cd 的触头材料的各项性能。测试的触头为非对称触头副,MDA－1 型材料制备的为动触头。试验结果表明,动触头为 MDA－1 材料的自动开关在型式试验时,下述测量项目完全满足相应标准的要求：开关主回路触头电压降；温升(在标准规范条件下测试)；抗磨损性(转换磨损和机械磨损)。

将 MDA－1 型触头安装在 ПМА－4100УХЛ 开关上进行型式试验。电器的动、静触头均采用 MDA－1 型触头。触头采用钎焊方法焊接在桥架上，以对称配对形式安装在电器上。

型式试验测试了 AC－4 电寿命，其接通和分断的参数相同，见表 4.14。

表 4.14　型式试验参数

转换电流/A	电压/V	功率因数	通断频率/h⁻¹	寿命指标/(×10 000 次)
150	380	0.35	1 200	0.08

AC－4 工作制测试之前检测了电器的其他参数：①吸合与释放；②主回路开距和超程。

在测试过程中不断监测主回路的接触状态。开关在转换磨损测试台架上进行测试。

试验直至触头烧毁时中断，取下电器开关。电器寿命为技术要求值的 50%～63%。这个结果较好，因为一般铜基电触头在该工作制下其指标只能达到要求值的 20%～25%。实践表明，在 AC－4 工作制下能够达到寿命要求值 50%～60% 的电器，比较适合于在要求略低的 AC－3 工作制下使用。

触头适用性的最终判据还是实际工况条件下的直接运行试验结果。在电力机车（克拉斯诺亚尔斯克电力机车修配厂）和内燃机车（乌兰乌德内燃机车修配厂）电器上的运行试验获得了良好的效果。

此外，测试和使用过的触头量总计已经超过 1 000 个，主要用于撒洋斯基铝厂的厂内电力传输电器的维修。触头使用效果良好。

根据在俄罗斯企业获得的现有数据，可以得到 MDA－1 型材料制备触头件适用性的结论，即其可以用作电力传输和工业企业起重设备交、直流开关电器的维修。

2. 接触器型式试验结果

这里讨论的材料已经在我国有关企业作为触头产品批量生产，当然也就在主要的电器生产厂家和研究单位对作为电器元件的可行性进行了广泛而详细的研究。

MDA 系列材料在各种电器上全面而大量的测试结果表明，其在多数情况下的测试都满足国家相应标准的要求。最主要的障碍——表面氧化及随后的过热超过允许值，在一定程度上得到了克服。相应于较宽电流载荷范围内的测试大都获得了良好的结果。这一点在下面所列的特征结果中得到证明。

从接触磨损的角度来看，铜基电触头在直流电器上的服役非常理想，其工作特性甚至超过同类含银的电触头特性。在交流电器上，铜基电触头的这项指标原则上比银基电触头差几倍。这也是其实际应用的问题之一，因为允许实际应用的标准是,其接触磨损指标接近于 COK－15(KMK－A10m)的指标。

下面来分析几个基本测试的结果。交流电器的测试条件相应于国标《低压开关设备和控制设备》(GB/T 14048—2016)。最初测试是在 CJ10 系列交流接触器上进行的(该系列接触器现已淘汰):在 CJ10－20、CJ10－40、CJ10－100 上测试了温升 ΔT 和极限接触磨损指标。电器采用 MDA－2 型材料制备的对称配对触头副。

通以额定电流(分别为 20 A、40 A 和 100 A)5 h 后测量端子温升值,取 6～12 个触头对应端子的 ΔT 的平均值记为温升($\Delta T_{平均}$列于表 4.15 中)。除了电器的技术参数远远偏离额定参数外,不同触头副上温度的绝对值为 315～342 K。一般在通电 30～60 min ΔT 值就趋于稳定,在随后的测试时间内一直保持稳定。此外,还在相同条件下进行了持续时间达 300 h 的长时通电试验。在测试过程中可以观察到 ΔT 值围绕平均温升值呈周期性波动,波动振幅为 10～20 K,并在最终与平均温升值趋于一致。

表 4.15　CJ10 系列交流电器上电触头试验结果

接触器型号	$\Delta T_{平均}$/K	电流 I/A (极限接触磨损)	燃弧时间/ms (极限接触磨损)
CJ10－20	44	200	13
CJ10－40	52	400	≤10
CJ10－100	53	1 200	≤10

同样,也对极限接触磨损测试条件下,即电弧作用后表面接触条件下交流接触器触头元件的温升进行了测量。这种情况下通以额定电流时,温升 ΔT 值仍然保持在上述低值范围之内。这一点非常重要,它证明无论对于无污染触头,还是工作后触头,其对称触头副表面接触电阻都很稳定。温升 ΔT 值在 30.8～41.6 K 范围内,12 个测量点的平均值为 35 K。电器端子温升在 21.0～27.7 K 范围内,平均值为 ΔT＝24.5 K。这样,在上述测试条件下所采用材料的试验结果并不低于或接近于银基合金的特性指标。

极限接触磨损测试的电路参数如下:$U＝(380±19)$ V;$I＝10I_e$(对于 CJ10－100:$I＝12I_e$);$\cos\varphi＝0.35±0.05$;通断循环次数为 40 次。这种测试之后,电弧作用表面呈均匀磨损面,表面上略带氧化色的金属面之间以灰黑色覆层为主。同时,在触头与熔点较低的黄铜桥架接触的位置,也可以观察到熔化区域和凝固的液滴。触头的磨损量不大:全部测试循环后,整个表面厚度的变化不超过零点几毫米。这个磨损量证明,弧根在上述材料上的迁移性很好,燃弧时间 $\Delta\tau$ 也相对较短。

后者可以通过直接测量燃弧时间来证明。根据标准规定,燃弧时间不应超过 100 ms。在本试验条件下，这个数值在 8～15 ms 范围内变化，平均值为 13 ms（表 4.12）。在类似试验条件下 COK－15[Ag－(8～15)CdO] 的可对比试验数据为：$\Delta\tau$＝15～20 ms。由于 CJ10 系列接触器上没有灭弧装置，$\Delta\tau$ 值完全取决于材料自身的灭弧能力，这意味着合金具有良好的自灭弧能力。上述触头件也在无灭弧装置的交流电器（I_e＝400 A，U_e＝380 V）上进行了测试，当分断电流 I＝1 200 A 时，燃弧时间为 26～28 ms。

同样，还在 CJ20 系列交流接触器（符合 ISO9000 系列标准的新型电器）上进行了测试：CJ20－40、CJ20－63、CJ20－100 和 CJ20－160，测试同样遵循国家标准 GB/T 14048—2016。温升测试是在通以约定发热电流（分别为 55 A、80 A、115 A 和 200 A）条件下保持 5 h 后分别测量无污染触头和 AC－4 工作制 3 000次循环后触头上的温升值，并取 6～12 个触头副上的平均值。交流条件下的触头测试结果见表 4.16。

表 4.16 交流条件下的触头测试结果

接触器型号	温升			极限接触磨损	
	接触面	电流/A	$\Delta T_{平均}$/℃	电流/A	燃弧时间/ms
CJ20－40	无污染表面	55	42	400	10
	工作后表面		57		
CJ20－63	无污染表面	80	49	630	10
	工作后表面		43		
CJ20－100	无污染表面	115	53	1 000	10
	工作后表面		46		
CJ20－160	无污染表面	200	54	1 600	10
	工作后表面		47	3 200	13

触头在上海电器科学研究所的国家低压电器监督检测站进行了型式试验，所采用的电器为 CJ10－40 交流接触器和 DZ47－60 小型断路器（额定电流 I_e＝60 A），依据的是国际标准 GB/T 14048—2016，并完全满足标准要求。对接触器的检测表明，触头在通过温升测试的同时，还完全承受了标准要求的 6×10^5 次通断循环，这证明材料无论是其接触稳定性，还是其持久机械强度都具有较高水平。

MDA－1 型材料制备的触头元件在铁路机车直流电器上进行了测试，依据的标准是《机车车辆用直流接触器》(TB/T 2767—2010)电力机车接触器技术条件：I_e＝600 A，U_e＝1 500 V；I_e＝1 000 A，U_e＝1 500 V；和 TB/T 1333.2—2002内燃机车电器技术条件：I_e＝250 A，U_e＝110 V；I_e＝870 A，U_e＝770 V；I_e＝400 A，U_e＝110 V；I_e＝40 A，U_e＝110 V（附录 8～11）。表 4.14 中列出了电器端子及

动静触头温升的测试结果。依据上述标准,端子温升不能超过 55 K,而铜基触点温升不能超过 75 K。由表 4.17 可见,直流接触器 CZ0－250/20(I_e＝250 A)上所有结果都明显低于额定指标,并且与前面所列的交流条件下的数据接近。

对于大功率电器的触头进行测试时,其温升有可能达到极限。特别是对于电器上温度较高的上端子和动触头,其温升值可能会接近最高允许值。

表 4.17　直流电器温升测试结果

电器额定参数	进线端温升ΔT/K	出线端温升ΔT/K	动触头温升ΔT/K	静触头温升ΔT/K
250 A,110 V	32.6～36.5	25.6～26.0	41.2～43.7	40.6～45.1
820 A,110 V	46.2～49.7	35.3～40	63.7～66.1	72.1～74.7
600 A,1 500 V	55.7～57.7	41.8～42.6	66.9～69.6	62.6～63.4
1 000 A,1 500 V	—	—	69.7～71.5	73.8～74.9

表 4.18 中列出了在上述电器上不同试验参数下燃弧时间测量结果。试验参数是指电流、电压、时间常数[$\Delta t＝L/R$(L 为电感;R 为电阻)]。可见,在大多数情况下转换持续时间都不超过 20～25 ms。小电流是比较不利的条件,但在电弧间隙上释放的功率并不大,不会引起电极的强烈破坏。

表 4.18　直流分断时试验参数和燃弧时间

电器额定参数	试验参数			燃弧时间$\Delta\tau$/ms
	I/A	U/V	时间常数Δt/ms	
250 A,110 V	250	139	15	11.2～14.7
	25	139	15	27.9～32.4
	25	139	0	18.1～20.2
	1 000	139	15	12.0～16.7
	250	35	20	6.2～7.3
820 A,110 V	1 640	231	15	17.2～51.0
	902	847	0	12.7～66.9
	50	924	0	81.3～110.6
	50	924	15	110.3～137.8
	820	924	15	30.2～42.7

续表 4.18

电器额定参数	试验参数			燃弧时间 $\Delta\tau$/ms
	I/A	U/V	时间常数 Δt/ms	
600 A,1 500 V	660	1 585	0.1	10.4~25.3
	1 285	455	15	12.0~22.4
	50	1 830	0	77~202
	620	1 800	15	29.6~44.7
	612	450	15	11.5~18.1
1 000 A,1 500 V	2 000	450	15	16.4~30.2
	1 100	1 650	0	9.8~15.9
	1 000	1 800	15	25.3~43.6
	50	1 800	0	79.2~149.3
	50	1 800	15	88.4~125.9

CZ0—250/20直流接触器测试时也采用了长时工作制,即在下述参数条件下进行 10^5 次通断循环:接通 $I=625$ A($2.5I_e$),$U=110$ V,$\Delta t=15$ ms;分断 $I=250$ A,$U=35$ V($0.3U_e$),$\Delta t=20$ ms。第3组电器的工作寿命(表4.15、表4.16)为 10^4 次通断循环,其接通和分断的参数相同:$I=600$ A,$U=450$ V($0.3U_e$),$\Delta t=15$ ms。两种接触器上的触头元件在整个测试周期中始终保持其工作特性。

电触头在直流转换时应当具备的一个重要特性是,在燃弧过程中尽量使从一个电极向另一个电极产生的物质转移量低。这种现象前面已经讨论过,它会造成一个触头上形成凸起,而另一个上形成凹陷,它的增长可能会引起熔焊和触头搭接而使电器产生故障。在长时测试过程中的观察发现,这类材料制备的触头元件在实际工业电器上服役时并没有出现这种现象,这与型式试验结果矛盾。

应当指出,在机车电器上的所有试验都很顺利。仅MDA—1材料制备的触头就可以在很广的电流和电压范围内使用,尽管有时接近于极限值,但总体来说还是表现出良好的服役性能。在这个领域应用更为完善的MDA—2材料时,获得了更好的结果,并且其有希望在该领域全部代替银基电触头。

与此同时,还在DF4型内燃机车上进行了运行试验。接触器的额定参数分别为110 V,40 A和770 V,870 A,工作周期为一个假休期(302天)。期间一台机车运行了183 146 km,另一台机车运行了155 432 km。未出现故障。

MDA—2材料制备的触头还顺利通过了汽车喇叭和转向灯继电器的检测试验,完全满足相应标准的要求。

在所有的型式试验中,这类材料在对称配对触头副上表现出良好的抗熔焊性,从未出现过熔焊类故障。

因此,从工业电器全方位研究和测试及工业运行试验的结果中可以得到的结论是,对于中等(及略高)电流低压电器,MDA 系列铜—金刚石粉末电触头材料制备的触头元件可以在许多场合代替标准的银基电触头材料,并具有必要的综合特性:①低且稳定的接触电阻,可以保证满足电器技术条件中关于热稳定性方面的要求;②高的接触磨损抗力,可以保证技术条件中的工作寿命要求;③低的熔焊倾向性;④直流转换条件下电极间物质转移量低。

在电器开关上采用上述铜基金属陶瓷制备的触头元件,在保证电器的可靠性和寿命的前提下,还可以产生巨大的经济效益。

需要强调的是,铜—金刚石新型电触头复合材料替代银基合金作为低压电器电接触元件具有先进性。目前还没有找到在接通状态下电触头材料氧化动力学和稳定接触状态之间的单一对应关系。但在一个系列单独类型的材料中,可以发现自由表面氧化特性与压力载荷作用下接通元件的接触特性有对应关系。含有镉、铌和镧等复杂合金化的假合金接触电阻最为稳定,并且能够在长达 250~300 h 的试验中保持 R_k 值处于较低的水平。

MDA－2 和 MDA－3 材料制备的触头件既可以用于交流电器,也可以用于直流电器。高的电寿命、低接触电阻和电转移量可以保证开关电器的可靠工作,即适合于接触压力较高、多次重复、瞬时接触类电器。MDA－4 材料由于接触电阻低,电寿命并不高,可以用于长时工作制的自动开关类电器。

第 5 章

TCO/Cu 电触头材料

　　本章基于提高 TCO/Cu 电触头材料相界面湿性的目标,通过第一性原理计算对第二相的掺杂改性设计开展了研究,在此基础上系统分析了二元和三元 TCO 及 TCO/Cu 复合粉体制备工艺,并对该体系材料的工艺特性及服役特性进行了评价,建立了该体系材料设计及制备原则。

由前几章的讨论可知,对于低压电器用弧触头材料来说,比较有效的氧化物添加相为氧化镉或氧化锡,氧化锌的添加效果稍差一些。值得注意的是,上述这些氧化物都可以归到透明导电氧化物(Transparent Conductive Oxides,TCO)的类别中。与大部分绝缘氧化物不同,这类氧化物具有较高导电性。氧化物的本征导电性取决于晶格特征缺陷,它可以通过掺杂方式大幅改变。TCO 包括很多种类,包括复杂三元氧化物(如 $CdSnO_3$、Cd_2SnO_4、In_2TeO_6、$CdIn_2O_4$、$ZnSnO_3$、$ZnSb_2O_6$、$CdSb_2O_6$、$Cd_2Sb_2O_7$、$Ag_2Sb_2O_6$ 等),也有更为复杂结构的氧化物。从性能角度来说,很多 TCO 类化合物都具有在电触头领域应用的潜力。

5.1　TCO 的特性及选择依据

目前还很难确定哪种 TCO 化合物可以应用于电触头材料,但可以肯定的是,以目前在电触头材料中普遍采用的氧化镉、氧化锡及氧化锌等简单氧化物为基础构成的 TCO 化合物,其在电触头领域的应用潜力很大。这类化合物既包括镉和锌的正锡酸盐和偏锡酸盐($CdSnO_3$、Cd_2SnO_4、$ZnSnO_3$、Zn_2SnO_4),也包括掺杂的 ZnO 和 SnO_2 等氧化物。从环保角度来说,人们更希望采用无镉的材料,但相对于传统的 Ag－15CdO 基电触头材料,采用锡酸镉还需大幅度降低镉含量。

氧化铟基化合物具有很高的导电性,但其价格昂贵,在触头材料中只能作为掺杂剂少量添加。要集中分析和评价 TCO 化合物适合于作为电触头的特性,必须对大量的文献资料进行筛选。

表 5.1 中列出了几种简单氧化物和三元 TCO 化合物的导电性,所给出的数据是室温条件下在薄膜试样上的测量结果。虽然与 Zn_2SnO_4 相比,Cd_2SnO_4 在导电性方面具有明显优势,但镉的存在使其优势丧失殆尽。因此,锡酸锌在电触头材料中的应用更有前景。

需要强调的是,氧化物及复合材料中的氧化物相的导电性数值取决于很多参数,其中包括原料纯度、制备方法、热处理气氛、微观组织结构等。要想阐明上述因素对最终性能的影响规律,必须对每种材料都进行充分研究。此外,要想使这类材料在生产中获得高性能且质量稳定,必须对其原材料及工艺环节进行标准化处理。

表 5.1　几种简单氧化物和三元 TCO 化合物的导电性

氧化物	导电性/(Sm・cm⁻¹,298 K)	数据来源
CdO	4×10^4,1.7～100	文献[267,268]
SnO_2	$10^{-5} \sim 3 \times 10^{-3}$	文献[267,275]
SnO_2(掺杂 Sb)	$(2 \sim 3.3) \times 10^3$	文献[269,267]
ZnO	～100,10^{-5}	文献[272,267]
ZnO－(1.6～3.2)%① Al	7.7×10^3	文献[269]
ZnO－(1.7～6.1)%① Ga	8.3×10^3	文献[269]
ZnO－1.2%① In	1.2×10^3	文献[269]
$CdSnO_3$	$(0.3 \sim 0.9) \times 10^3$	文献[268,273]
Cd_2SnO_4	$(0.08 \sim 8.3) \times 10^3$	文献[268,273,274]
Zn_2SnO_4	60	文献[269]
$ZnSnO_3$(1 000 K 以上不稳定)	250	文献[269]

注:①原子数分数。

表 5.2 所列为退火气氛中氧含量对 CdO 沉积膜电阻率的影响。

表 5.2　退火气氛中氧含量对 CdO 沉积膜电阻率的影响(室温)

$N_2 - O_2$ 混合气氛中的氧分压/mmHg①	电阻率/(Ω・cm)
3×10^{-4}	2.4×10^{-3}
4.5×10^{-4}	8.4×10^{-4}
5.2×10^{-4}	7×10^{-4}
7.6×10^{-4}	1×10^{-3}
1.2×10^{-3}	1.2

注:①1 mmHg=133.322 Pa。

正常化学计量比的氧化物不具有高导电性,但在氧不足的条件下沉积的氧化物,其不处于平衡状态,具有大量的结构缺陷,其中包括氧空位,从而保证了其具有较高的导电性。即使很低的氧分压(如 1.33×10^{-2} Pa),也会急剧降低氧化物的空位浓度,导致材料电阻率急剧上升。这种现象可以用在电触头材料及其元件生产的单独工艺环节控制,以实现氧化物相导电性调控的目的。其中需要注意的是,含氧化物材料(尤其是铜基复合材料)在稀有气体中热处理时,其氧化物内会形成氧空位,从而引起其导电性的变化,而这种变化特点随氧化物的不同而不同。文献中关于这种缺陷结构的数据可以帮助研究者认识上述变化的特点,从而找到调控这种变化的途径。

电触头材料基体中添加弥散氧化物可以使其一系列重要的功能特性得到改善。与此同时,这种非金属相的添加必然导致触头材料最重要的特性——导电性下降。显然,即使氧化物具有良好的导电性,但仍然无法与金属基体的导电性相比。从这个角度来看,高导电性氧化物的添加对于改善触头材料特性不会有明显的效果。但是,如前所述,氧化物添加相导电性的提高会使其与基体的结合强度提高,从而提高材料的力学性能,同时还会提高触头的自灭弧能力,增强触头表面电弧阴极斑点的可动性,并在一定程度上降低接触电阻。因此,从这个意义上讲,提高氧化物添加相导电性对电触头材料综合性能的改善是有价值的。

氧化物相的性能改变可以通过合金化(掺杂)的方式实现。传统上,半导体材料提高其导电性都是采用合金化的方式,而这里所涉及的氧化物都属于这类材料。因此,关于半导体改性的成熟概念都可以在此类研究中应用,特别是用于氧化锡和氧化锌的改性处理中。

5.2　TCO/Cu 界面润湿性设计

基于电触头理论和参照银基电触头材料设计原则,目前低压电器上使用的铜基材料大都在基体合金化的基础上,通过第二相添加构成耐烧蚀骨架并保证其表层接触特性。较早用于低压开关的 Cu—C(石墨、金刚石等,近几年也有人提出石墨烯、碳纳米管等)触头是利用石墨的高导电性提高了铜基电触头的接触导通能力,同时起到了抗熔焊作用,使其具有极高的通断能力。但由于石墨与基体之间润湿性较差,在热—力循环载荷作用下裂纹易于快速扩展,造成早期失效,因而 Cu—C(石墨)触头电寿命较低。本项目申请者早期在 Cu—C(金刚石)系列触头材料的基础上添加金属相(Nb、V、W、Ta、Mo),主要利用这些金属不易氧化,且其低价氧化物具有良好导电性的特点,保证材料表面工作层具有较高的转换稳定性和抗腐蚀特性,使之在一些电器上得到了产业化应用。但由于上述添加的金属相与基体之间润湿性较差,材料会快速失效;且在长期服役时表面金属氧化物会与水蒸气反应形成钨酸铜类绝缘产物,使触头失去接触转换功能。也有研究者参考 Ag—MeO 触头材料设计,在铜合金中添加 SnO_2、ZnO 类氧化物及 SiC、BN 类陶瓷相作为第二相,但没有实际应用的报道。总之,目前这种设计思想所开发出的触头材料,已经无法满足接触器类长寿命电器和新型低接触压力高容量电器的要求。

综合分析上述研究结果可以发现,目前低压电器用铜基电触头材料设计存在的主要问题是,没有考虑到第二相与基体之间的润湿性。具体来说,在铜基体的合金化设计中,研究者在主要考虑固溶强化效应和提高抗电弧烧蚀能力的同时,还会考虑合金抗氧化能力的提高,并未涉及铜基体合金化对第二相润湿性的影响方面的研究;另外,在第二相选择上,研究者大都注重第二相的导电特性和抗烧蚀骨架作用,也没有对其与基体之间的润湿性展开研究。这里,有必要对润湿性的关键作用做些深入的分析和讨论。如果铜基体与第二相之间润湿性不好,首先影响的是材料致密化程度,即难于获得低孔隙率致密材料。对于粉末冶金体来说,相对于无孔隙坯件,含 2% 孔隙率的坯件抗拉强度下降 50%。并且,两相间润湿性差时,材料的第二相与基体之间相当于存在宏观缺陷,易于形成裂纹源。因此,这种第二相越弥散,材料抗损伤容限越低。其次,两相之间未形成冶金结合的界面会加速材料氧化。研究表明,铜元素在其氧化物中的扩散速度远高于氧的扩散速度,这也决定了其氧化行为。但在第二相与基体之间不润湿的条件下,界面成为气体扩散通道,从而使材料处于多维氧化状态,造成接触电阻急剧降低。第三,润湿性不良会导致接触稳定性下降。对应于 $Ag-SnO_2$ 材料的研究表明,由于 SnO_2 等高稳定的氧化物与基体之间润湿性差,在熔池中难以呈弥散悬浮分布,从而逐步在触头表面富集,增大接触电阻,最终造成其制品温升过高及电寿命较低。因此可以认为,第二相与基体之间润湿性及其调控是低压电器用铜基电触头材料设计的关键。

5.2.1 MeO/Ag(Cu)相界面润湿性表征

目前,通过添加氧化物添加剂改善润湿性的方法在 SnO_2/Ag 电触头材料中效果显著,为 Ag 基电触头材料的设计提供了简便和直接的方法。早期有研究者采用高温润湿试验系统研究了多种添加剂对 SnO_2/Ag 润湿性等的影响(图5.1),总结了 WO_3、MoO_3、Bi_2O_3、CuO、TeO_2、Sb_2O_3、ZnO、Ta_2O_3、Ge_2O_3 等添加剂对 SnO_2/Ag 耐电弧侵蚀性能的影响规律,为 Ag 基电触头材料的设计提供了依据。

在对 SnO_2/Ag 电触头材料的设计中,人们相继开展了高温润湿性的研究。文献[282]研究了 CuO 添加剂含量对 Ag 在 SnO_2 基板铺展时的润湿性的影响(图5.2),研究发现,随着 CuO 含量的增大,SnO_2 与银的润湿性提高,当质量分数为 7% 时,SnO_2/Ag 的润湿角从 90° 减小到 29°。对界面微观分析得到,加入的CuO 使 SnO_2/Ag 界面由机械结合变为冶金结合,并在界面处发生原子层次的相互作用,从而增强了界面的结合强度。有学者研究了 La_2O_3 和 CeO_2 含量对SnO_2/Ag 电触头材料润湿性的影响。研究指出,与 SnO_2/Ag 润湿性相比较,La_2O_3 能显著提高其润湿性,当 SnO_2 与 La_2O_3 质量比为 3:1 时,润湿角可减小至 38.8° 左右。也有研究表明,在 SnO_2/Ag 中添加 MoO_3 能有效改善熔银与触头表面的润湿角,使熔银更易在触头表面铺展。

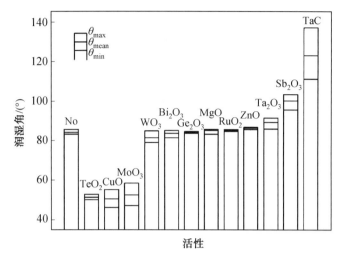

图 5.1　不同添加剂对 SnO_2/Ag 润湿性的影响

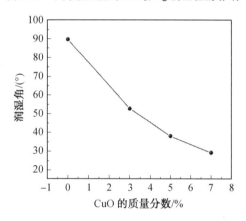

图 5.2　CuO 质量分数对 SnO_2/Ag 润湿性的影响

对于铜与陶瓷之间润湿性的研究,主要集中于在铜基体中添加合金元素来提高其与陶瓷基板的润湿性。其中比较典型的研究结果是,添加合金元素 Al 会影响 Cu 液滴在 SiO_2 基板上的润湿角,随着 Al 含量的增大,润湿角降低(图 5.3),研究者认为是 Al 与 SiO_2 的亲和力及在界面处诱发的化学反应促进了液滴的铺展。

文献[287]的作者研究了 CuTi 合金与 Al_2O_3 在 1 150 ℃ 的润湿情况,研究结果发现,随着铜基体中 Ti 含量在一定范围内增大,CuTi 与 Al_2O_3 的润湿角逐渐变小,从 130°(纯铜与 Al_2O_3 的润湿角)减小到 15° 左右(原子数分数为 8% 的 Ti 与 Al_2O_3 的润湿角)。通常情况下,纯铜与 Al_2O_3 在高温下几乎不润湿,添加 Ti 后润湿性得到明显改善。

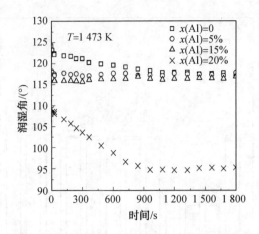

图 5.3　Al 原子数分数对 SiO$_2$/Cu 润湿性的影响

5.2.2　MeO/Ag(Cu)相界面润湿性第一性原理计算

由于各种试验技术的局限性,仍有一部分相界面结构特征信息无法获得,例如相界面原子间的电子结构和键合特性等,而这些电子层次的结构特征决定了界面的结合强度和稳定性,并最终影响陶瓷/金属材料的宏观性能。

将计算材料学引入金属/陶瓷界面研究,通过计算机模拟可以实现从原子层面对界面结合机制的探索,因此在界面润湿性和结合特性的理论研究日益受到关注,并取得了一定的研究进展。

如 2.3.1 节中关于润湿性的表述,在杨氏方程的基础上用分离功(W_{sep})来衡量两相界面润湿性和结合性,其定义为将界面分离成两个自由表面所做的功,表达式为

$$W_{sep} = (E_A^{bulk} + E_B^{bulk} - E_{A/B})/A \qquad (5.1)$$

式中　$E_{A/B}$——A 与 B 结合形成界面的总能量,J;

E_A^{bulk}——A 自由表面的总能,J;

E_B^{bulk}——B 自由表面的总能,J;

A——界面面积,m^2。

界面分离功可以定量表征界面结合强度,从而来评价界面润湿性。目前,氧化物/金属的界面理论研究有多种方法,其中,随着密度泛函理论的日渐成熟,第一性原理计算方法(Firs－principles calculations)得到广泛的应用,为界面的研究提供了可靠的理论指导,并且在陶瓷/金属相界面的研究中取得了相当多的成果。

随着电触头材料从 CdO/Ag 发展到 SnO$_2$/Ag 及其他 MeO/Ag 基电触头材料,第一性原理方法也得到了相应的应用。图 5.4 为研究者采用第一性原理的

方法研究了 CdO/Ag 界面结构及结合机制,通过计算界面能[图 5.4(a)],发现在 CdO(001)/Ag 界面,当 Ag 位于 O 位点之上时,界面具有稳定的结构,此外,通过界面电荷密度[图 5.4(b)]的研究发现 Ag 和 O 原子之间的杂化和成键有利于提升界面结合强度。

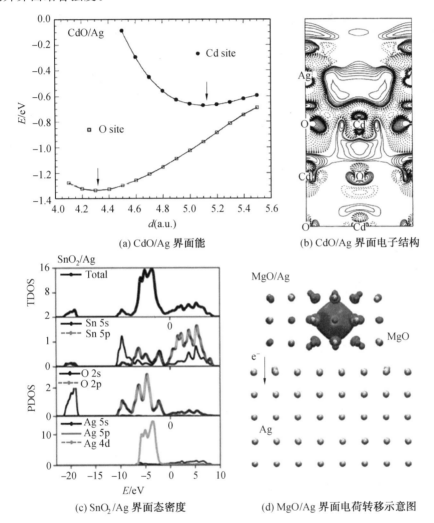

(a) CdO/Ag 界面能

(b) CdO/Ag 界面电子结构

(c) SnO$_2$/Ag 界面态密度

(d) MgO/Ag 界面电荷转移示意图

图 5.4　MeO/Ag 基电触头材料界面结合的第一性原理计算

在探索能够替换 CdO/Ag 的电触头材料方面,第一性原理对电触头材料界面结合机制的研究主要集中在 SnO$_2$/Ag 体系。有学者采用第一性原理计算方法研究了 SnO$_2$/Ag 电触头材料的两相界面结构。界面结构优化后会发生界面原子的严重错排,界面处 O 与 Ag 原子相互靠近。界面过渡区的形成并不影响 Sn 原子位置。界面的形成使 Ag 原子的部分电荷转移到 O 原子上[图 5.4(c)],

造成界面处电荷分布不均匀,从而影响了材料的导电性。同时研究发现,SnO_2(200)/Ag(111)界面具有较高的结合强度,然而可动性较差,从电子结构上解释了 SnO_2/Ag 电触头材料具有较高的力学性能而加工性能变差的现象的出现。

采用第一性原理对 MgO/Ag 界面电子结构分析发现,MgO 的离子特性及界面电子重新分布[图5.4(d)]对界面结合特性有重要影响。当 MgO 表面暴露出的 O 原子与 Ag 原子相互作用形成界面后,O 原子具有更高的电子浓度,与实验结果相吻合。

采用第一性原理对 CuO/Ag 界面的稳定性进行模拟研究的结果表明,Ag 的低指数面(110)与氧化铜(100)面的结合能最大,容易形成稳定的结合面;通过反应合成烧结制备了 CuO/Ag 材料,在高分辨 TEM 下观察发现,反应合成后 Ag 的(101)面与 CuO 的(002)面属于稳定结合面,说明第一性原理模拟计算结果与试验结果能够很好地吻合。

Phillips 等研究了 ZnO/Ag 界面的不对称黏附情况,结果发现,ZnO 与 Ag(111)表面结合形成界面时,当界面形成一次对称的 O—Zn 键时,形成的界面结合强度要高于以三次对称 O—Zn 键构成的界面的结合强度。

第一性原理计算方法在研究铜基电触头材料界面结合特性的相关工作主要集中在 Al_2O_3/Cu 或者 ZrO_2/Cu 等简单二元氧化物/Cu 界面体系。Hashibon 等采用第一性原理计算的方法研究了不同界面结构的 $\alpha-Al_2O_3$(0001)/Cu(111)界面结合强度,如图5.5(a)所示。界面能量的计算结果[图5.5(b)]表明,尽管 Al_2O_3 与 Cu 取向相同,但界面原子的不同对位位置及 Al_2O_3 暴露出来的不同原子(包括 Al 和 O 原子)对界面的稳定性存在不同的影响。

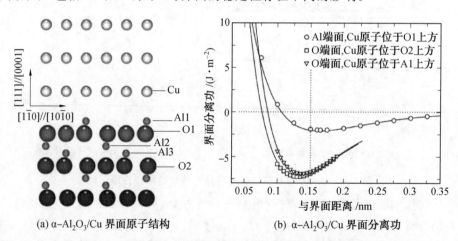

(a) α-Al_2O_3/Cu 界面原子结构　　(b) α-Al_2O_3/Cu 界面分离功

图5.5　$\alpha-Al_2O_3$(0001)/Cu(111)界面模型及界面分离功计算结果

由此可见,采用第一性原理计算对于 Ag 或者 Cu 基电触头材料界面研究仅集中在简单的氧化物与金属基体的结合。此外,上述氧化物与基体间的界面结合强度较弱,主要是由于异质界面结合时,MeO 表面的静电势导致金属极化,从而在两相间产生较弱的键合。因此通过调控 MeO 与金属之间的键合方式来改善界面润湿性可以为 Ag 或 Cu 基电触头材料的设计提供方向。

5.2.3　TCO/Cu 相界面润湿性第一性原理计算

对于金属氧化物/金属(MeO/M)体系,其界面结合稳定性大多由界面原子间电荷转移及成键特性所决定,例如 Al_2O_3/M(M 为 Cu、Ni)、ZrO_2/Nb 和 TiO_2/M(M 为 Pt、Pd)材料体系,其界面电荷转移诱导产生强键合从而提高了界面结合强度,保证了材料服役过程中界面结合的稳定性。然而对于大部分 MeO/M 复合材料,包括 MeO/Cu 基电触头材料,依旧存在相界面润湿性差的问题,因此,如何促进界面电荷转移而形成键合成为近年来提高界面润湿性的设计思路。

1. 二元 TCO/Cu 相界面结合特性

在二元 TCO 薄膜或者粉体材料相关的研究领域,掺杂所引起的 TCO 特性的改变主要取决于晶体中产生的不同晶格特征缺陷,包括额外电子和电子空穴。这些缺陷的存在将会对相界面原子结构和成键产生明显影响,使掺杂方法成为调控界面润湿性的重要手段。

作者系统研究了掺杂对 SnO_2/Cu 界面结合特性影响的规律和机制。界面分离功的计算结果(图 5.6)表现出了明显的规律性,低价掺杂(Cu 和 Zn)能够有效增强界面结合强度,同价掺杂(Ti)对界面结合强度影响很小,高价掺杂(Sb 和 Mo)则降低了界面结合强度。

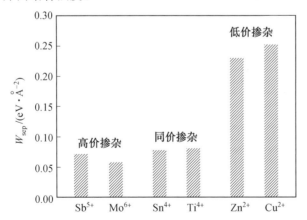

图 5.6　掺杂不同原子的 $O-SnO_2(110)$/Cu(111)界面的分离功

如图 5.7 所示,二元 TCO/Cu 界面电子结构的计算结果表明,相比于未掺杂 SnO_2/Cu 界面处产生的 Cu—O 离子键,低价掺杂诱导 SnO_2 中产生电子空穴,从而促进界面处 Cu—O 间电荷转移,使 SnO_2/Cu 界面处产生数目更多且具有混合型离子－共价键特性的 Cu—O 键,成为提高界面结合强度的关键。上述研究结果表明,低价掺杂可以明显提高界面金属 Cu 原子与 O 原子之间的亲和力,即形成更强的原子间键合方式,有助于提高 MeO/Cu 基电触头材料的界面润湿性。

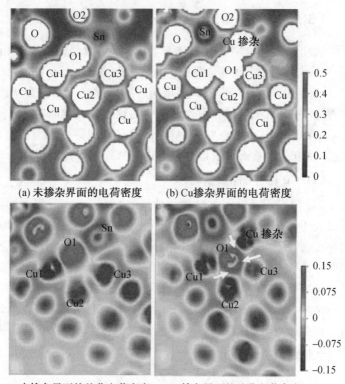

(a) 未掺杂界面的电荷密度　　(b) Cu 掺杂界面的电荷密度

(c) 未掺杂界面的差分电荷密度 (d) Cu 掺杂界面的差分电荷密度

图 5.7　SnO_2/Cu 及 Cu^{2+} 掺杂的 SnO_2/Cu 界面的总电荷密度及差分电荷密度图($e/Å^3$,1 Å＝0.1 nm)

2. 三元 TCO/Cu 相界面结合特性

在 TCO 领域内,三元 TCO 也得到了广泛的发展和应用,这类材料是在 In_2O_3、SnO_2 或者 ZnO_2 基础上复合其他氧化物,形成的具有透明和导电特性的化合物。其中,Zn_2SnO_4 具有电阻率低、环保、价格便宜的特点,且其晶体结构由 ZnO_4 四面体和 ZnO_6 或者 SnO_6 构成,即结构中四面体间隙被 Zn^{2+} 占据,八面体间隙则被 Zn^{2+} 和 Sn^{4+} 各占据一半,这种复杂的结构及在一定条件下所产生的晶格特征缺陷很可能有利于调控相界面的润湿性。

作者采用第一性原理研究了 Zn_2SnO_4/Cu 界面结合特性。界面分离功的计算结果表明[图 5.8(a)],Zn_2SnO_4(111)表面暴露出的 O 原子与 Cu(111)表面

Cu 原子结合所形成的界面 I 具有最高的界面分离功（0.539 eV/Å²），其界面结合强度明显高于其他 Zn_2SnO_4/Cu 典型界面结构的结合强度。

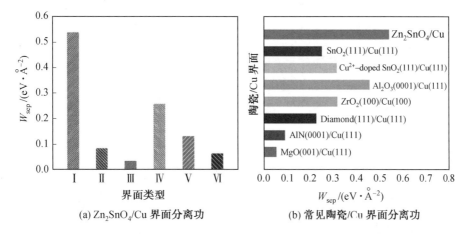

(a) Zn_2SnO_4/Cu 界面分离功　　　　(b) 常见陶瓷/Cu 界面分离功

图 5.8　结构优化后的 Zn_2SnO_4/Cu 界面分离功以及其他陶瓷/Cu 界面分离功

此外，通过比较 Zn_2SnO_4/Cu 的界面分离功与所报道的其他陶瓷/铜界面分离功发现［图 5.8（b）］，Zn_2SnO_4/Cu 界面具有更高的结合强度。结果表明，Zn_2SnO_4 作为一种在 SnO_2 主体上经过复合得到的三元 TCO，能够提高其与 Cu 基体之间的亲和力，从而更有效地提高界面结合强度。

Zn_2SnO_4 与 Cu 所形成的界面结合强度和稳定性与化学键和界面原子构型密切相关。Zn_2SnO_4/Cu 界面键合及界面处原子配位关系的研究发现，Zn_2SnO_4 端面 O 原子与近邻的 Cu 金属原子产生键合，并形成了以 O 原子为中心、Cu 为顶点的四面体结构［图 5.9（a）］。该 Cu—O 四面体结构与 CuO 晶体中的四面体结构［图 5.9（b）］极为相似，即在界面处所形成的 Cu—O 键具有方向性，保证了 Zn_2SnO_4/Cu 界面具有更强及稳定的结构，从而增强了界面结合强度。

如图 5.10 所示，界面原子电子结构的计算结果显示，参与成键的 Cu 和 O 原子周围存在电荷耗散区，说明 Cu、O 原子之间存在电荷转移，表现出离子键结合的特征。这些转移的电荷积累在 Cu 与 O 原子中间，被 Cu、O 原子所共有，表现出共价键的特征。基于上述结果，可以得出结论：Zn_2SnO_4/Cu 界面具有较强结合强度主要归功于界面处所产生的 Cu—O 混合型离子－共价键。

3. 合金元素对 TCO/Cu 界面结合特性的影响

如前所述，合金元素在改善陶瓷/金属相界面润湿性方面具有明显效果。在铜基体中固溶 Te、Bi、Zr、Cr 等元素可调控铜与 SnO_2 和 ZnO 之间的润湿性，能够实现相界面润湿角在 25°～110°范围内可调控（1 500 K）。合金化对润湿性影响的机制为合金元素富集在液态金属表面及固/液界面处，从而导致其表面张力

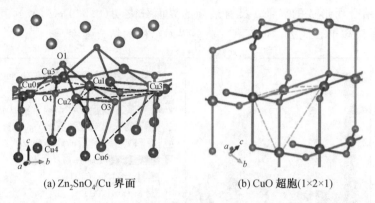

|(a) Zn₂SnO₄/Cu 界面 | (b) CuO 超胞(1×2×1)|

$$(a)\ Zn_2SnO_4/Cu\ 界面 \qquad (b)\ CuO\ 超胞(1×2×1)$$

图 5.9　Zn₂SnO₄/Cu 界面处 Cu—O 键和原子配位关系以及 CuO 超胞中 Cu—O 配位关系

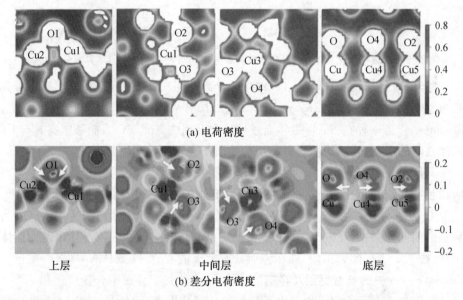

(a) 电荷密度

上层　　　　　　　　　中间层　　　　　　　　　底层

(b) 差分电荷密度

图 5.10　Zn₂SnO₄/Cu 界面结构优化后的总电荷密度及差分电荷密度图(e/Å³)

下降,然而其本质需进一步探究。

　　作者采用第一性原理方法研究了 Zr 元素对 TCO/Cu 界面的结合特性的影响,包括 SnO₂,低价掺杂的 SnO₂、Zn₂SnO₄ 与 Cu 所形成的界面。界面分离功的计算结果表明(图 5.11),合金元素 Zr 对 SnO₂/Cu、二元 TCO/Cu 和 Zn₂SnO₄/Cu 的界面分离功均有提高作用。界面电子结构的计算结果表明,Zr 元素提高界面结合强度的作用得益于 Zr 原子与 O 原子所形成的共价键。此外,通过计算键长发现,Zn₂SnO₄ 与 CuZr 形成更多的 M—O 键,有效提高了界面结合强度。

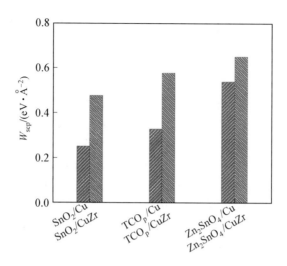

图 5.11　TCO/Cu 和 TCO/CuZr 结构优化后的界面分离功

5.3　合成工艺选择与设计

由前述可知,含氧化物添加相的电触头材料的性能很大程度上取决于其微观组织及氧化物的导电性。因此,不仅材料的成分和相组成在这里起到重要作用,制备工艺更是保证材料各组成相具有规定特性的关键所在。

对于铜—氧化物成分的电触头材料,其传统上的制备工艺是采用粉末冶金方法,即将铜粉和氧化物的高弥散的粉体混合后制备成块体材料。但这种方法具有很多局限性。

尽管目前超细粉体(纳米粉末)已经有很多品种,但能够产业化并具有综合竞争优势的并不多,利用廉价的原料制备出的氧化物纳米粉体的价格也很高(1 kg 达到几十美元),复杂氧化物纳米粉体的价格更高,且其产量和品种很有限。因此,在电触头材料中采用成品纳米氧化物粉体,无论是复杂氧化物,还是掺杂改性氧化物,都存在一定的障碍。这一方面源于市场上很难找到所需要类型的粉体,另一方面在于其会造成触头产品成本急剧上升。同时,超细粉体团聚的倾向性很强,采用常规的机械混合的方法无法保证氧化物相在材料基体中的均匀分布。

简单地将银基电触头材料制备方法移植来制备铜基材料会存在一定的问题。例如,铜易氧化,因而不能在空气中进行热处理,也不能采用热分解,会产生氧化性气氛的前驱体。

根据上述分析,又考虑到经济性及生产上的实用性,要求设计的制备工艺具有以下特点:

(1)在制备电触头材料及其元件过程中,原位合成弥散的氧化物(复杂氧化物或掺杂改性氧化物)相,使之在基体金属粉末颗粒表面直接形成。

(2)氧化物组元以超细弥散相的形式在电触头材料均匀分布。

前面分析的TCO的特性已经被广泛应用,从最初的低辐射建筑玻璃(玻璃上的SnO_2膜),到有机发光二极管及大尺寸电子器件。因此,对这类材料已经开展了大量研究,其中包括制备工艺与其性能变化之间的关系。与制备组织均匀弥散的复合材料或陶瓷材料制备的诸多方法一样,目前基于气相或液相条件下物理或化学沉积方法,也开发出大量TCO薄膜的制备方法。

针对具体的任务要求,需要在诸多的沉积改性方法中选择更为合适的方法,并对其进行优化。工艺优化过程首先要对氧化物前驱体的性质及其在体系中的化学交互作用进行物理化学分析,并选择合适的前驱体,进而建立和设计整体工艺路线和具有工艺环节的规范,以期制备出具有特定服役性能的触头材料。所有这些都要求对材料制备的相应过程和材料的性能进行物理化学方面的基础及应用研究。

制备具有特定组织结构的触头材料有很多种方法,其中前文描述的液相沉积方法在含氧化物触头材料制备中比较有实用价值,利用这种方法可以获得热力学上非稳定的盐作为复合材料氧化物相的前驱体。这种"软化学"方法适合于批量生产,可以实现"多相"混合物的共沉积,并且可以通过调节沉积参数及添加表面活性剂实现产物颗粒尺寸和形貌的有效控制。

在设计和制备含高弥散氧化物相铜基电触头材料的最初阶段,需要把研究对象限制在四个材料体系,即含复杂氧化物的Cd_2SnO_4/Cu、$CdSnO_3/Cu$和Zn_2SnO_4/Cu,以及含掺杂改性氧化物的Cu/ZnO等体系。根据现有的经验,SnO_2/Cu系列复合材料在1 170 K左右时不稳定,而这个温度恰好与铜基材料的烧结温度相近,因此不将其列为研究对象。

基于铜基电触头材料的一般特性规律和研究经验,将其制备工艺规划如下:

(1)材料基体:电解铜粉;树枝状,枝端尺寸为微米/亚微米级。

(2)利用物理或化学沉积的方法在金属粉末颗粒表面引入目标氧化物的前驱体,实现超细氧化物相在复合材料中均匀弥散分布,前驱体为热力学非稳定化合物。

(3)通过热分解的方式原位合成目标氧化物,即将沉积获得的复合粉体热处理,将复合粉体压制的坯件进行烧结,使前驱体在铜粉表面直接分解形成氧化物相。

(4)在前驱体选择和制备工艺设计时需要注意的是,前驱体分解的热处理过程中温度不能过高,且不能产生使铜粉氧化的气氛(NO_2、SO_3、O_2 等)。

(5)工艺设计时应考虑到其对产业化的适应性,因此需要考虑原材料的采购及价格、生产环节中必要的设备条件等因素,特别是还要考虑到工艺的环保性及节能性。

类似体系的研究经验表明,$SnSO_4$、$Cd(NO_3)_2$ 及 $Zn(NO_3)_2$ 等热力学不稳定的化合物作为氧化物的前驱体时,其在复合粉体热处理过程中,即使是真空条件或氮气保护条件下,仍会导致大部分铜粉氧化。上述盐类分解温度为 620~770 K,已经超过氧化氮及氧化硫的析出温度,从而会导致铜的氧化。解决这个问题的方法是选择热力学稳定性更差的化合物(如氢氧化物或碳酸盐),其多数情况会在较低温度下分解,并且不会产生氧化性气氛。

因此,如何选择前驱体是获得目标氧化的关键所在,需要在试验前基于文献资料的数据对拟采用的原料及前驱体进行筛选,对复合材料组元的热力学相容性进行分析,对通过热分解获得均匀弥散分布的目标氧化物相的可能性进行分析,并确定通过热处理直接合成复杂氧化物或简单氧化物的掺杂改性的可行性。

5.4　高弥散氧化物相化学沉积及热分解法合成

关于物质热分解的文献数据很多,但涉及具体化合物时,由于制备工艺条件、前处理参数及气相介质等因素的影响,相应的数据很有限,甚至有些数据是相互矛盾的。因此,在对比分析文献数据时,必须注意其工艺环节的具体条件和参数。

在对比分析文献数据的同时,作者所在团队还对弥散氧化物相热分解合成方法在银基及铜基电触头材料中应用的可行性进行了研究,并根据基本的研究结果发表了多篇文章。主要对氧化物合成进行了分析,对反应过程产物及最终目标产物进行了热力学分析,其中包括热重分析(TG)及差示扫描量热分析(DSC),采用的设备为 Netzsch STA 449C Jupiter,保护气氛为氩气;对合成最终产物进行了 XRD 分析,采用的设备为 XPERT－PRO,利用的是 Cu Kα 射线($\lambda =$ 0.154 06 Å);产物形态分析利用的是 JEOL JSM－7001F 扫描电子显微镜。

目前关于金属盐的合成有很多方法,但其中大部分因其工艺的复杂性不适合于大规模生产,也就无法应用于触头材料的制备工艺中。

5.4.1　二元氧化物的合成

通过非稳定化合物热分解合成二元氧化物,是获得氧化物粉体及薄膜时普遍采用的方法,含有氧化物相的金属—氧化物复合材料也可以采用这种方法制备。人们更感兴趣的是,如何采用这种方法将氧化物相引入银基及铜基无银复合材料之中。

文献[337－339]对上述方法制备相应氧化物及其复合材料进行了综述,包括原料特性及产物粉体制备的基本规律。该部分研究始于简单氧化物氧化镉、氧化锡及氧化锌的合成,目的是探讨新型电触头材料的设计与制备问题。

1. CdO 粉体合成

作为合成 CdO 的前驱体,考虑到物理化学特性、有效性及成本等综合因素,目前常采用的有硝酸盐、氢氧化物及有机酸盐等几类典型化合物。本研究采用的是二水醋酸镉和四水硝酸镉(化学纯)。图 5.12 为 $Cd(CH_3COO)_2 \cdot 2H_2O$ 热分解过程的 TG 和 DSC 曲线。

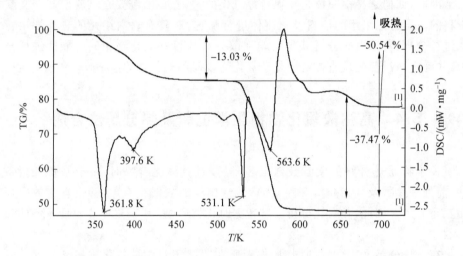

图 5.12　$Cd(CH_3COO)_2 \cdot 2H_2O$ 热分解过程的 TG 和 DSC 曲线

坩埚—Pt;加热速率—10 K/min;流动气氛—Ar;气体流速—15 mL/min;
送气速率—25 mL/min;试样质量—9.14 mg

在 350～473 K 范围内有两个阶段的脱水反应。随后的分解过程相对比较复杂,存在几个吸热和放热峰。当温度接近 583 K 时,分解过程结束。最终试样质量变化的测量值为 50.5%,而理论值为 51.9%:

$$Cd(CH_3COO)_2 \cdot 2H_2O \Longrightarrow Cd(CH_3COO)_2 + 2H_2O \uparrow \Longrightarrow$$

$$CdO + CH_3COCH_3 \uparrow + \frac{1}{2}O_2 \uparrow \tag{5.2}$$

因此,CdO 形成的温度区间应当为 533～588 K。对于评价后续固相合成氧化物的反应特性,这个数据非常重要。

包括文献[349]在内的很多研究工作都开展过利用气相产物质谱检测的方法研究过醋酸镉的分解过程。

图 5.13 为上述研究中的 TG 和 DTA 曲线。DTA 分析结果表明,其在空气中分解形成氧化镉的过程符合反应总的表达式(5.2)。

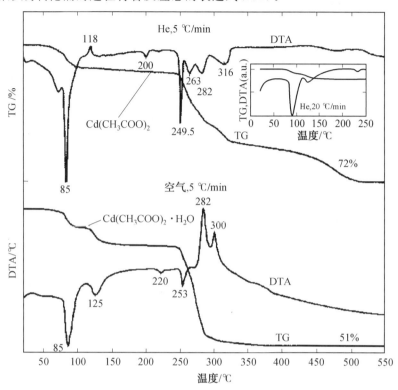

图 5.13 Cd(CH$_3$COO)$_2$ · 2H$_2$O 在氦气和空气中分解过程的 TG 和 DTA 曲线

加热速率为 5 K/min(插图中加热速率为 20 K/min)

在氦气氛中分解时,其曲线无论是形状还是特征温度都与前者有很大差别。目前对于这种现象还没有找到确切的解释,但有一个事实可以确认,即在惰性气氛下发现有金属镉的形成,其反应为

$$Cd(CH_3COO)_2 \longrightarrow Cd + CH_3COCH_3 \uparrow + \frac{1}{2}O_2 \uparrow + CO_2 \uparrow \qquad (5.3)$$

在反应过程中的某一阶段形成的镉,一部分会在后期被氧气氧化形成氧化物,另一部分会蒸发或挥发掉。

某些有机酸盐在非氧化性气氛中热分解时会形成金属相,这一点在工艺设计时要予以考虑。例如,丙二酸镉(CdC$_3$H$_2$O$_4$)无论是在惰性气氛中,还是在空气中分解时,都会产生部分金属镉,这就会使在惰性气氛中合成氧化镉—金属复合材料的工艺变得十分复杂。

图 5.14 为 Cd(NO$_3$)$_2$ · 4H$_2$O 热分解过程的 TG 和 DSC 曲线。研究表明,四水硝酸镉在 332.6 K 熔化,直至 405 K 沸腾时,仍含有 3/4 个结晶水。经 463 K 长

时间加热后,其最终可转变为不含结晶水的盐。在温度达到 623 K 时,附近硝酸镉开始熔化并分解,直至 753 K 左右结束。图 5.14 所对应实验测得的质量变化为 34.68%,而按照式(5.4)计算所得的相对于含结晶水态硝酸镉分解后的失重为 34.36%,两者符合得很好。

$$Cd(NO_3)_2 \Longrightarrow CdO + 2NO_2\uparrow + \frac{1}{2}O_2\uparrow \tag{5.4}$$

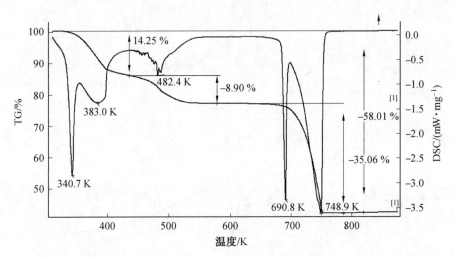

图 5.14　$Cd(NO_3)_2 \cdot 4H_2O$ 热分解过程的 TG 和 DSC 曲线

坩埚—Pt(带专用涂层),流动气氛—Ar,气体流速—15 mL/min,
送气速率—25 mL/min,试样质量—11.79 mg

在上述条件下,硝酸镉热分解的唯一固相残留物就是氧化镉,并且其分解温度为 683~753 K,比醋酸镉的分解温度更高。这意味着将氧化镉固相交互作用的活性区提高到较高温度区间,可能会使之适合于合成复杂氧化物。硝酸镉及醋酸镉在热分解前会熔化,这有利于获得组织更为均匀的复合材料,并且可能会降低复杂氧化物的合成温度。

人们利用现代仪器设备对硝酸镉的热分解过程开展了精细研究。文献[356]也属于这类研究,其对硝酸六氨镉分解的研究表明,去氨处理后的中间产物为无水硝酸镉。这里值得注意的是,用空气替代氮气并不会对上述结果产生影响,两种情况下硝酸盐最终分解的产物均为氧化镉。

利用上述两种盐分别进行工艺试验,原料盐置于开放式坩埚中,采用氩气保护电阻炉加热,加热规范如下:首先加热至 523 K 保温 0.5 h,随后加热至 873 K 保温 1 h,随后炉冷。样品 XRD 分析结果表明,产物为无杂质的纯氧化镉晶体。

图 5.15 为利用醋酸盐分解制备 CdO 粉体的组织形貌。由图 5.15(a)可见,粉末颗粒呈近圆球形或不规则形状,尺寸从几微米到几十个微米不等。由图

5.15(b)可见,其中较粗大的颗粒是多孔的松散团聚体,它是由尺寸为 100～300 nm 的颗粒连接而成,比表面积很大。

(a) 低倍　　　　　　　　　　　　　　(b) 高倍

图 5.15　醋酸镉分解制备 CdO 粉体的组织形貌

与醋酸镉相比,硝酸镉分解合成的氧化镉粉末颗粒具有另外一种形态和更好的弥散度(图 5.16)。它是一种很好的多面体颗粒,且其尺寸分布范围较窄,为 3～10 μm,其所形成的团聚颗粒很容易分散开。

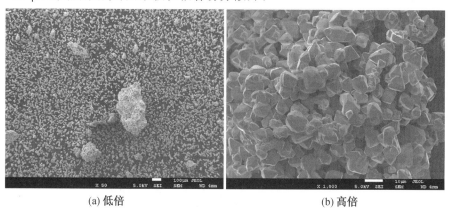

(a) 低倍　　　　　　　　　　　　　　(b) 高倍

图 5.16　硝酸镉镉解合成 CdO 粉体的 SEM 照片

上述两种盐合成的氧化镉粉末在形态和尺寸上差别较大,这主要取决于其合成机制不同,两者在无水前驱体分解温度、体系中的扩散系数及热传导系数等方面均存在差异。

综上所述,尽管上述两种盐的热分解均可以形成氧化镉粉体,但是两者在形态和尺寸上存在较大差异:醋酸盐形成的是由尺寸为 100～300 nm 的小颗粒组成松散团聚体,具有较高的比表面积;而硝酸盐形成的尺寸分布范围为 3～10 μm 的多面体颗粒。因此,从颗粒尺度角度来说,醋酸盐更适合于合成电触头材料的复合粉体,但需要注意的是,其在一定条件下可能会有金属镉产生。从颗粒形态角度来看,无孔隙的多面体氧化镉颗粒可能更适合于制备高致密度的电触头材料。

2. SnO$_2$ 粉体合成

二氧化锡作为典型的 TCO,已经在很多领域得到实际应用(见文献[271,357~360]),因而其纳米材料的制备方法也有很多种,其中包括化学沉积法及各种类型的溶胶-凝胶法等。在上述制备工艺中,一般都有非稳定含锡化合物热分解的工艺环节。

原则上,锡有两种氧化价态:正二价和正四价。由于热分解合成氧化物对前驱体的要求比较复杂,例如由蒸发速率较低、热稳定性差低、分解温度适中、无非目标产物残留、原料易于获得及成本较低等多个方面要求,因而适合作为前驱体的含锡化合物并不多。在触头材料这个研究方向上应用较多的是氢氧化物、个别有机酸盐,以及硫酸盐。一般来说,氢氧化物作为前述"软化学"工艺的中间产物,经后续的热分解即可转变为二氧化锡。氢氧化物及草酸盐的煅烧是制备二氧化锡的传统方法。这里仅考虑电触头材料制备,因而把合成的产物限定为粉体。

(1)利用氢氧化物合成 SnO$_2$ 粉体。

有研究者利用化学沉积法实现了铁掺杂 SnO$_2$ 粉末的合成。掺杂已经被视为控制合成过程中晶体长大的有效手段。复杂氢氧化物 SnFe(OH)$_x$ 可以通过四氯化锡(SnCl$_4$·5H$_2$O)和氯化铁水溶液(摩尔比分别为 14:5 和 4:5)利用氨水在 pH=8 的条件下沉积获得。沉积物经过清洗、373 K 烘干及破碎形成粉末。作为对比,研究者利用相同工艺获得了 Sn(OH)$_4$ 和 Fe(OH)$_3$ 的单纯氢氧化物,对沉积产物进行了 TG、DSC、XRD 分析及 SEM 观察。

上述氢氧化物热分解初期阶段,在温度约为 343 K 时会形成 α-锡酸[SnO$_2$·xH$_2$O(1<x≤2)]。随后继续加热会逐步脱水,形成 β-锡酸[SnO$_2$·xH$_2$O(x<1)],并还会进一步脱水。两种锡酸水含量有变化,且脱水是连续的。SnO$_2$ 作为锡酸热分解的产物,其很难脱去结晶水。Sn(OH)$_4$ 煅烧时,低于 673 K 已经开始结晶,而典型的四方晶型 SnO$_2$ 在 823 K 才形成。氧化物的平均晶粒尺寸可以根据煅烧温度和时间,利用 Debye-Scherer 方程计算。铁掺杂有效抑制了晶体生长:纯净粉末 923 K 煅烧后平均颗粒尺寸为 25 nm,而相同条件下掺杂粉末颗粒尺寸为 5 nm 左右。这一点已经得到透射电镜分析结果的证实。

以四氯化锡为原料,采用溶胶-凝胶法可以获得掺杂钛的 SnO$_2$ 粉体。研究者将 SnCl$_4$·5H$_2$O 溶解在乙醇和水的混合物(质量比为 1:1)中,加入四氯化钛(Ti 与 Sn 的质量比为 5:95),并加入聚乙二醇作为分散剂,在 353 K 条件下搅拌。随后加入氨水至 pH＝7,沉积物经过滤、清洗和干燥后,分别在 623 K、773 K 和 973 K 下煅烧 2 h。煅烧后所获得的纳米粉末颗粒的尺寸分布分别为 10～20 nm、30～50 nm 和 70～90 nm,且由于有聚乙二醇参与,防止了颗粒的团聚现象。之后对粉末进行压制成形,并在 873～1 473 K 温度范围内进行了烧结,发现在 1 273 K 烧结后试样获得了最佳性能:密度约为 6.5 g/cm³,电导率约为 0.016 Ω⁻¹/cm。对比未掺杂的 SnO₂,其同种工艺制备试样的上述性能分别为 6.053 g/cm³ 和 $1.84 \times 10^{-6} \Omega^{-1}$/cm。

文献[368]和[372]利用不同方法制备了氢氧化锡,将其作为前驱体,对比其研究结果可知,无论是合成周期,还是产物的分散性,共沉积法的效果更为突出。此外,利用聚乙二醇的主要问题是,其在惰性气氛下热处理时会产生炭残留。

文献[373]研究数据证实了上述结论。其研究者利用氯化物溶液共沉积法合成钒掺杂(质量分数为 0.1%～0.5%)SnO₂ 纳米粉体,沉淀剂为氢氧化钠。沉淀物经 873 K、2 h 煅烧后获得纳米球形颗粒,尺寸小于 20 nm。

近十几年来,溶胶—凝胶法在氧化物合成方面备受关注,这主要是由于其具备以下优点:①合成温度相对较低;②氧化产物与异质粒子分离;③可以精确控制氧化物掺杂量;④可以实现粉体粒度组成和颗粒形态的控制,特别是颗粒尺寸可以在微米至几个纳米的较宽范围内调控。

利用溶胶—凝胶法可以实现铜掺杂二氧化锡粉体的合成。有研究者利用异丙醇锡(Ⅳ)Sn[OCH(CH₃)₂] 通过溶胶—凝胶法合成 3～5 nm 的氢氧化锡颗粒,具体工艺参数为:向异丙醇锡溶液中加入水,在 pH＝5.5、温度为 373 K 条件下保持 3 h。

文献[367]详细研究了利用二氯化锡(Ⅱ)在水溶液中水解后与氨水的交互作用合成纳米 SnO₂ 工艺。研究优化的工艺参数值为 pH＝4.6～6.25,(SnCl₂ 浓度为 0.3 mol/L),此时获得的产物为纯相二氧化锡。当 pH＝10.6 时,沉积物的 XRD 衍射谱对应的是 Sn₆O₄(OH)₄。沉积物随后经 873 K 煅烧后形成尺寸约为 5 μm 的疏松颗粒,它由 20～60 nm 的纳米晶体组成,比表面积约为 19.5 m²/g。

文献[376]的作者提出了一种合成 SnO₂ 纳米粉体的简单工艺方法:将金属锡的粉末在过氧化氢溶液中氧化,溶液中含有聚乙烯亚胺和乙二胺。将所获得的浆料进行水洗后在空气中干燥。XRD 分析表明,这种沉积物具有金红石结构,其晶体平均尺寸随聚乙烯亚胺含量的不同,在 2.8～9.5 nm 范围内变化。扫描电子显微镜及透射电子显微镜观察结果表明,单个近球形沉积物的尺寸约为 30 nm,其实质上是由尺寸约为 4 nm 的纳米晶体组装而成。

只有在聚乙烯亚胺存在时才会形成近球形二次颗粒,且其尺寸与聚乙烯亚胺的浓度有关,即随着浓度的增大其尺寸减小。当没有聚乙烯亚胺存在时,会形成由 2.5 nm 的纳米晶体构成的无规则团聚体。经 573 K、4 h 煅烧后,纳米球会长大为 40~80 nm,并出现团聚(可到 200 nm 左右),即聚乙烯亚胺在这个温度下已经失去了防止颗粒团聚和烧结的特性。乙二胺在上述反应过程中起到了催化作用,加速了锡的氧化进程。

利用溶胶—凝胶法可以在基板上制备锑掺杂氧化锡导电膜(约为 100 nm)。其工艺分为水解、重聚、干燥和致密化四个阶段。沉积后的膜层在 423 K 干燥40 min,随后在 773 K 下煅烧。这种方法可以用于合成复杂结构氧化物组成的沉积物。如果用金属离子或金属氧化物分子代替基板,则在其上会有其他金属的氢氧化物从溶液中沉积出来。

只有在体系中添加盐酸的情况下,氯化锡和氯化锑溶液才能稳定存在。这个现象在其他研究文献中也有报道。成分为 $Sn(Ⅱ)-Sb(Ⅲ)-H_2O$ 的混合氢氧化物沉积在 1 270 K 下经 2 h 会完全分解。也有研究者将沉积物在 318 K 下烘干(48 h),随后 1 473 K 下长时间煅烧(7 h)最终获得了成分为 SnO_2-Sb 的目标产物。

在采用氢氧化锡的工艺中,一般会有产生附加离子的问题。对于利用含氯化合物作为前驱体制备的非晶态沉积物 $\alpha-SnO_2 \cdot nH_2O$,需要后续清洗去除 Cl^- 和金属碱离子。异质粒子不仅会影响最终产物性能,还会对沉积过程本身产生影响。利用氯化物制备的氧化锡粉体,尽管经过精细清洗及 873 K 煅烧,最终产物中氯质量分数仍高达 0.004%。$H_2[SnCl_6]$ 溶液对任何碱性试剂都具有良好的中和性,考虑到产物的高吸附性,最佳的沉淀剂还是氨水溶液,它不会在产物中引入异质阳离子。

显然,金属盐与氧化物共沉积的方法在上述研究领域适用性较强,其主要优势在于其工艺参数可以在较宽的范围内调控,其中包括 pH。随着 pH 的增大,反应物溶解水化的程度就会增大,凝聚过程不断进行,从而产生了氢氧化物的溶胶和凝胶(溶胶—凝胶法)。产物颗粒由于在表面存在羟基,会吸附溶液中的离子。在含四价锡[$Sn(Ⅳ)$]化合物的酸溶液中和过程中(与中和方法无关),不仅会形成 $SnO_2 \cdot nH_2O$,还会形成相应的盐。此时,随着前驱体相性质及其在溶液中的浓度、反应温度、溶剂的性质、杂质的浓度及性质等参数的不同,pH 会在较宽范围内变化(pH=1.2~5.1,这一点对于复合物共沉积非常重要)。沉积条件的改变会引起沉积相的成分和结构的变化。如果含四价锡[$Sn(Ⅳ)$]的化合物水解温度不超过 290 K,则会产生可以溶于酸和碱的 $\alpha-SnO_2 \cdot nH_2O$ 沉积物;如果超过这个温度,则产生化学惰性的 $\beta-SnO_2 \cdot nH_2O$ 沉积物。

(2)利用有机盐合成 SnO_2。

在利用无机物前驱体制备 SnO_2 的同时,利用有机酸盐合成 SnO_2 的方法也得到了应用,常用的是草酸盐和柠檬酸盐。这方面的研究主要集中在对草酸锡

（Ⅱ）（SnC_2O_4）的分解方面。这种草酸盐为非晶态物质，且不溶于水，分解温度约为 553 K，分解反应的方程式为

$$SnC_2O_4 \Longrightarrow SnO_2 + 2CO \tag{5.5}$$

许多利用草酸分解获得二氧化物超细粉体的研究工作，大都是采用氯化锡（Ⅱ）与草酸在室温下沉积获得草酸锡。这种方法应用范围较广，一般是以合成的草酸锡（Ⅱ）（SnC_2O_4）作为前驱体，随后通过热分解获得纳米尺度的 SnO_2。其工艺流程是，对过滤后的沉积物进行清洗、烘干，然后在空气中加热至 1073 K 进行一定时间的煅烧，最后对烧结物进行破碎使之形成粉体。无论反应试剂的浓度如何（在 0.04～0.2 mol/L 范围内），所获得的均为棱柱形草酸颗粒，其热分解后形成四面体结构近球形 SnO_2，平均尺寸约为 75 nm。

有学者从微观组织结构角度对上述工艺方法进行了详细分析。分析结果表明，SnC_2O_4 热分解所制备的 SnO_2 颗粒保持了前驱体颗粒的形状和尺寸（图 5.17）。但是仔细观察发现，这种微米尺度的颗粒是由纳米尺度（50～70 nm）的区域连接而成，中间存在大量孔隙。对 723 K 不同时间煅烧试样的 XRD 分析结果表明，其均为金红石结构。由此可知，微米尺度的草酸盐颗粒在热分解过程中形成了纳米尺度的二氧化锡粒子，并以这种粒子为骨架形成多孔团聚体，其尺寸和形貌保持草酸盐颗粒的原始状态。

文献[390,391]的作者也对草酸盐分解合成二氧化锡进行了研究。该研究所用的草酸盐是利用化学方法合成的，即将氯化锡（$SnCl_2 \cdot 2H_2O$）溶液（0.5 mol/L）与沉淀剂草酸[$(COOH)_2 \cdot 2H_2O$]溶液（0.5 mol/L）按比例混合，混合温度为 303～363 K，随后将沉淀物分离、清洗，然后在 363 K 下烘干 24 h；热分解的温度为 673～773 K，三个阶段升温速率分别为 1 K/s 和 3.3 K/s，以及从 4.2 K/s 升至 100 K/s，微波炉中加热。

如图 5.17 所示，随着沉积过程温度的升高，沉积物上会形成直径为 0.5～2 μm、长度为 40～100 μm 的须状物；同时在温度为 303 K 时，所形成的是尺寸为零点几微米至十几微米不等的碎块状沉积物。文献[389]根据透射电子显微镜观察发现，草酸锡热分解后颗粒形状不变，但已经是纳米粒子组装成的多孔态的团聚体。并且，热分解过程中加热速率纳米粒子的尺寸影响并不明显，各种条件下获得的粒子尺寸均为 20～30 nm（即明显低于的影响）。

许多研究者对不同组元掺杂二氧化锡的合成展开了研究。文献[393]的作者采用的方法比较简单，主要利用 SnC_2O_4、$Ce(SO_4)_2 \cdot 4H_2O$ 或 $(NH_4)_2Ce(NO_3)_6$ 等商业盐类产品作为前驱体，通过干混及随后的热处理实现目标产物合成。研究者对原料盐及其混合物进行了热分析及 XRD 测试。在静态空气条件下测试了 TG 及 DSC 曲线，升温速率为 10 K/min，升温最高至 1273 K，发现热分解发生在 623～653 K 这个很窄的温度范围内。XRD 数据证实，合成的产物为 SnO_2。当

(a) 草酸锡723 K热分解合成粉体　　　　(b) 化学氧化SnC$_2$O$_4$ 723 K煅烧合成的粉体

图 5.17　不同工艺合成 SnO$_2$ 粉体组织形貌

温度升至 773 K 时,无论是纯草酸锡,还是草酸锡与铈盐质量比为39∶1的复合盐中,在形成 SnO$_2$ 的同时,也出现一定量的 SnO。

很多文献都报道了利用柠檬酸盐作为前驱体合成二氧化锡的研究工作,其已经广泛应用于复杂氧化物相改性处理(文献[371])。

值得注意的是,无论是将草酸锡作为前驱体,还是中间产物,液相沉积都是最有效的方法。已证明,草酸盐沉积颗粒的形态取决于沉积温度,而干燥后沉积物的煅烧可能会引起颗粒团聚程度增大。但是,热分解获得的颗粒最终尺寸要远大于煅烧后团聚态颗粒的尺寸。

(3)利用硫酸锡(Ⅱ)合成 SnO$_2$。

从物理化学性质上适合于生产 SnO$_2$ 的原料不多,硫酸锡(Ⅱ)是其中之一。SnSO$_4$ 适用性较广,且成本较低,这是其适于产业化的原因。同时,其优势还在于比较稳定,没有络合物,在水中具有较高的固溶度,并且在相对不高的温度下可以发生热分解。这种盐在温度约为 623 K 时开始发生明显的固相分解,主要的质量变化发生在 723～803 K 温度范围内,反应过程至 973 K 完全终止,并发生完全转变,过程如下

$$SnSO_4 =\!=\!= SnO_2 + SO_2 \tag{5.6}$$

文献[396]的作者在氮气条件下也得到了类似的结果,并且在温度 T 约为780 K时,硫酸锡完全分解所用时间不超过 20 min。

本书作者也用 SnSO$_4$ 合成了 SnO$_2$ 粉体。合成工艺未添加稳定剂,热处理采用的是氩气保护的电阻炉,处理规范为:将样品加热到 523 K 保温 0.5 h,然后加热到 873 K 保温 1 h,随后炉冷。对获得的样品进行 XRD 和 SEM 分析(采用的设备型号分别为 JEOL JSM－7001F)。XRD 分析表明,样品为金红石结构氧化锡晶体构成,未发现其他杂相。

图 5.18 为利用 $SnSO_4$ 合成 SnO_2 粉体的组织形貌。由图 5.18(a) 可见,粉末颗粒呈无规则碎裂体形态,尺寸分布很宽,从几微米到几十微米不等;从图 5.18(b) 可见,粉末是由致密或低孔隙率的晶体块与纳米粒子高孔隙的团聚体组成,纳米粒子的尺度为 40~60 nm,且后者在前者表面形成疏松的覆盖层。显然,欲利用硫酸锡合成 SnO_2 超细粉体,需要对工艺进行优化,并要采用稳定剂及其他措施。

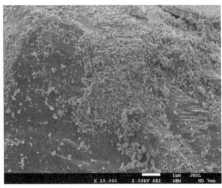

(a) 低倍　　　　　　　　　　　　　　　(b) 高倍

图 5.18　利用 $SnSO_4$ 合成 SnO_2 粉体的组织形貌

综上所述,利用液相反应沉积物热分解是合成二氧化锡的有效方法。实际研究中并没有对选择哪种原料试剂有特殊偏好。试验研究结果表明,实验参数的变化直接决定目标产物的性能。如果要使最终产物为超细粉体,则无论是利用有机盐还是无机盐作为前驱体,都必须添加表面活性剂。此外,掺杂工艺也是有效控制氧化物颗粒长大的方法之一。产物的合成温度在热分解工艺中意义重大。还应当注意,氯化物合成 SnO_2 粉体时,即使进行过深度清洗和煅烧凝胶,产物中也会有一定量的氯残留,在其应用时必须考虑到。

试验参数对产物的性能影响十分强烈,因而无法对其进行预先设定,必须通过试验对具体的工艺方法和工艺环节进行优化。

3. ZnO 粉体合成

氧化锌作为宽带隙透明半导体,是一种重要的功能材料,在很多技术领域都有应用。近十几年来,超细氧化锌粉体又引起人们的极大关注。

与前述氧化物相似,氧化锌的制备方法中,比较普遍采用的仍然是液相沉积物热解法。对电触头材料来说,考虑到其特殊的要求,一般采用氢氧化物、羟基盐或有机酸盐作为前驱体。本小节将针对这些化合物进行文献研究结果综述,同时也将公布本书作者的一些研究数据。

(1)氢氧化锌。

市场上广泛应用的 ZnO 产品均为液相沉积氢氧化物热分解法生产。其中，$Zn(OH)_2$ 是从锌盐完全水解或部分水解的溶液中利用沉积的方法获得。这种方法合成的氢氧化锌为含结晶水的白色非晶沉积物，随后的晶化速度不仅取决于外部条件，还与初生盐的性质有关。氢氧化锌有几种晶型，其中最为稳定的是 $\varepsilon-Zn(OH)_2$，其他非稳定的晶型都可以转变为这种晶型。在 313～323 K 温度范围内干燥后，产物的分子式为 $Zn(OH)_2$。加热温度超过 373 K 时，氢氧化锌开始分解，并最终转化为氧化锌，反应过程为

$$Zn(OH)_2 = ZnO + H_2O \tag{5.7}$$

不同手册上给出的氢氧化锌分解温度各不相同：有 398 K、373～523 K、448～565 K 及 443～528 K 等，这些数据的差别对应的是产物粒度和纯度的差别。原料试剂一般选择为：醋酸盐[$Zn(CH_3COO)_2 \cdot 2H_2O$]中加氨水($NH_3 \cdot H_2O$)作为沉淀剂，硫酸盐($ZnSO_4 \cdot 7H_2O$)中加氢氧化钠($NaOH$)作为沉淀剂。

将氨水($NH_3 \cdot H_2O$)溶液(2 mol/L)与 $Zn(CH_3COO)_2$ 溶液(1 mol/L)在温度为 313～323 K、pH=8 的条件下混合，所得到的沉淀物为 $\varepsilon-Zn(OH)_2$ 和少量 $Zn_5(OH)_8(CH_3COO)_2 \cdot H_2O$ 的混合粉体，粉末颗粒呈八面体状，尺寸为 10～30 nm。随后在 573 K 进行煅烧，复合粉体分解为氧化锌并产生晶化。煅烧后粉体颗粒仍然保持前驱体的八面体形状及尺度。这种颗粒实质上是由 ZnO 超细晶体和尺寸为 100～150 nm 的孔隙所构成(图 5.19)。

(a) 低倍   (b) 高倍

图 5.19　液相沉积氢氧化锌 573 K/2 h 煅烧后获得的 ZnO 粉体的组织形貌

873 K 及 1 173 K 煅烧后，由于 ZnO 晶体的烧结效应，颗粒尺寸会明显减小，但晶体尺寸反而增大。在上述较低温度下 ZnO 晶体产生烧结的主要原因是，其具有较高的弥散度和表面能。

类似的研究结果在文献[404]中也有报道,即利用乙二胺在氯化锌水溶液中沉淀出一水合羟基氯化锌,其为六边形片状颗粒,厚度为 $100\sim200$ nm,直径约为 1 μm。经 773 K 煅烧分解:

$$Zn_5(OH)_8Cl_2 \cdot H_2O \Longrightarrow 5ZnO+2HCl+4H_2O \tag{5.8}$$

所生成的多孔 ZnO 片仍保持前驱体的形状和尺寸,比表面积约为 15.7 m^2/g。

显然,这类粉末由于有较为发达的比表面积,会对 ZnO 的导电性产生一定影响,并不适合于电触头材料的制造。因此,必须通过工艺调整克服这个缺陷。

以有机化合物为稳定剂可以控制产物颗粒的形核和生长阶段的微观组织结构,这一点对于湿法化学合成非常重要,因为这种方法的工艺参数调节过于复杂。例如,添加非离子表面活性剂聚乙二醇可以促进新相的形核,进而有效阻止其生长。因此,针对具有一定弥散度的目标产物的合成,在反应体系中添加改性剂比改变合成条件及试剂要简单得多。现有的研究方法已经可以获得棒状、片状及球状的氧化锌颗粒,这主要归结于稳定剂与颗粒表面发生交互作用的结果。以此为基础,可以在合成氧化时对其结果进行预测。

(2)碳酸锌和羟基碳酸锌。

通过碳酸锌和羟基碳酸锌热分解可以合成氧化锌粉体。锌的碳酸盐的几种基本形式: $Zn_5(CO_3)_2(OH)_6$、$Zn_3CO_3(OH)_4$、$Zn_3CO_3(OH)_4 \cdot 2H_2O$ 和 $Zn_4CO_3(OH)_6 \cdot H_2O$ 等。在碱性介质中进行含锌化合物的化学沉积时,除了有氢氧化锌产生之外,还会由于溶液吸收大气中的二氧化碳而形成一系列羟基碳化物。这种情况并不一定属于制备方法的缺陷,因为上述沉淀物在并不是很宽的温度范围内($500\sim600$ K)都会分解形成 ZnO。避免产生复杂沉淀物,使其形成单一稳定产物的措施之一就是严格控制和监测沉积条件,但这又会导致工艺过程复杂化。

锌的几种主要碳酸盐分解温度相对较低,前驱体制备工艺相对简单,并且原料很容易获得,这就使利用这类化合物制备 ZnO/Cu(Ag) 电触头材料成为可能。采用原位沉积法制备含氧化物相的复合材料时,需要对工序进行合理调整,并对原料的种类、浓度比例及合成条件等参数提出特定要求。因此,需要对羟基碳酸锌沉积和分解过程进行研究,并对合成产物进行表征。

合成试验采用的是化学纯 $Zn(NO_3)_2 \cdot 6H_2O$ 和 $(NH_4)_2CO_3$ 作为原料,将硝酸锌水溶液(0.1 mol/L)缓慢加入硝酸铵水溶液(0.12 mol/L)中并搅拌。母液的 pH 为 8,温度为室温。产生的白色沉淀物经过滤后,用三倍体积的蒸馏水清洗,随后在 373 K 下烘干至质量不再发生变化。XRD 分析表明,沉积物的成分为羟基碳酸锌 $Zn_5(CO_3)(OH)_6$,其反应方程式为

$$5Zn(NO_3)_2+2(NH_4)_2CO_3+6NH_4HCO_3 \Longrightarrow$$
$$Zn_5(CO_3)_2(OH)_6 \downarrow +10NH_4NO_3+6CO_2 \uparrow \tag{5.9}$$

羟基碳酸锌在加热时发生热分解：

$$Zn_5(CO_3)_2(OH)_6 =\!=\!=\!= 5ZnO + 2CO_2\uparrow + 3H_2O \qquad (5.10)$$

在 DSC 曲线上对应的吸热峰的起点温度 T 为 507 K，分解反应完成的温度约为 550 K。因此，将沉积盐煅烧的合理工艺参数设定为 573 K/1 h。

图 5.2 为碳酸盐分解合成的 ZnO 粉末的 XRD 分析结果及颗粒组织形貌。从图 5.20(a)可见，合成产物仅出现 ZnO 的衍射峰，同时衍射峰的宽化说明产物中有一定量的非晶，且结晶相的粒子较为细小。由图 5.20(b)可见，氧化锌颗粒是由尺度约为 20 nm 的近球形纳米晶体组成的多孔团聚体。

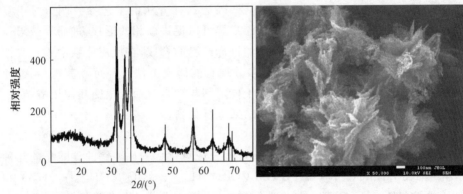

(a) 主要碳酸盐分解合成的ZnO粉末XRD分析结果　　　　(b) 颗粒组织形貌

图 5.20　主要碳酸盐分解合成的 ZnO 粉末 XRD 分析结果及颗粒组织形貌

因此，针对具体的试剂，采用合理的简单工艺方法就可以实现纳米尺度目标产物的合成。本研究的结果与其他文献研究的结果并没有明显差别：锌的主要碳酸盐的热分解温度在 473～533 K 范围内，锌盐溶液与沉淀剂溶液混合条件下合成产物的形貌也为近球形，尺寸不超过 50 nm。但需要指出的是，中等浓度液相中沉淀的碳酸锌容易水解，因而会对合成产物的质量产生一定程度的影响。

(3)有机酸盐的热分解。

利用长链的有机酸盐(如柠檬酸锌、硬脂酸锌、油酸锌、丙二酸锌等)合成氧化锌的工艺并不普及，主要原因前面已经提及，即其在热分解过程中的碳残留会造成合成产物的污染。如果在后续工艺中有高温处理环节，并且有氧的参与，则碳成分会被燃烧消耗掉，所以就不会有大的影响；但如果没有这样的工艺环节，碳残留则会对产物性质产生较大影响。

二水草酸锌是比较便于应用的锌盐之一，它具有 α 型和 β 型等多种结构形态。文献[409]的作者利用硝酸锌和草酸溶液混合，在 pH=4 的条件下合成了这种盐，并对其分解过程进行了研究。液相合成的温度为 340 K，反应时间为 5 h。产物分解的温度约为 650 K(主要进行了 TG、DSC 和气相质谱分析)。

以草酸锌为前驱体制备的氧化锌可以用于电触头材料，这主要是由于该工艺中不需要添加对触头材料有害的碱金属活化剂。文献[409]中没有对制备 ZnC_2O_4 的方法进行详细描述，也没有对合成的 ZnO 粉体进行表征，因而无法评价其在氧化物-金属复合材料制备工艺中应用的可行性。因此，作者所在团队对草酸锌液相合成及其热分解产物进行热力学和微观组织结构分析和表征（包括 TG、DSC、XRD 和 SEM 观察等）。

在室温下利用硝酸锌(0.1 mol/L)与草酸(0.2 mol/L)混合溶液，在 pH=4 的条件下合成了锌盐，反应方程式为

$$Zn(NO_3)_2 + H_2C_2O_4 \Longrightarrow ZnC_2O_4 \downarrow + 2HNO_3 \tag{5.11}$$

将产生的白色沉淀物经过滤后用水清洗，随后在 373 K 下烘干至质量不再发生变化。XRD 分析结果表明[图 5.21(a)]，沉积物的成分为二水草酸锌。产物热分析的结果如图 5.21(b)所示。由图 5.21(b)中可见，产物的分解过程可以分为两个阶段，其对应的是 TG 曲线上的两个失重阶段及 DSC 曲线上的两个吸热峰。

ZnC_2O_4 在 400～500 K 温度范围内发生结晶水脱离，在 650～700 K 温度范围内无水草酸锌发生分解，即

$$ZnC_2O_4 \Longrightarrow ZnO + CO \uparrow + CO_2 \uparrow \tag{5.12}$$

分析表明，在惰性气氛中煅烧得到的粉体中有一定量的炭残留。另外，热分析后的试样颜色发灰，而在空气中煅烧的试样呈白色，这也间接证明了炭残留。

图 5.22 为草酸锌在 773 K 下煅烧 1.5 h 合成的 ZnO 粉体的组织形貌。由图 5.22(a)可见，粉末颗粒为多孔的近球形，尺寸为 10～20 μm。由图 5.22(b)可见，这些颗粒是由尺寸为 40～150 nm 的 ZnO 晶体组成，即前驱体热分解形成了超细的氧化物粒子，其中大部分多孔团聚体构成烧结骨架，形状和尺寸均保持前驱体颗粒的状态。这与前面提及的几种盐类热分解过程中出现的现象相似。因此，在合成工艺设计时，要求草酸盐前驱体的颗粒尺寸与目标产物的颗粒尺寸相当。

（4）无水体系中的沉积。

在实验室中经常采用从酒精溶液中沉积纳米氧化锌的方法。由这种简单经济的方法获得的纳米 ZnO 颗粒的粒度分布范围很窄。利用醋酸锌的酒精(甲醇、乙醇)溶液，将其加热至 330 K，无须利用碱作为沉淀剂，即可合成尺寸约为 10 nm 的氧化锌纳米颗粒。利用酒精作为溶剂合成产物的形核和长大都会产生影响，其效应类似于前面描述的表面活性剂(聚乙二醇等)的作用。

在溶液中添加表面活性剂可以增大合成颗粒性状和尺寸的可控性。聚乙烯吡咯烷酮常被用作稳定剂，因为它会与晶体的生长面产生强烈的交互作用，即吸附于晶体的特定晶面上，从而抑制该晶面的生长，导致晶体生长呈各向异性。在醋酸锌的乙醇溶液中，利用含有聚乙烯吡咯烷酮(M_r=55 000)的氢氧化钠溶液

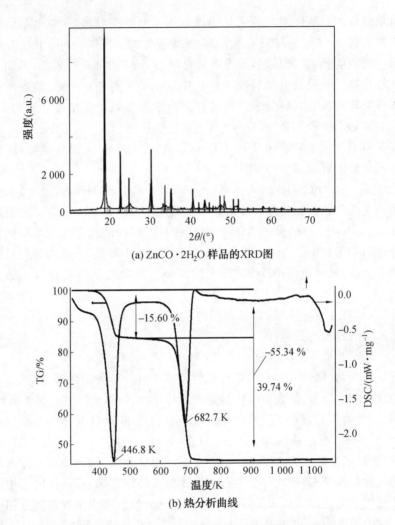

(a) ZnCO·2H$_2$O 样品的XRD图

(b) 热分析曲线

图 5.21　ZnC$_2$O$_4$·2H$_2$O 样品的 XRD 图及热分析曲线

作为沉淀时，可以获得直径为 20～30 nm 的 ZnO 纳米棒；同样条件下，采用乙二醇作为溶剂时，获得的是球形纳米颗粒（20～30 nm）；而在乙醇和乙二醇混合溶液中沉积时，如果不添加聚乙烯吡咯烷酮，则合成产物的形状不可控。

（5）掺杂 ZnO 的制备。

如前所述（表 5.1），有三种类型的掺杂会有效提高 ZnO 的导电性，即将其电导率从 10^{-5}～100 Ω/cm 提高到 10^3～10^4 Ω/cm，提高了几个数量级。前面分析的"化成沉积→热分解"的工艺路线也适合于制备 Al、Ga、In 掺杂的 ZnO 粉体。对比各种原料盐类可知，从硝酸盐溶液中沉积获得的碳酸盐适合于作为合成掺杂氧化锌的前驱体，原始试剂可以选择 Zn(NO$_3$)$_2$、Al(NO$_3$)$_3$·9H$_2$O、

(a) 低倍

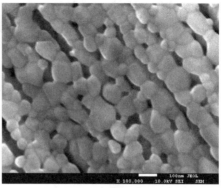

(b) 高倍

图 5.22　草酸锌在 773 K 下煅烧 1.5 h 合成的 ZnO 粉体的组织形貌

$Ga(NO_3)_3 \cdot 9H_2O$、$In(NO_3)_3 \cdot 9H_2O$，沉淀剂为 Na_2CO_3，稳定剂为医用聚乙烯吡咯烷酮 $\left[CH_2CH(C_4H_6NO) \right]_n$，其平均分子量 $M_w = 35\,000 \pm 5\,000$。

在液相沉积工艺环节，将添加有 2％(质量分数)聚乙烯吡咯烷酮的硝酸锌溶液(1 mol/L)中混入含有掺杂物(Al、Ga、In、Cu)的硝酸盐溶液，其加入量根据 ZnO 掺杂的目标量换算成氧化物的量来确定，然后在强烈搅拌条件下缓慢滴入沉淀剂溶液(2 mol/L)。沉淀过程是在室温下进行的，溶液 pH 为 8。反应形成的产物由羟基碳酸锌[$Zn_5(CO_3)_2(OH)_6$]和氢氧化铝(镓、铟)组成。沉淀产物经 700 K、0.5 h 煅烧分别分解为相应的氧化物。按照上述工艺过程制备了不同质量分数掺杂组元的复合粉体：0.05％、0.1％、0.3％、0.5％、0.7％和 1％。

为确定上述掺杂工艺的效果，将沉积的复合粉体按照传统的粉末冶金工艺制备成块体，并对其导电性进行测量。块体样品制备工艺为：在钢质模具中压制成型(150 MPa)，然后在空气中烧结(1 373 K、2 h)，最终试样的相对密度为 90％～97％。添加 0.05％～0.1％的 Ga_2O_3 试样，电导率从 20 S/m 增大到 400 S/m，与根据文献数据预测的结果相符。铟和铝的掺杂影响效果稍弱一些。当掺杂氧化物的质量分数超过 0.3％时，试样的电导率呈规律性下降，这被公认是晶界处析出尖晶石结构 ZnM_2O_4 造成的。显然，0.3％的掺杂量已经接近于 ZnO 晶格中对掺杂组元的固溶度，超过这个值就会在 ZnO 晶界处产生析出相。

因此，液相共沉积方法可以有效实现目标元素在氧化物中的掺杂。期望这种原位掺杂方法在实现金属上的沉积时效果不会弱化。要使掺杂达到最佳效果，必须对每个工艺环节的参数都进行优化，特别是化学共沉积环节。

超细粉体应用的一个主要问题就是颗粒的团聚。解决这个问题的方法之一就是采用不同的有机或无机基体。例如，利用碱沉积醋酸锌和醋酸镁的甲醇混合溶液，将沉积物在 673～773 K 温度范围内煅烧，可以得到 ZnO/MgO 纳米复合粉体,其氧化锌颗粒尺寸计算值为 3 nm 左右。选择合适的沉淀基体还有可能使材料获得新的特性。这种思想对于制备氧化物/金属电触头复合材料很有价值。

利用化学沉积和热分解合成 ZnO 超细粉体的方法,从化学原理和工艺实施方面都具有可行性,因而被广泛应用于解决具体问题。通过调整前驱体、改性物质及合成条件,可以制备出不同形态和尺寸的 ZnO 粉体。

通过上述综合分析可知,氢氧化锌、碳酸锌及草酸锌都适合于 ZnO/金属电触头复合材料的制备。

通过对合成二元氧化物超细粉体的分析可以得到的总体结论是,普遍采用氢氧化物和短链有机物盐,其在合适的工艺条件下经过沉积和分解可以获得具有目标特性的粉体。对于氧化镉的制备,最佳的原料是硝酸盐;对于二氧化锡是硫酸盐(Ⅱ);对于 ZnO 是碳酸盐。上述几种前驱体的优点在于,其热处理(煅烧)温度不高,原料来源丰富且成本较低,不含有害杂质,工艺的产业化实施的可能性较大。但需要注意的是,该工艺要求严格控制非稳定化合物体的合成条件,因为前驱颗粒的尺寸与电触头材料的金属基体上目标氧化物的颗粒尺寸基本相同。

5.4.2 三元氧化物的合成

复杂氧化物的制备一般采用多种二元氧化物作固相合成的方法。这种方法难度较大,而且能耗较高,因为要进行多道次机械研磨,还需要高温长时间合成。其产物也不适合于电触头材料的制备,因为其无法满足氧化物相在金属基体中均匀弥散分布的要求。氧化物相在金属基体中的均匀弥散分布,将充分发挥复杂氧化物的作用。因此,复杂氧化物可否在电触头材料中应用,主要取决于从原始复合组元中合成氧化物/金属复合粉体的方法。同时,还期望合成高弥散复合粉体的热处理温度尽量低,且合成时间应尽量短。高弥散度的原始分量可以有效加快固相合成速率,降低合成温度。这里所分析的化合物就涉及这些问题。

盐类共沉积方法灵活可控,借助于这种方法可以获得均匀的复合盐沉积,进而获得不同形貌的纳米尺度氧化物相。这里所研究的体系也应当达到这种要求。

1. 化学共沉积盐

化学共沉积法是指利用沉淀剂从某种盐的水溶液中沉积出相应低固溶度盐或碱的工艺,即沉淀剂与盐液发生反应,产生新的低固溶度盐的沉积。作为原料金属盐,一般采用的是硝酸盐、硫酸盐、氯化物及醋酸盐;沉淀剂一般采用的是钠、钾或氨的氢氧化物或碳酸盐。

化学沉积物的均匀性取决于各沉积盐的固溶度和结晶速率。如果各沉积盐的沉积速率差异较大,则产物的化学均匀性也会较差。当各沉积盐的固溶度差别较大时,也会导致产物的均匀性下降,这是因为低固溶度化合物会优先析出。将不同有机物加入反应时,由于其对晶体生长面的吸附,抑制了其团聚,可以实现沉积颗粒尺寸的控制。合理设置工艺参数,可以重复性制备出具有制定阳离子比例的均匀的复合盐粉体。在理想状态下,各种阳离子从溶液中以相同速率均匀沉淀。这种方法的优点在于,其所获得的粉体颗粒尺寸均匀,且可实现快速合成。利用目标氧化物前驱体进行化学沉积的方法可以避免许多传统粉末技术的弊端。例如,这种工艺不使用研磨设备,避免了产物的破碎。与机械混合的复合粉体相比,这种方法得到的复合沉积物及热分解产物的各组元更为均匀和弥散,这会大大提高材料在烧结过程中的活性,并明显缩短合成周期。

下面简单分析利用共沉积锡、镉、锌的非稳定盐低温热分解法制备偏锡酸镉($CdSnO_3$)、锡酸镉(Cd_2SnO_4)、锡酸锌(Zn_2SnO_4)及 $CdO-ZnO-SnO_2$ 复合体系氧化物的工艺过程。

化学沉积的原来试剂选择为二水醋酸镉$[Cd(CH_3COO)_2 \cdot 2H_2O]$、二水醋酸锌$[Zn(CH_3COO)_2 \cdot 2H_2O]$、五水氯化锡($\text{IV}$)($SnCl_4 \cdot 5H_2O$)。这些盐类都能很好地溶解于水及酒精水溶液,其沉积产物为热力学非稳定化合物,热分解温度不高,合理选择沉淀剂可以避免引入有害杂质。即在共沉积工艺中的一个重要环节就是选择合适的沉淀剂,它决定了多元体系中各组元的沉积参数和反应级别。所有阳离子同时沉积是获得均匀沉淀物的保障。适合于作为沉淀剂的是钠的氢氧化物、碳酸盐($NaOH$、Na_2CO_3),以及碳酸铵$[(NH_4)_2CO_3]$,这些都是所研究体系的典型沉淀剂。

采用 pH 测量仪及 XRD 荧光光谱分析法来评价沉积工艺的效果。pH 采用滴定法测量,即分别制备 50 mL 盐溶液和 100 mL 沉淀剂溶液(锌和镉盐沉淀用为 0.3 mol/L,锡盐沉淀用为 0.6 mol/L),滴定过程中检测 pH(InoLab 703 型 pH 测量仪),并计算出相对于 50 mL 的物质的量。

图 5.23 为溶液 pH 随滴入沉淀剂量的变化。不同沉淀剂对应的溶液最终 pH 不同:$NaOH$,11.5～13(浓度为 0.1 mol/L);Na_2CO_3,9.8～11;$(NH_4)_2CO_3$,8.3～9。

由于过高的 pH 可能会导致锌和锡液相络合物的形成,在本试验研究中也观察到这一现象。因此,本研究中所有沉淀物都是在较低 pH 条件下获得的。这里推荐以碳酸铵作为沉淀剂,其不会在体系中引入有害的钠离子。

随后的试验阶段就是以碳酸铵为沉淀剂对三种阳离子溶液进行同时滴定,在监测 pH 的同时,对溶液取样,分析其剩余阳离子的含量(采用 ARL QUANT'X 型 EDX 谱仪进行 XRD 荧光光谱分析)。

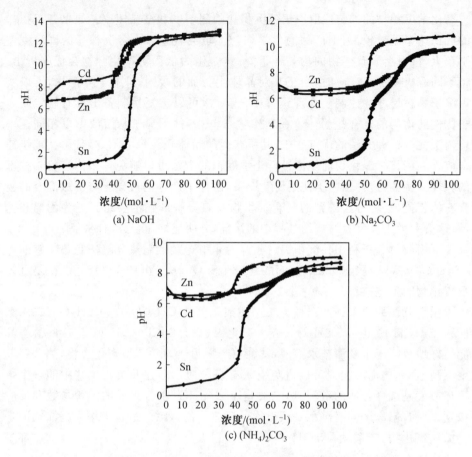

(a) NaOH

(b) Na₂CO₃

(c) (NH₄)₂CO₃

图 5.23　溶液 pH 随不同沉淀剂滴入量的变化

　　沉积试验采用的是浓度为 0.27 mol/L 的反应剂溶液（200 mL）和 1.77 mol/L 的沉淀剂 $(NH_4)_2CO_3$ 溶液（250 mL），其阳离子的摩尔比为 $r(Cd)$：$r(Zn)$：$r(Sn)=1:1:1$。按此比例，摩尔比金属盐溶液中的阳离子交互作用将出现极大值。表征溶液浓度和体积的当量点相应为 0.2 mol/L。为降低阳离子浓度检测取样的影响，溶液的量取较大值。利用体积可变的自动滴定管每次将 10 mL 沉淀剂加入盐溶液。每次滴定沉淀剂后，待溶液 pH 稳定时，提取用于测量的样品液体。随后对样品进行过滤后，定量分析其元素含量。

　　图 5.24 为溶液中 Cd、Zn、Sn 元素浓度和 pH 随沉淀剂滴入量的变化曲线。少量沉淀剂的加入（0.35 mol/L）即导致锡盐全部从溶液中沉淀出来，而镉盐和锌盐全部析出的当量点很接近。盐溶液混合后，马上会有部分氯化锡发生水解，结果出现了氢氧化锡 $[Sn(OH)_4]$ 沉积：

$$Sn^{4+} + 4OH^- \longrightarrow Sn(OH)_4 \downarrow \qquad (5.13)$$

加入 0.19 mol/L(NH$_4$)$_2$CO$_3$ 会使阳离子全部沉淀,此时的 pH 为 6.2。

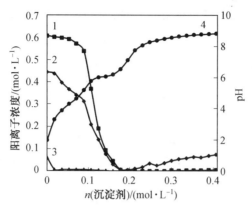

图 5.24　溶液中不同阳离子浓度和 pH 随沉淀剂滴入量的变化

1—Cd^{2+}；2—Zn^{2+}；3—Sn^{4+}；4—pH

沉淀剂过量时,溶液中会产生络合或过渡络合物,因而造成锌的损失:

$$Zn^{2+} + 4NH_3 \rightleftharpoons [Zn(NH_3)_4]^{2+} \tag{5.14}$$

试验研究证明,沉积物的沉积过程并不均匀,因为沉积产物并不是同时发生沉积,而是按次序沉积,即最先产生的锡元素以 α—锡酸盐的形式全部沉积出来,随后的沉积以锌盐为主,其中包含部分镉盐。这样,所形成的沉积物粉末颗粒大部分是以非晶态的羟基氧化锡为核心,外表是羧基碳酸锌和碳酸镉结晶盐的不均匀包覆层。

同样,在 Cd—Sn 和 Zn—Sn 体系中也会按次序出现非均匀沉积现象,即最初是含锡的化合物全部析出,随后是第二组元的化合物包覆了初生颗粒。

因此,阳离子的沉积次序和沉淀剂过量都会对产物质量产生负面影响。当 pH=6.2 时,为防止沉淀剂的局部过量,沉积过程中需要对溶液进行强烈搅拌。工艺优化的主要方向是,通过原料试剂、沉淀剂、表面活化剂及工艺参数的选择,保障获得均匀弥散的沉积物。

2. 复杂氧化物前驱体的合成

对于 CdSnO$_3$、Cd$_2$SnO$_4$ 及 Cd$_2$ZnO$_4$ 等复杂氧化物的合成,可以采用液相沉积的方法制备热力学非稳定复合盐粉体作为其前驱体。原料试剂仍然选择 Cd(CH$_3$COO)$_2$·2H$_2$O、Zn(CH$_3$COO)$_2$·2H$_2$O 及 SnCl$_4$·5H$_2$O 等盐类,沉淀剂也为碳酸钠(NH$_4$)$_2$CO$_3$。液相中锡与镉、锡与锌的化学计量比分别取 1∶1 和 2∶1,需将其换算为氧化物的比例(m(CdO)∶m(ZnO)∶m(SnO$_2$))。将溶液混合搅拌并滴入(NH$_4$)$_2$CO$_3$ 溶液。沉积的白色超细粉体经过滤后,在 383 K 条件下干燥 10 h。随后在 783 K、873 K、973 K、1 073 K、1 173 K、1 273 K 等温度下在空气中对产物进行 1~2 h 的煅烧。对不同合成阶段的产物样品进行热力学分析、XRD 相组成分析、元素成分分析和微观组织分析。

为了确定热处理过程的特征温度区间及反应产物的组成,对沉积的复合粉体进行了热力学分析。TG 和 DSC 分析的结果与文献资料的数据及 5.2.1 节单相前驱体分解的数据相符。

不同处理阶段样品的元素分析表明,在煅烧温度超过 1 000 K 时,氧化镉挥发明显,Cd 与 Sn 的摩尔比有所下降,目标化学计量比从 1 或 2,分别下降为 0.86 和 1.87。这就要求在工艺上采取措施,防止 CdO 挥发。

XRD 分析的结果同样证明,沉积物在上述温度下煅烧后会有一定的 CdO 挥发。在 873 K 煅烧 1 h 后,锡酸镉和偏锡酸镉的合成量已经分别达到 85% 和 75%。当温度提高到铜触头的烧结温度(1 223 K)时,分解过程完成充分。在两种情况下,粉末样品中都会出现一定量的氧化镉和非目标锡酸镉。

文献[424]的作者利用市场采购的粉体合成了锡酸镉,对 $CdO-SnO_2$ 和 $2CdO-SnO_2$ 两种组元比例的体系在 970~1 420 K 煅烧 6 h 合成的产物进行了研究。分析结果表明,两个体系的合成都需要在 1 300 K 下长时间煅烧才能完成。而同样体系的沉积盐复合粉体在较低温度和较短时间内即可完成合成过程。

当温度超过 1 073 K 时即可实现稀酸锌的固相合成。低于该温度时会含有一定量的二氧化锡和氧化锌。1 173 K 煅烧 2 h 后,合成产物量为 40%;同样条件下,温度为 1 223 K 时可达 85%。

总体上,这些数据与文献的数据并不矛盾,机械混合 ZnO 和 SnO_2 粉体在 1 273 K 煅烧 2 h 可保证合成的 Zn_2SnO_4 量占 100%,而共沉淀合成的 $ZnSn(OH)_6$ 粉体在更低的温度(1 073 K)条件下煅烧即可完全转化为目标产物(此时前驱体的颗粒尺寸约为 70 nm,而合成的 Zn_2SnO_4 粉末颗粒尺寸约为 10 nm)。也有关于在很低温度下合成稀酸锌的报道:共沉积氢氧化锡和氢氧化锌的混合物在 517 K 即可形成纳米尺度的 Zn_2SnO_4,但只有在 1 173 K 时,其产物才会出现衍射峰。

图 5.25 为 1 223 K 煅烧合成的 $CdSnO_3$ 粉体[图 5.25(a)、(b)]和 Cd_2SnO_4 粉体[图 5.25(c)、(d)]的组织形貌。两者的产物微观结构和形貌相类似,即在低倍下表现为粗大松散的团聚体,在高倍下发现这些团聚体由更为细小的 50~100 nm 的纳米晶体和小于 1 μm 的亚微米晶体所组成。但超细粒子的形貌差异明显:偏锡酸盐更趋向于长条状,弥散度较高;而正锡酸盐粉体是由近球形的较粗大颗粒组成。

图 5.26 为 Zn_2SnO_4 合成工艺的各阶段样品的组织形貌,即共沉积的混合粉体及 1 223 K 煅烧后的粉末形貌。共沉积前驱体为不规则形状的粗大颗粒构成的粉体,颗粒平均尺寸超过 100 μm[图 5.26(a)、(b)]。经过热分解和固相交互

(a) CdSnO$_3$ 粉体低倍照片

(b) CdSnO$_3$ 粉体高倍照片

(c) Cd$_2$SnO$_4$ 粉体低倍照片

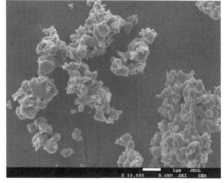

(d) Cd$_2$SnO$_4$ 粉体高倍照片

图 5.25　1 223 K 煅烧合成 CdSnO$_3$ 和 Cd$_2$SnO$_4$ 粉体

作用后,原始颗粒形貌被破坏,形成的粉末颗粒尺寸从几微米至几十微米不等 [图 5.26(c)]。这种粉末的大部分颗粒在煅烧后呈松散的团聚体状,由尺寸为 50～500 nm 的超细颗粒所组成[图 5.26(d)],但也可以观察到有 5～10 μm 的粗大单晶体存在。显然,此时应当调整沉积条件以获得更为细小弥散的沉积物,或者在必要时引入表面活性剂。

在其他体系的非稳定化合物热分解的研究中,也会出现这种微观组织结构,这与最终相应成分(本条件下即为 Zn$_2$SnO$_4$)晶体最终合成时的分解反应过程有关。采用前面使用的煅烧工艺并不能使锡酸锌颗粒实现烧结。在这个体系需要更高的温度才能使扩散过程活化。文献[425]的作者研究了 Zn$_2$SnO$_4$ 陶瓷的致密化工艺,将压制好的试样在 ZnO 粉末中包埋,在 1 523～1 573 K 温度下烧结 2 h,所获得的样品的相对密度为 90%～92%。

总之,合成 CdSnO$_3$ 和 Cd$_2$SnO$_4$ 等镉的锡酸盐可以采用液相合成锡和镉的化合物热分解的方法,这种方法可以保证在较低温度和较短时间条件下获得目

(a) 共沉积前驱体粉体（低倍）

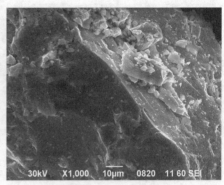

(b) 共沉积前驱体粉体（高倍）

(c) 1 223 k 煅烧后的粉体

(d) 煅烧后 Zn_2SnO_4 构成的团聚体

图 5.26　Zn_2SnO_4 粉体工艺过程中合成产物的扫描照片

标锡酸盐占主体的亚微米尺度产物粉体。沉积的复合盐在较宽温度范围内均可发生分解，从 873 K 起即可完全转化为偏锡酸镉和正锡酸镉。尽管产物粉体的成分复杂，其中包括两种锡酸盐及氧化锡和氧化镉，但这种方法仍然适合于氧化物—金属复合材料的原位合成，因为这种方法工艺简单，可以节约生产时间和降低能耗。

利用按一定化学计量比液相沉积的羟基碳酸锌[$Zn_4(OH)_6CO_3 \cdot H_2O$]和水合二氧化锡（$SnO_2 \cdot xH_2O$）复合粉体煅烧合成复杂氧化物 Zn_2SnO_4 时，合成反应起始于 1 100 K，在 1 223 K 时目标产物的质量分数约为 85%。产物为松散多孔的团聚体（10～20 μm），由尺寸为 50～500 nm 的 Zn_2SnO_4 颗粒组成。该合成方法可以保证上述的锡酸盐粒子均匀分布于金属（铜、银）粉末颗粒表面，因而可以有效应用于相应电触头复合材料的制备工艺。

上述研究结果表明，共沉积法对于合成复杂三元氧化物是有效的，即使对前驱体的选择和沉积及热处理工艺参数不进行优化，所得到的产物无论是粒度，还是成分，质量都是合格的。因此，通过优化工艺，可以实现粉体的可控合成。

上述方法在金属氧化物复合粉体的制备中也表现出一定的有效性。

对比利用商用氧化物 ZnO 和 SnO₂ 粉末合成工艺可知,利用液相沉积粉末合成 Zn₂SnO₄ 具有明显的优势。采用 $10\sim100\ \mu m$ 商用粉体进行固相合成时,由于固相扩散速率的限制,一般完全转变所需要的时间长达几十个小时。同时,在电触头材料中并没有苛刻地要求必须使用完全转变的复杂氧化物。因为在触头件中含有少量的二元氧化物并不会对其性能产生明显影响,而且这些氧化物独立存在都会成为触头材料中的有效第二相。

作者利用商用氧化物 ZnO 和 SnO₂ 粉末进行混合,然后在 1 273 K 分别煅烧 1 h 和 2 h(在文献[425]中有详细描述),对其合成产物分析结果表明,1 h 煅烧得到的目标氧化物质量分数为 27%,2 h 燃烧产物中质量分数为 43%。这些数据并不令人满意,这种工艺并不适合于在铜基电触头材料制备的烧结过程中合成复杂氧化物。对于银基电触头材料的制备,这种工艺就更不适合了,因为银基材料的烧结温度比铜基材料还要低(一般要低 100 K)。

3. $(ZnO)_x-(CdO)_{(2-x)}-SnO_2$ 体系中的相转变

无论从理论角度,还是从应用角度,利用液相沉积合成方法合成的上述三种氧化物体系中的相转变都值得深入研究。在上述体系中,除了前面研究过的 Zn₂SnO₄、CdSnO₃ 和 Cd₂SnO₄ 等三种化合物外,还会存在一般表达式为 $Zn_xCd_{(2-x)}SnO_4$ 的固溶体。根据文献[420]研究结果,这种固溶体具有良好的导电性(例如,$Zn_{0.5}Cd_{1.5}SnO_4$ 的电导率约为 0.71×10^2 S/m)和较高的化学稳定性,热力学特性直至 1 423 K 保持稳定。

对 ZnO-CdO-SnO₂ 体系中相转变的研究采用对比的方式进行,即对比分析液相共沉积与商用氧化物混合粉体固相反应两种工艺及产物。

分别制备锡盐溶液(浓度为 0.8 mol/L)、锌及镉盐溶液(均为 1.6 mol/L),按比例[$xZnO-(2-x)CdO-SnO_2$,x 值从 0 至 2 每隔 0.25 取一个值]配制试验用混合溶液。沉积试验过程中将(NH₄)₂CO₃ 溶液(3 mol/L)缓慢滴入混合液中,直至过剩 10%(体积分数)。沉积反应的总方程式为

$$4Zn(CH_3COO)_2+4(NH_4)_2CO_3+3H_2O \Longrightarrow$$
$$Zn_4(OH)_6CO_3\downarrow+8NH_4CH_3COO+3CO_2\uparrow \tag{5.15}$$

$$Cd(CH_3COO)_2+(NH_4)_2CO_3 \Longrightarrow CdCO_3\downarrow+2NH_4CH_3COO \tag{5.16}$$

$$SnCl_4+2(NH_4)_2CO_3+2H_2O \Longrightarrow Sn(OH)_4\downarrow+4NH_4Cl+2CO_2\uparrow$$
$$\tag{5.17}$$

沉积物经过滤和清洗后,在 373 K 下进行干燥。

利用固相法合成复杂氧化物时,采用商用化学纯 SnO₂、CdO 和 ZnO 粉末,将其按比例称重后进行湿混。随后将混合粉体在钢质模具中压制成直径为

15 mm、厚度为 2 mm 的坯件,压制压强为 200 MPa。将压制好的坯件在 1 123 K 的空气中煅烧 2 h,之后将其在玛瑙研钵中磨碎,用于后续的 XRD 相分析[采用 X'Pert-Pro(PANalytical)型衍射仪,相组成的定量分析采用的是 Match 1.9a Demo 软件]。

对比共沉积法制备的试样的相组成分析结果(表 5.3)可知,在二元氧化物 Zn_2SnO_4 中逐步用镉替代锌时,会顺序形成一系列固溶体:$Zn_{1.8}Cd_{0.2}SnO_4$ → $Zn_{1.6}Cd_{0.4}SnO_4$ → $Zn_{1.4}Cd_{0.6}SnO_4$ → $Zn_{1.2}Cd_{0.8}SnO_4$ → $ZnCdSnO_4$ → $Zn_{0.5}Cd_{1.5}SnO_4$ → $Zn_{0.4}Cd_{1.6}SnO_4$ 等,并最终形成三元化合物偏锡酸镉和正稀酸镉的混合物。在目标成分固溶体含量不高的试样中,会规律性地有单元氧化物残留或镉的三元稀酸盐化合物生成。上述体系的很多样品中目标固溶体含量的极值很高,可以在 62%～92% 范围内调控。显然,通过优化共沉积复合粉体煅烧温度和时间等热处理工艺参数,可以有效提高其产率。如果将温度升高为 1 200～1 250 K 时,将极大提高固溶体组元的活性,从而加速固相合成的扩散过程。

表 5.3 $(2-x)ZnO-xCdO-SnO_2$ 体系的相组成(共沉积法)　　%

相	质量分数								
	0	0.25	0.5	0.75	1	1.25	1.5	1.75	2
ZnO	—	10	—	—	—	—	—	—	—
CdO	—	—	—	—	—	—	—	—	—
SnO_2	—	27.6	7.6	7.3	11.8	5.6	—	—	—
Zn_2SnO_4	100	—	—	—	—	—	—	—	—
$Zn_{1.8}Cd_{0.2}SnO_4$	—	62.4	—	—	—	—	—	—	—
$Zn_{1.6}Cd_{0.4}SnO_4$	—	—	92.4	—	—	—	—	—	—
$Zn_{1.4}Cd_{0.6}SnO_4$	—	—	—	92.7	—	—	—	—	—
$Zn_{1.2}Cd_{0.8}SnO_4$	—	—	—	—	74.5	—	—	—	—
$ZnCdSnO_4$	—	—	—	—	—	74.4	—	—	—
$Zn_{0.5}Cd_{1.5}SnO_4$	—	—	—	—	—	—	80.7	—	—
$Zn_{0.4}Cd_{1.6}SnO_4$	—	—	—	—	—	—	—	63.5	—
$CdSnO_3$	—	—	—	13.7	20	11.1	—	28.7	19.4
Cd_2SnO_4	—	—	—	—	—	—	8.2	7.8	80.6

固相合成法制备的试样成分则是另外一种状态(表 5.4)。仅有一种成分的试样中能够合成正锡酸镉,其质量分数约为 87%。在这些试样中没有偏锡酸镉产生,这与文献[424]的研究结果相符,该文献作者在 1 273 K 煅烧单元氧化物混合粉体后,没有发现 $CdSnO_3$ 的存在。

表 5.4　xZnO$-$$(2-x)CdO-SnO_2$ 体系的相组成(固相合成法)　　　　%

相	质量分数								
	0	0.25	0.5	0.75	1	1.25	1.5	1.75	2
ZnO	46.4	31	42	36	41.4	23	11	3	—
CdO	—	9	—	5	9.1	25	41	38	—
SnO$_2$	53.6	48	51.5	49	44.4	47	42	51	13.1
Zn$_2$SnO$_4$	0	—	—	—	—	—	—	—	—
Zn$_{1.8}$Cd$_{0.2}$SnO$_4$	—	—	—	—	—	—	—	—	—
Zn$_{1.6}$Cd$_{0.4}$SnO$_4$	—	—	—	—	—	—	—	—	—
Zn$_{1.4}$Cd$_{0.6}$SnO$_4$	—	—	—	—	—	—	—	—	—
Zn$_{1.2}$Cd$_{0.8}$SnO$_4$	—	—	—	—	—	—	—	—	—
ZnCdSnO$_4$	—	—	6.5	—	—	—	—	—	—
Zn$_{0.8}$Cd$_{1.2}$SnO$_4$	—	12	—	—	—	—	—	—	—
Zn$_{0.5}$Cd$_{1.5}$SnO$_4$	—	—	—	—	5.1	5	6	8	—
Zn$_{0.4}$Cd$_{1.6}$SnO$_4$	—	—	—	10	—	—	—	—	—
CdSnO$_3$	—	—	—	—	—	—	—	—	—
Cd$_2$SnO$_4$	—	—	—	—	—	—	—	—	86.9

　　在煅烧后的试样中,含锌的固溶体的量不高,为 5%～12%。造成这种现象的原因可能是,原始单元氧化物的弥散度不高,无法形成颗粒之间发达的接触表面,加之在上述较低煅烧温度下各组元的扩散活性较差,因而阻碍了固相合成的进程。

　　对比两种方法合成的结果可以发现,与固相合成不同,共沉积法合成的样品中以固溶体形式存在的复杂氧化物质量分数较大(63%～92.7%),偏锡酸镉的质量分数也同样较大。此外,共沉积法合成物相的目标值与实际值符合得较好。

　　目标成分为 Cd$_2$SnO$_4$ 的共沉积法制备的试样中,发现其成分为正锡酸镉和偏锡酸镉的混合物;而在固相合成法制备的同种试样中,其主体成分为正锡酸镉,但含有高达 13% 的氧化锡。两种方法都可以保证合成较大量的 Cd$_2$SnO$_4$(超过 80%),但两种情况都表现为 CdO 的量不足。

　　因此,在一定的合成条件下(1 123 K,2 h 煅烧),只有共沉积法得到的前驱体才能合成目标成分的复杂氧化物。这样的合成温度比铜基电触头材料制备工艺中的烧结温度略低,因而这种工艺方法适合于铜基电触头材料的制备。

5.5 含金属氧化物的复合粉体及材料制备

含氧化物复合粉体合成的最终目的是利用该类粉体制备电触头材料及元件。与前面的思路相同,这里还是希望通过原位合成工艺解决这个问题,即通过液相共沉积获得前驱体,然后通过热处理在金属粉末颗粒表面上直接合成氧化物相。

5.5.1 SnO₂/Cu 复合材料的分析

尽管 SnO_2/Ag 复合材料已经在工程上广泛应用,但迄今也没有类似的铜基材料的研究信息或者专利公布。这可能是其粉末压坯在 1 200~1 270 K 的高温下烧结时发生了某种复杂的反应,使其很难得到目标成分。换言之,在较高温度下铜与氧化锡可能无法共存。这种情况下,对氧化锡与金属铜及其氧化物可能发生的反应进行热力学分析就很有意义。表 5.5 为在不同温度下(直至烧结温度)铜与二氧化锡氧化还原反应的热力学参数计算结果。

表 5.5 在不同温度下(直至烧结温度)铜与二氧化锡氧化还原反应的热力学参数计算结果

T/K	$\Delta H^{\ominus}/(kJ \cdot mol^{-1})$	$\Delta S^{\ominus}/(J \cdot mol^{-1} \cdot K^{-1})$	$\Delta G^{\ominus}/(kJ \cdot mol^{-1})$	K
$SnO_2 + 2Cu = Cu_2O + SnO$				
773.15	126.182	34.733	99.328	1.94×10^{-7}
973.15	126.055	34.581	92.403	1.10×10^{-5}
1 173.15	126.152	34.670	85.480	1.56×10^{-4}
1 273.15	153.957	56.914	81.497	4.53×10^{-4}
$SnO_2 + 4Cu = 2Cu_2O + Sn$				
773.15	241.931	65.936	190.952	1.25×10^{-13}
973.15	240.946	64.803	177.883	2.83×10^{-10}
1 173.15	239.817	63.753	165.025	4.48×10^{-8}
1 273.15	239.026	63.108	158.681	3.08×10^{-7}

一般情况下,如果一个反应的标准吉布斯自由能的变化 $\Delta G^{\ominus}$ 为正值,相应地,其反应平衡常数 K 为负值,则该反应在标准条件下从热力学角度是不可能发生的。

从表 5.5 的计算结果可知,二氧化锡并不能成为铜的氧化剂,在上述温度区间内不会与金属铜产生交互作用。

但是,这个结论与实际情况并不相符。试验研究表明,铜和二氧化锡的复合粉体制备的坯件在温度为 1 223 K 的惰性气氛中烧结后,得到的是灰黑色的多孔样件,其一方面无法满足电触头材料的基本质量要求,另一方面也证明在烧结过程中产生了交互作用,生成了黑色的氧化亚锡。

可以假设,氧化锡还原成金属,并进一步形成了 Cu-Sn 固溶体。显然根据平衡相图(图 5.27),这种固溶体的形成是自发过程,它会导致表 5.5 中的第一个反应向右移动,使之发生的概率增大。

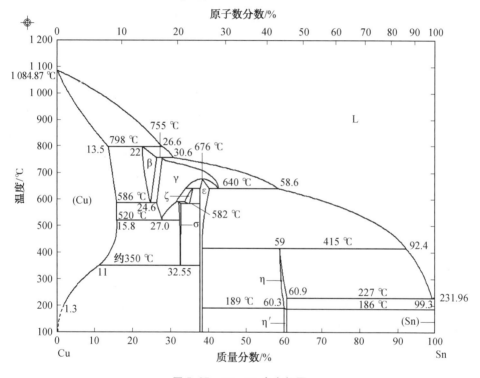

图 5.27　Cu-Sn 合金相图

这意味着,相对于铜的两种价态氧化物(一价和二价),二价氧化锡(Ⅱ)在标准条件下不会成为还原剂,即在平衡体系中,当有铜的氧化物存在时,就不会有氧化亚锡存在。那么,在最终材料中两者都有一定量的存在,说明上述反应的动力学过程还会受到阻碍。

在惰性气氛下,氧化亚锡通过相应盐热分解形成的过程中,有可能会发生歧化反应,这一点对于分析上述体系中的交互作用非常重要。例如,文献[429]的作者研究了甲磺酸锡(Ⅱ)的分解过程并证实,其在热分解初期会形成硫酸锡

$SnSO_4$，随后在680～698 K温度下会转变成SnO。这种证据并不是唯一的，根据文献[430]的数据，氧化亚锡在温度超过570 K时就变得不稳定，并会转变为$Sn_{(L)}+SnO_{2(S)}$的混合物，这种反应的热力学计算结果见表5.6。

表5.6 二价氧化锡歧化反应热力学参数计算结果

T/K	$\Delta H^{\ominus}/(kJ \cdot mol^{-1})$	$\Delta S^{\ominus}/(J \cdot mol^{-1} \cdot K^{-1})$	$\Delta G^{\ominus}/(kJ \cdot mol^{-1})$	K
		$2SnO \Longrightarrow Sn+SnO_2$		
373.15	−16.99	−16.512	−10.829	32.8
573.15	−10.156	−3.127	−8.364	5.79
773.15	−10.433	−3.529	−7.705	3.32
973.15	−11.165	−4.359	−6.923	2.35
1 173.15	−12.488	−5.586	−5.934	1.84
1 273.15	−68.887	−50.72	−4.313	1.50

表5.6中的计算结果与文献数据符合得很好，并且证明了氧化亚锡歧化反应的吉布斯自由能的变化值直至1 350 K均为负值，因而这种反应会发生，而在此温度下二氧化锡稳定。当温度超过1 350 K后，SnO_2稳定性变弱。随着温度的降低，歧化反应的$\Delta G^{\ominus}$的绝对值增大。也有文献数据表明，氧化亚锡在658 K时转变为稳定状态。而根据下面要给出的相图可知，这个转变温度应为(543±20)K。

图5.28为不同文献给出的Sn—O相图。图5.28(a)为试验测试得到的相图，温度为770 K左右。图5.28(b)为通过计算得到的完整相图，温度范围拓宽到锡的沸点。这篇文献对前期公布的Sn—O相图的研究工作也进行了全面系统的分析。两个相图实际上在低温区是一致的，基本上与早期Platteeuw J. C.和Meyer G.的研究结果相同。图5.28(a)与(b)的差别在于，包晶反应$Sn+2SnO_2 \Longrightarrow Sn_3O_4$的温度有所不同(两者差值为7 K)。一些手册中收集的更早公布的相图(1949年)与图5.28(b)在低温区差别更大，其中就不包括有氧化亚锡参与的平衡反应。这些差别证明这种反应的复杂性和动力学过程的艰难性，从而导致了相组成研究结果的不唯一性。近期公布的相图研究结果更为可信，且其已经被现代的试验研究工作所证实。SnO从室温到543 K是稳定的，随后会发生歧化反应分解为Sn和Sn_3O_4，这个反应的温度区间一直到723 K。二氧化锡在723～1 309 K都是稳定的。在更高的温度下，气态SnO变得较为稳定。

基于上述结论可以认为，SnO_2的前驱体分解温度应当高于723 K(450 ℃)。当温度低于这个值时，前驱体在惰性区分下分解会形成氧化亚锡，其在后续加热过程中因歧化反应生成金属锡。金属锡会固溶到铜基体中，导致基体合金导电

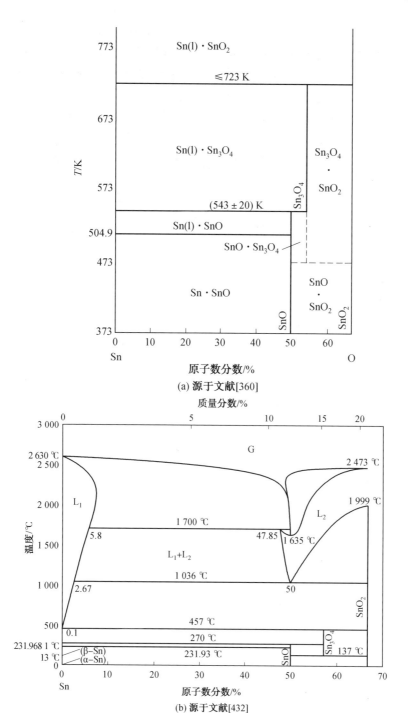

图 5.28　不同文献给出的 Sn－O 相图

性下降和熔点降低,从而对电触头的服役特性产生负面影响。

也有研究指出,在贫氧条件下 SnO 会在温度超过 453 K(180 ℃)时即发生歧化反应生成锡和二氧化锡。可见,对这个问题的研究并没有得到圆满的解释,因而对于具体的问题也就无从参考,必须通过试验来验证。

在制备的复合粉体中出现氧化亚锡不仅会造成铜基复合材料氧化物的还原(表 5.5),还可能会使氧化镉中的镉还原成金属。如果说铜的氧化物还原不会有副作用,而且是人们期望得到的结果,那么易挥发镉的存在则会因其挥发而导致混合粉体化学成分偏离目标值。这个反应的热力学计算结果列于表 5.7 中。

表 5.7　镉从其氧化物中还原的热力学参数计算结果

T/K	$\Delta H^{\ominus}/(kJ \cdot mol^{-1})$	$\Delta S^{\ominus}/(J \cdot mol^{-1} \cdot K^{-1})$	$\Delta G^{\ominus}/(kJ \cdot mol^{-1})$	K
		$SnO+CdO \rightleftharpoons SnO_2+Cd$		
373.15	−38.56	−13.075	−33.681	51.9×10^4
573.15	−38.76	−13.614	−30.958	6 630
773.15	−32.196	−2.661	−30.138	1 090
973.15	−31.862	−2.271	−29.652	39.1
1 173.15	−31.874	−2.277	−29.203	20.0
1 273.15	−59.78	−24.604	−28.456	14.7

由表 5.7 中可见,这个反应的自由能在整个热处理的温度范围内均为负值,说明反应能够自发进行。从这个角度来说,在合成反应过程中不期望有氧化亚锡形成。

因此,从物理化学角度分析可知,由于铜与二氧化锡在高温热处理过程中的不相容性,这个体系的材料目前还无法合成。解决这一问题的出路就是降低 SnO_2 在与铜的氧化-还原反应中的活性。这只有通过将二氧化锡包覆在热力学稳定性较好的三元或更为复杂含氧化合物中才能实现。作者已经对一系列 Cu/xCd_2SnO_4 电触头材料开展了研究,并取得良好的效果。

5.5.2　铜-氧化物复合粉末的制备

作者所在团队目前已在实验室条件下开发出 $5CdO/Cu$、$5CdO/Cu-0.5Cd$、$5CdSnO_3/Cu$、$5Cd_2SnO_4/Cu$、$5Zn_2SnO_4/Cu$ 等多个系列氧化物/金属复合材料。其中前两组材料采用热分解蒸发法制备,其他材料采用共沉积法制备。

在开展系列试验研究之前,需要阐明的问题是:①可否获得目标氧化物相在铜粉均匀弥散分布?②可否在铜基材料烧结温度(1 220~1 270 K)下实现复杂氧化物从沉积的前驱体中充分合成?

类似于文献资料中对复合材料组织均匀化的方法的表述,例如"热分解蒸发法",将下面介绍的处理方法称为"化学转变蒸发法"。这种方法的总体技术路线(无须考虑原始试剂的形态)是:用前驱体盐溶液润湿铜粉,然后将溶剂蒸发掉,随后用沉淀剂对混合粉末进行处理,使沉积在铜粉表面的盐转变为氢氧化物,并均匀弥散地分布在铜粉颗粒表面,之后进行清洗和热处理。

　　与银基复合材料制备有所不同,铜基复合材料制备时一般采用氯盐作为前驱体:五水氯化锡(IV)($SnCl_4 \cdot 5H_2O$)和锌/镉的氯化物。如果需要复杂目标氧化物,则可以将上述氯化物混合后溶解在合适的溶剂中。为了与铜粉有效混合,有时需要溶液的量较大,这时可以加入过剩的溶剂(酒精、丙酮等有机溶剂易于润湿铜粉,并且可以快速蒸发)。铜粉与溶液混合后,在搅拌条件下使溶剂蒸发。将干燥的"盐化"粉末放到氢氧化钠或氨水溶液中以获得镉/锌的氢氧化物和二氧化锡。

　　另外一个方案是"湿法"合成,即将铜粉置入盐溶液中,在强烈搅拌条件下加入沉淀剂进行沉淀。上述两种方式处理之后,都要将沉淀物分离,然后清洗掉其中的钠离子,烘干后在氮气或氩气保护条件下进行热处理,热处理温度为 $570 \sim 670$ K。经过这些工艺环节所得到的粉体可用于致密化处理。

　　上述盐类与沉淀剂的反应形成氧化或氢氧化物沉淀:

$$SnCl_4 + 4NaOH(稀) = SnO_2 \downarrow + 4NaCl + 2H_2O \qquad (5.18)$$

$$SnCl_4 + 4(NH_3 \cdot H_2O)(浓) = SnO_2 \downarrow + 4NH_4Cl + 2H_2 \qquad (5.19)$$

$$ZnCl_2 + 2NaOH(稀) = Zn(OH)_2 \downarrow + 2NaCl \qquad (5.20)$$

$$ZnCl_2 + 2(NH_3 \cdot H_2O)(稀) = Zn(OH)_2 \downarrow + 2NH_4Cl \qquad (5.21)$$

$$CdCl_2 + 2NaOH(稀) = Cd(OH)_2 \downarrow + 2NaCl \qquad (5.22)$$

$$CdCl_2 + 2(NH_3 \cdot H_2O)(稀) = Cd(OH)_2 \downarrow + 2NH_4Cl \qquad (5.23)$$

　　与上述反应不同,当沉淀剂采用浓溶液时,会有 $Na_2[Sn(OH)_6]$、$Na_2[Zn(OH)_4]$ 或 $[Zn(NH_3)_4]Cl$ 等化合物合成并溶解于水中,在随后的清洗工序中被去除,从而影响目标成分的获得。因此,无论对于稀酸锌,还是锡酸镉,都应当采用氢氧化钠稀溶液作为沉淀剂。与锌、镉及锡(IV)的硫酸盐的反应与此类似,在合成 ZnO/Cu 复合粉体时,可以采用氨水作为沉淀剂,这样可以省去清洗的环节。这类工艺方法也可用于一些基本氧化物的掺杂处理。为了大幅度提高氧化锌的导电性,可以采用铝、镓等ⅢA 元素进行掺杂改性。有效实现这种掺杂的工艺关键在于选择合适的原料盐和沉淀剂。显然,适合作为铝盐的有:铝的氯化物和硫酸盐,以及硫酸钠铝和硫酸铝铵等,可发生如下反应:

$$AlCl_3 + 3NaOH(稀) = Al(OH)_3 \downarrow + 3NaCl \qquad (5.24)$$

$$NaAl(SO_4)_2 + 3NaOH(稀) = Al(OH)_3 \downarrow + 2Na_2SO_4 \qquad (5.25)$$

$$Al_2(SO_4)_3 + 6NaOH(稀) = 2Al(OH)_3 \downarrow + 3Na_2SO_4 \qquad (5.26)$$

为了实现镓掺杂,可以采用镓的三价氯化物、硝酸盐及硫酸盐,它们无论是与稀的氢氧化钠溶液,还是稀的氨水溶液,都会反应生成氢氧化物沉淀。因此,锌和镓的盐溶液可以与 NaOH 及 $NH_3 \cdot H_2O$ 反应产生共沉淀。

二价的锡盐可以用于银基材料的合成,因为这种材料的热处理过程都可以在空气中进行。这种盐类在合成过程中的热分解会导致初生氧化亚锡的形成,其在随后更高温度热处理时会形成二氧化锡和金属锡,但由于氧化亚锡及金属锡在空气中会被氧化,因而不会产生基体的合金化。

如前所述,对于电触头材料来说氧化亚锡歧化反应(表5.6)负面作用加大,其一般发生在 $450 \sim 540$ K 的贫氧条件下。锡在基体中的固溶使相组成偏离目标值,还会导致其导电性下降。同时,在氧化性气氛中,当温度超过 400 K 时,氧化亚锡会氧化成二氧化锡。因此,考虑到当温度超过 540 K 时,氧化亚锡在惰性气氛中并不稳定,前驱体(这里指的是大多数盐类)选择在较高温度下分解,就不会形成金属锡。并不排除二价的锡盐在铜基材料合成工艺中应用的可能性,但这个问题目前还没有找到确切答案,尚需进一步研究。

1. 铜-氧化镉复合粉体

在 3.2.4 节中讨论了 CdO/Cu-Cd 复合材料作为电触头材料的优势,这是以铜镉合金为基体,以弥散分布的氧化镉为强化相的复合材料。这种材料中氧化物利用热分解蒸发法合成。电接触试验结果证明,利用青铜为基体,同时利用上述方法引入氧化物相的方法效果很好。下面将详细分析氧化物-金属复合粉体的制备工艺,特别是氧化物相的形态控制方式。

关于醋酸镉在异丙醇水溶液中固溶度的试验数据没有在文献中查到。对于这个问题要求针对每一种具体的盐都开展试验分析,目的是优化其液相中的酒精含量,因为酒精含量一方面影响盐的固溶度,另一方面也会对其在铜粉表面的润湿性产生影响,而后者要求通过专门的处理以防止氧化反应的发生。

对于 $5CdO/Cu-0.5Cd$、$5CdO/Cu$ 等氧化物-金属复合粉体制备的原始试剂,这里采用的是电解铜粉、电解镉粉和二水醋酸镉。将醋酸镉溶于 80%(质量分数)异丙醇水溶液中备用。醋酸镉在异丙醇溶液中的固溶度很高,一般氧化物质量分数为 5% 的混合粉体制备需要约 100 mL 的饱和溶液。

对于成分为 CdO/Cu-Cd 的复合体系,在将铜粉加入盐溶液中的同时,还要加入镉粉。由于这里所采用的异丙醇水溶液对铜粉和镉粉的润湿性很好,所以这个过程完成得很快,并且没有结块现象出现。随后在 353 K 的温度下连续强烈搅拌,目的是防止醋酸镉的结晶颗粒分层,并使其均匀分布在铜粉表面。最终采用 673 K 氩气保护下煅烧,使镉盐分解转变为氧化物。

图 5.29 为所制备复合粉体在不同放大倍数下的组织形貌。如图5.29(a)所

示,电解铜粉呈树枝状,树枝段的直径约为 $2~\mu m$,长度为 $10\sim 20~\mu m$。氧化镉为 $0.5\sim 2~\mu m$ 的团聚体,由截面尺寸为 $100\sim 200~nm$ 的圆形晶粒体组成[图 5.29(d)]。显然,此时热分解的结果与前面多次提到的现象一致,产物是由细小的氧化物晶粒组成的松散的多空团聚体,且仍然保持前驱体颗粒的尺度。

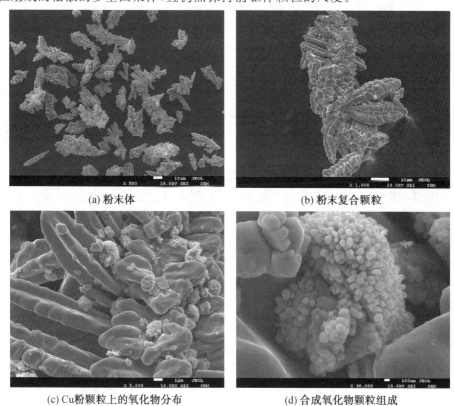

(a) 粉末体　　　　　　　　　　　(b) 粉末复合颗粒

(c) Cu粉颗粒上的氧化物分布　　　　(d) 合成氧化物颗粒组成

图 5.29　煅烧后的 5CdO/Cu－0.5Cd 复合粉体在不同放大倍数下的组织形貌

将图 5.29 与图 5.15 上采用结晶态二水醋酸锌分解得到氧化镉的形态对比可知,两种情况下产物颗粒的团聚结构特征、颗粒的形状、尺寸等参数都类似。两者的唯一差别在于团聚体的尺寸,这里(图 5.29)的产物是由更为细小的沉积盐颗粒分解而成的。这本身就证明,液相蒸发结晶在铜粉表面的沉积盐前驱体颗粒得到了有效"碎化"。

尽管这种方法所得到的氧化物的粒度及其沿铜粉表面的分布均匀性还可以更为优化,但这种粉体制备的材料已经表现出较为优越的性能。本书作者利用这种方法合成的铜－镉－氧化镉复合粉体制备了触头元件,并与传统触头材料进行了对比试验。按照上述方法制备的电触头材料具有更低的接触磨损值和更高的硬度值,即氧化物在基体中弥散分布会明显改善材料的电学性能和机械性能。

从上述分析可见,这类材料合成的关键是要找到使前驱体盐在铜粉表面沉积的结晶颗粒均匀分布的工艺方法,从而实现其前驱体盐的碎化。

2. 铜－复杂氧化复合粉体的合成

作为制备金属－复杂氧化物的原始材料,这里选择的仍然是电解铜粉、镉和锌的醋酸盐、氯化锡(Ⅳ)、碳酸铵等几种常用材料和试剂。所有盐类试剂均为化学纯状态。制备相应的各种金属盐溶液(浓度为 0.1 mol/L)和沉淀剂溶液(0.3 mol/L)。在确定质量的铜粉中加入金属盐溶液,然后在强烈搅拌条件下逐步加入沉淀剂,从而形成沉积产物。这些反应的过程遵循式(5.13)～(5.15),沉积物的化学成分如 5.4.2 节中所讨论的几种化合物:$CdCO_3$、$Zn_4(OH)_6CO_3$ 和 $Sn(OH)_4$ 等。所得到的金属－盐复合物(前驱体复合粉体)经过滤、清洗后,在 373 K 下烘干,随后在 823 K 的氩气氛下煅烧。在该温度下,上述所有沉积物都会充分分解为相应的氧化物,同时也会形成部分锡酸镉。锡酸锌在上述煅烧温度下未被发现。

图 5.30～5.32 为几种煅烧后的复合粉体的组织形貌。尽管煅烧温度相对并不高(但已经超过铜的表面原子活化温度,见 2.2.3 节),铜粉的树枝段已经明显球化,从而导致粉体的比表面积降低,这是一个明显的负面影响。从整个工艺路线来看,必须考虑这种现象及其对复合粉体质量的影响,因而前驱体热分解反应的温度应尽量降低,反应时间也应尽量缩短。

实质上并未在由共沉积法获得的 $5CdSnO_3/Cu$ 及 $5Cd_2SnO_4/Cu$ 复合粉体中(图 5.31)发现氧化物相的烧结块体出现,这是纯氧混合物的特征(图 5.25)。尽管两者的煅烧温度差别很大(823 K 和 1 223 K),但氧化物的形态和尺寸相近。

但是,细小颗粒的形态明显不同,偏锡酸盐一般呈长条状多面体,总体上的分散性较高,而正锡酸锌一般呈近球形,尺寸较为粗大(1 223 K 煅烧)。

需要注意的是,铜粉表面与其上分布的氧化物之间的接触从表观上看是紧密的。许多接触点都有部分嵌入接触面中。铜表面与氧化物颗粒的这种接触面呈凹陷形(类似于液相面上有非润湿固体时呈现出来的界面形状),这意味着其润湿角大于 90°,也说明其结合强度并不够高。但是,在利用 SEM 对粉体形态进行观察时,在试样的托盘里很少观察到有剥落的单独氧化物颗粒,这个事实间接地证明,这些氧化物颗粒与铜基体之间具有较高的结合强度。

由于这里选择的煅烧温度已经超过了表面原子活化温度,因而铜粉颗粒出现了表面烧结,这就是在有氧化物颗粒嵌入的铜粉表面形状较为复杂的原因。

与含镉试样不同,$5Zn_2SnO_4/Cu$ 复合粉体中的氧化物颗粒具有另外一种形态,与纯氧化物粉末(图 5.25)相比,它为单独的椭球形颗粒,其短轴方向的长度为 100～300 nm。

(a) 粉末体

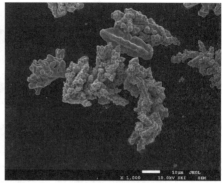

(b) 粉末复合颗粒

(c) Cu 粉颗粒上的氧化物分布

(d) 合成氧化物颗粒组成

图 5.30　煅烧后的 $5CdSnO_3$/Cu 复合粉体在不同放大倍数下的组织形貌

上述合成方法及原始试剂同样可以用于制备 $10Zn_2SnO_4$/Cu 复合粉体。XRD 分析表明,复合沉积物经 1 173 K、2 h 的煅烧后,已经完全转变为目标成分。由于这个煅烧温度比铜基电触头材料的正常烧结温度低 $50\sim100$ ℃,因而利用这种原始复合粉体制备的样件在正常烧结工艺下会完全转变为正锡酸锌。

由复合粉体的组织形貌可见,铜粉颗粒表面上的氧化物相的分布并不均匀,在某些铜颗粒,特别是在一些铜颗粒某些枝段上完全没有氧化物相的存在。即在铜粉颗粒的某些区域可能没有被液相润湿,因而这里就没有析出沉淀物的吸附。这种现象在所有样品中都会发生,因而值得被关注和进一步研究。这种现象会造成电触头材料成品件氧化物分布的局域化,进而对触头材料的质量产生负面影响。目前对这个现象还无法全面解释,但也许有必要对化学沉积前的铜粉进行预处理,或者对液相的成分进行调控,从而阻止这种现象的发生。

因此,上述几种成分氧化物一金属复合粉体方法研究表明,其可以实现亚微米尺度氧化物相的合成,并可保证其在金属粉体中的均匀分布,进而可用于制备

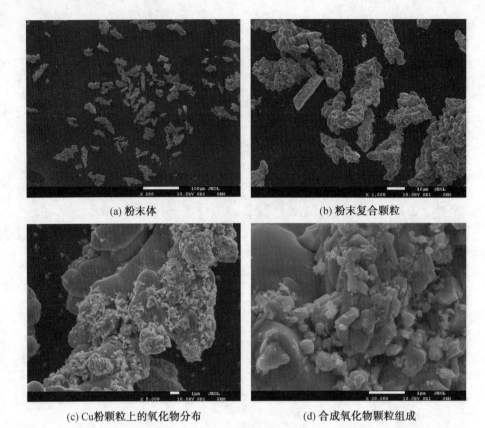

(a) 粉末体	(b) 粉末复合颗粒

(c) Cu粉颗粒上的氧化物分布	(d) 合成氧化物颗粒组成

图 5.31　煅烧后的 $5Cd_2SnO_4/Cu$ 复合粉体在不同放大倍数下的组织形貌

第二相均匀弥散分布的电触头材料。并且这种方法可以实现非稳定化合物在铜粉表面的直接沉积（液相蒸发或化学沉积），在热分解处理后可以获得目标复合粉体,简单高效,节能环保。上述工艺路线即使不对各工艺环节及设备参数进行优化,仍然可以保证合成粉体氧化物相达到目标成分和在粉体中的均匀分散。上述工艺方法及其实验室研究结果表明,其可以用于铜基无银电触头材料的制备,并有望实现新型触头材料组织均匀性的控制和服役特性的显著提高。

5.5.3　TCO/Ag(Cu)电触头材料致密化

第二相与基体的润湿性显著影响电触头材料的制备及性能。首先润湿性影响材料的致密化程度,在烧结过程中,用界面能 γ_{ss}/γ_{sv} 作为烧结过程的判据可发现,当固固界面能降低时,会对烧结过程有很大促进作用,孔洞进一步收缩,致密化程度增大。对于粉末冶金法制备的电触头材料,致密度是一个重要指标,相对于无空隙坯件,含 2% 孔隙率的坯件抗拉强度下降 50%,并且材料的电侵蚀率会

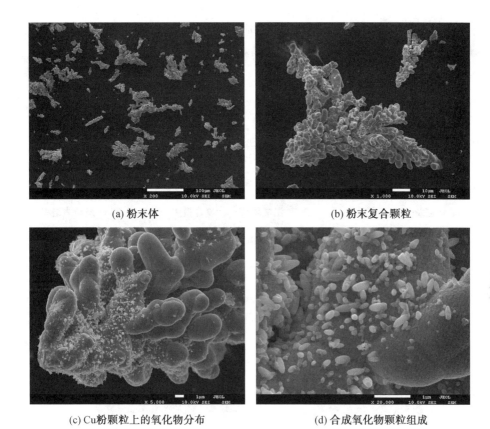

(a) 粉末体   (b) 粉末复合颗粒

(c) Cu粉颗粒上的氧化物分布   (d) 合成氧化物颗粒组成

图 5.32　煅烧后的 $5Zn_2SnO_4/Cu$ 复合粉体在不同放大倍数下的组织形貌

因材料的孔隙率增大而上升。而孔隙的存在,易于形成裂纹源,对最终的服役性能造成影响。

$\quad$ CuO、Bi_2O_3 和 WO_3 作为常用添加剂可改善 SnO_2/Ag 的组织和性能,并得到了商业应用。例如,倪孟良研究了添加剂对 SnO_2/Ag 复合粉末烧结体组织的影响,研究发现 CuO 的添加能有提高烧结体的致密度,Bi_2O_3 的添加则有利于优化 SnO_2/Ag 基体组织、消除网状形貌,并给出混合粉体高温煅烧过程形貌示意图(图 5.33)。

$\quad$ Liu 等人对 SnO_2 进行 Ti 掺杂,并通过在颗粒表面包覆 Ag 的方法制备了 SnO_2/Ag 电触头材料。研究发现,Ag 包覆的 SnO_2 可以均匀分散在基体中。此外包覆工艺能够提高 Ti 掺杂的 SnO_2 与 Ag 界面润湿性,从而提高材料的密度和硬度、电导率及热稳定性。此外,Li 等人采用原位合成的方法在 Ag 颗粒表面生成尺寸为 10 nm 的 CuO 颗粒[图 5.34(b)]后与 SnO_2 粉体进行混合,制备了 $Ag-CuO$(质量分数为 0.25%)/SnO_2 复合材料。研究发现,CuO 的引入可以抑制晶粒生长,如图 5.34(d)所示,达到细化晶粒,改善组织的效果。对比 Ag/SnO₂ 材料的电导率(80.37%IACS),Ag—CuO(质量分数 0.25%)/SnO₂ 的电导率可以达到 89.68%IACS。

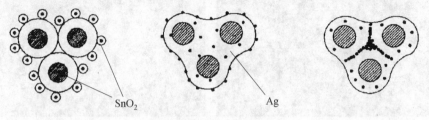

(a) 镀态AgSnO₂复合粉体   (b) 高温煅烧AgSnO₂复合粉体   (c) AgSnO₂烧结体组织

图 5.33 镀银粉体高温烧结过程形貌示意图

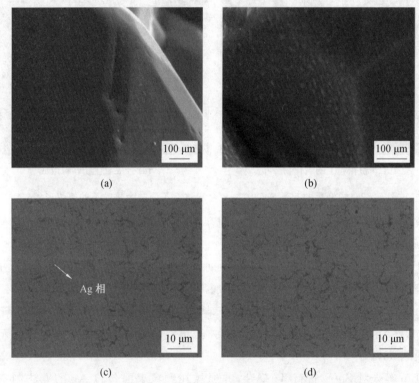

图 5.34 CuO—SnO₂/Ag 颗粒形貌及复合材料组织的组织形貌

在 Cu 基电触头材料设计中,主要通过 Cu 基体合金化方法来改善氧化物与 Cu 基体之间的润湿性,从而提高材料的致密化。例如,A. Ghaderi Hamidi 等人研究了 Ni 在铜钨复合材料烧结过程中的作用,在钨骨架中添加能够提高钨与铜之间润湿性和黏附性的镍,可使烧结温度从 2 150 ℃降低到 1 400 ℃,并在一定程度上提高其致密度,如图 5.35 所示。

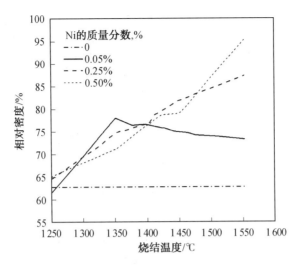

图 5.35　WCu 材料相对密度随烧结温度变化关系

作者采用化学共沉淀方法制备了尺寸均匀的二元 TCO 粉体,并采用初压-初烧-复压-复烧的工艺制备了二元 TCO/Cu 复合材料,能够实现基体中二元 TCO 颗粒的均匀弥散分布,并且所制备的复合材料的相对密度达 98% 以上。同时通过对二元 TCO/Cu 复合材料的致密化工艺的研究发现,二元 TCO/Cu 复合材料的强化烧结主要发生在初烧阶段,在初烧阶段,颗粒之间的结合由机械结合转变为冶金结合,孔隙中的气体排出,相对密度提高程度最为明显,如图 5.36 所示。此外,在初压压强相同的情况下,TCO/Cu 样品的致密化程度较未掺杂的 SnO_2/Cu 复合材料更明显,说明在 SnO_2 中掺杂 Cu^{2+} 后所形成的 TCO 能够有效提高致密化过程中复合材料的致密度,提高强化烧结能力。

根据粉末冶金原理,随着烧结的进行,颗粒间的界面结合程度不断增大,而固气界面不断减小,从而使体系自由能达到最低状态。固相烧结从颗粒间形成接触开始,在某种吸引力的作用下,自发形成颈部(即烧结颈),这种吸引力称为烧结过程中的热力学驱动力。对于多相系统,由于化学组元的变化导致表面能变化与热力学驱动力息息相关,根据润湿模型中的杨氏方程,表面能影响金属与陶瓷颗粒之间的润湿性,因此可以从颗粒黏附界面形成的烧结颈来定性表征界面润湿性。

图 5.37 为热处理后的 SnO_2、TCO 分别与 Cu 颗粒结合的组织形貌。可以看到,SnO_2 颗粒与 Cu 形成明显的黏接面,然而 SnO_2 与 Cu 之间的结合力弱导

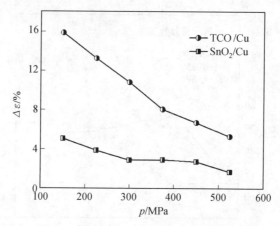

图 5.36　2% SnO₂/Cu① 和 2% TCO/Cu 烧结样(930 ℃、
4 h)的 $\Delta\varepsilon$ 对初压压强变化曲线

致 SnO₂ 剥落,表明 SnO₂ 与 Cu 颗粒间未能有效形成冶金结合的界面,这种现象
对于复合材料的致密化以及性能起到妨碍作用。

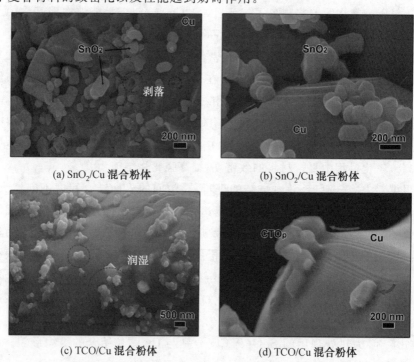

(a) SnO₂/Cu 混合粉体　　　　　　　　(b) SnO₂/Cu 混合粉体

(c) TCO/Cu 混合粉体　　　　　　　　(d) TCO/Cu 混合粉体

图 5.37　SnO₂/Cu 和 TCO/Cu 颗粒在烧结后的组织形貌

---

① 　2% SnO₂/Cu 表示 SnO₂ 质量分数为 2%,本书中该表达形式均指此含义。

在高温作用下,TCO 与 Cu 之间的黏接面扩大并形成烧结颈。烧结颈形成的同时伴随着颗粒间结合强度增大,这种现象表明低价掺杂 SnO_2 与 Cu 颗粒间具有良好界面润湿性,从而在烧结过程中驱动力增强,并在烧结致密化中起到促进作用。

图 5.38 给出了不同的三元 TCO(Zn_2SnO_4、$Bi_2Sn_2O_7$)增强铜基复合材料在不同制备阶段的相对密度,并且给出了 SnO_2/Cu 的相对密度做对比。从图 5.38 中可以看到,混合粉体的强化烧结同样发生在初烧阶段,在该阶段,三元 TCO/Cu 复合材料的相对密度较压坯相对密度有着明显的提升,且高于 TCO/Cu 的相对密度(83.7%)及 SnO_2/Cu 的相对密度(79.3%),表明界面润湿性对致密化程度有重要的影响。

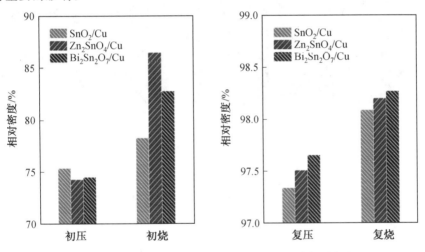

图 5.38　三元 TCO/Cu 复合材料在不同阶段的相对密度

在图 5.39 中可以观察到三元 TCO 与 Cu 颗粒之间产生的烧结颈,即在初烧阶段,金属 Cu 沿着 Zn_2SnO_4 和 $Bi_2Sn_2O_7$ 的表面迁移,表明铜与三元 TCO 间存在良好的润湿性,正是这种润湿性为强化烧结提供了驱动力。分析认为,对 SnO_2 进行复合形成的三元 TCO 与 Cu 颗粒间良好的润湿性,既促进混合粉体的强化烧结,提高烧结件的致密度,又增强了两相间的界面结合强度。

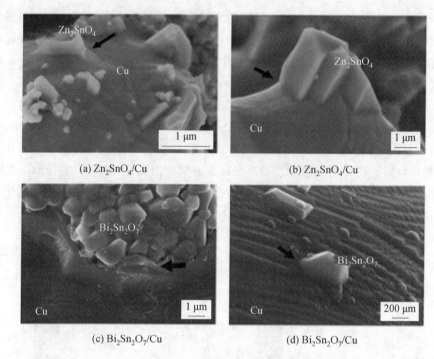

图 5.39　三元 TCO/Cu 烧结后颗粒润湿的组织形貌

5.6　TCO/Cu 电触头材料服役行为表征

如前所述,对电触头材料服役过程中的电弧烧蚀行为的研究是电触头材料设计的基础,也是新型材料特性评价的重要指标。针对 MeO/Ag(Cu)电触头材料的抗电弧烧蚀行为,人们开展了大量的研究工作,取得了丰硕的研究结果。本书作者也对前述设计和制备的 TCO/Cu 材料在电弧作用下,触头表层组织、成分及性能的演化开展了分析,对其形成规律和机制进行了探讨。

5.6.1　MeO/Ag(Cu)电弧烧蚀行为

早期为了改善银基电触头材料中 MeO 与 Ag 之间的润湿性,主要方法是制备过程中在基体中加入添加剂,这在一定程度上能够提高电触头材料的抗电弧烧蚀性能。荣命哲针对具有不同微量添加剂(WO_3、Bi_2O_3、In_2O_3)的 SnO_2/Ag 电触头材料进行了大量分断电弧侵蚀试验和表面微观测试分析。分析认为,具有良好的润湿性和热稳定的添加剂能缓解 SnO_2/Ag 电触头表面组织结构和表面状况运行过程中的劣化,通过增大液态银与触头表面的润湿性方法来降低因喷溅引起的材料损耗,同时削弱触头材料基体裂纹的扩展。

In_2O_3 作为最常用添加剂,可以明显改善 SnO_2 与 Ag 基体之间的润湿性,使其在工艺及使用性能等方面取得了积极进展。Braumann 利用粉末混合技术分别在 SnO_2/Ag 材料中添加了 WO_3、Bi_2O_3 和 In_2O_3 三种氧化物,分别研究了材料的抗熔焊性、耐电弧烧蚀性能和不同载荷下的寿命。研究表明,添加较低含量的 In_2O_3 对提高抗熔焊性能更为明显。此外,为了获得更高性能的 SnO_2/Ag 材料,研究者在基体中添加了多种润湿相,例如在 SnO_2/Ag 中同时添加 La_2O_3 和 Bi_2O_3,电弧侵蚀量为 CdO/Ag 的 2/3。

虽然在 SnO_2/Ag 材料中加入氧化物添加剂能够提高电触头材料的抗烧蚀性能,然而仅仅通过粉末冶金或者内氧化法来加入添加剂并不能从根本上解决 SnO_2 偏聚的问题,在长时间的服役条件下,$MeO-SnO_2/Ag$ 同样会面临发热严重的问题。Ommer 等人发现电触头材料在电弧烧蚀过程中,第二相与基体界面处出现开裂,如图 5.40 所示。通过对试样表面的元素分布分析,SnO_2 与 In_2O_3 单独存在于基体中,而没有实现真正的复合,润湿性差最终导致烧蚀严重。

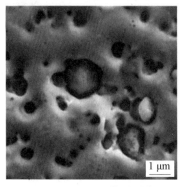
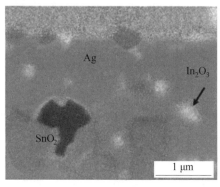

(a) In_2O_3-SnO_2/Ag 烧蚀形貌　　　　(b) In_2O_3-SnO_2/Ag 烧蚀表面元素分布

图 5.40　$In_2O_3-SnO_2/Ag$ 电触头材料电弧烧蚀形貌及表面元素分布

针对这一现象,科研工作者将重心放在对 MeO 的改性研究上并取得了一定成果。CuO 作为一种常用的掺杂剂,能够提高 SnO_2 与 Ag 的界面润湿性。当 CuO 的掺杂量达到 7%,Ag 与 SnO_2 的润湿角可从 90° 减小到 29°。对比未掺杂的触头材料烧蚀表面[图 5.41(a)],掺杂 CuO 后的电触头烧蚀表面更平整[图 5.41(b)],材料的质量损失更低[图 5.41(c)]。分析认为,电弧作用后,液态 Ag 以枝状晶凝固,并将 SnO_2 推至表面导致 SnO_2 偏聚[图 5.41(d)];而掺杂 CuO 则提高了熔池黏度,避免 SnO_2 在 Ag 凝固过程中向表面偏聚。

此外,在对 SnO_2 进行掺杂改性时,TiO_2 作为另一种掺杂剂,同样能够提高 Ag 基电触头材料的抗电弧烧蚀能力。研究证明,SnO_2-TiO_2(质量分数 12%)/

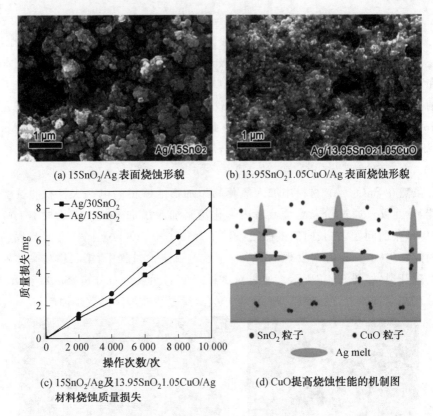

(a) 15SnO$_2$/Ag 表面烧蚀形貌　　(b) 13.95SnO$_2$1.05CuO/Ag 表面烧蚀形貌

(c) 15SnO$_2$/Ag及13.95SnO$_2$1.05CuO/Ag　　(d) CuO提高烧蚀性能的机制图
　　材料烧蚀质量损失

图 5.41　15SnO$_2$/Ag 及 13.95SnO$_2$1.05CuO/Ag 电触头材料的烧蚀形貌、
质量损失以及 CuO 提高抗电弧烧蚀示意图

Ag 电触头材料在电弧作用下，SnO$_2$ 与 Ag 基体之间的润湿性得到了改善，避免了 SnO$_2$ 偏聚，烧蚀形貌更为平整，如图 5.42 所示。TiO$_2$ 的掺杂有效降低了触头表面温升，其作为电触头材料的服役性能可以与 In$_2$O$_3$ 的添加作用相媲美。

近年来，Li 等人采用共沉淀的方法实现了 SnO$_2$ 的 ZrO$_2$ 和 FeO$_2$ 的掺杂，并制备了 SnO$_2$/Ag、Sn(Zr)O$_2$/Ag 和 Sn(Fe)O$_2$/Ag 电触头材料。作者通过电弧侵蚀形成的烧蚀坑的深浅来评价材料的抗烧蚀能力，如图 5.43 所示，对比未掺杂的 SnO$_2$/Ag 电触头材料表面较深的烧蚀坑[图 1.15(a)和(b)]，ZrO$_2$ 和 FeO$_2$ 能够有效降低烧蚀坑的深度和面积，分别如图 5.43(c)、(d)和图 5.43(e)、(f)所示。分析认为，Sn(Zr)O$_2$ 和 Sn(Fe)O$_2$ 颗粒能够消耗电弧能量从而降低电弧侵蚀量。此外，作者认为，对掺杂所诱导界面处形成更强的化学键是改善界面润湿性的原因。

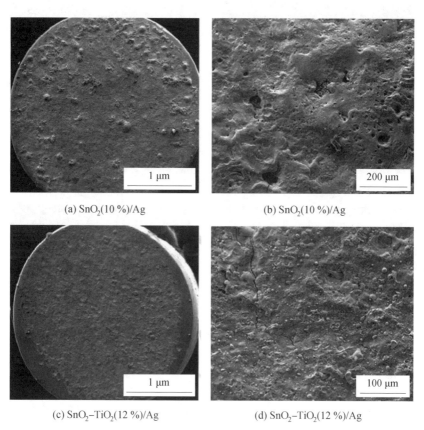

(a) SnO_2(10 %)/Ag

(b) SnO_2(10 %)/Ag

(c) SnO_2–TiO_2(12 %)/Ag

(d) SnO_2–TiO_2(12 %)/Ag

图 5.42　TiO_2 掺杂剂及其质量分数对 SnO_2/Ag 表面烧蚀形貌的影响

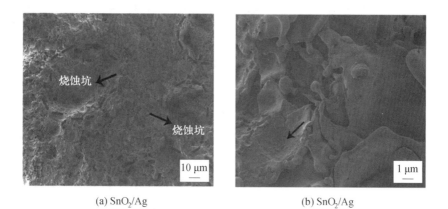

(a) SnO_2/Ag

(b) SnO_2/Ag

图 5.43　掺杂剂及其质量分数对 Ag 基电触头材料烧蚀形貌的影响

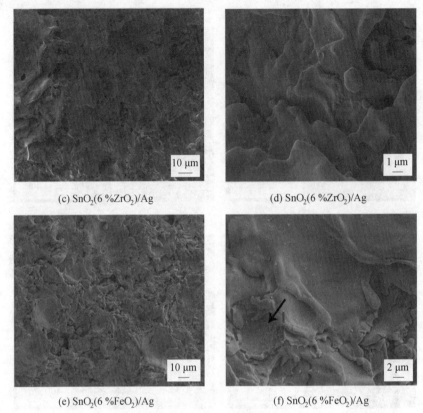

(c) SnO₂(6 %ZrO₂)/Ag   (d) SnO₂(6 %ZrO₂)/Ag

(e) SnO₂(6 %FeO₂)/Ag   (f) SnO₂(6 %FeO₂)/Ag

续图 5.43

5.6.2　二元 TCO/Cu 电触头烧蚀行为

在 Cu 基电触头材料中，通常添加氧化物、碳化物或者硼化物等第二相来提高电触头的抗电弧烧蚀性能，然而大部分第二相与基体之间的润湿性差，相界面成为气体扩散通道，从而使材料处于多维氧化状态，造成接触电阻急剧增大；润湿性差导致第二相难以在熔池中均匀悬浮而在熔池表面偏聚，造成抗电弧烧蚀性能恶化。TCO/Cu 界面结合特性的第一性原理计算结果表明，TCO/Cu 界面具有良好的润湿性，因此以 TCO 作为增强相，有望提高铜基电触头材料抗电弧烧蚀性能。

本书作者研究了 SnO_2 及 Cu^{2+} 掺杂的 SnO_2（TCO）对铜基电触头材料抗电弧烧蚀性能的影响。电触头在电弧作用下的质量损失和接触电阻如图 5.44 所示，可以看到，对比 SnO_2/Cu 电触头高且起伏剧烈的接触电阻，TCO 能够有效降低电触头材料的接触电阻，并且维持接触电阻的稳定性。此外，低价掺杂后的 TCO/Cu 电触头材料每 1 000 次的质量损失及累计质量损失的增长速率明显低于 SnO_2/Cu 电触头材料的累计质量损失的增长速度。上述结果表明，低价掺杂形成的 TCO 能够在一定程度上提高电触头材料的抗电弧烧蚀性能。

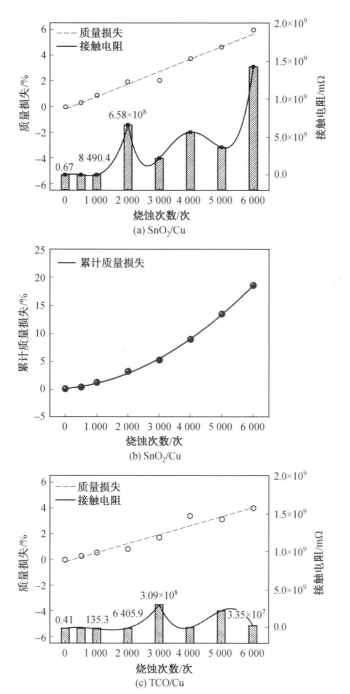

图 5.44　二元 TCO/Cu 电触头材料的质量损失、接触电阻及累积质量损失变化

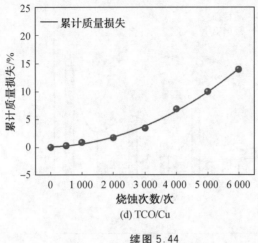

(d) TCO/Cu

续图 5.44

5.6.3　三元 TCO/Cu 电触头烧蚀行为

图 5.45 为质量分数 $1\%\sim4\%$ 的 Zn_2SnO_4 铜基电触头材料在电弧烧蚀过程中的质量损失和接触电阻的变化。相比于 SnO_2/Cu 和 TCO/Cu 电触头材料的急剧增大的接触电阻($10^7\sim10^8$ mΩ），Zn_2SnO_4/Cu 电触头具有更低和更稳定的接触电阻($200\sim600$ mΩ），且材料的质量损失较低，表现出更高的抗电弧侵蚀能力。所设计的 Zn_2SnO_4/Cu 电触头材料的质量损失远远低于 Cu30W70 和镀银 CuNi 电触头材料，表明 Zn_2SnO_4/Cu 电触头材料具有较高的抗电弧烧蚀性能。

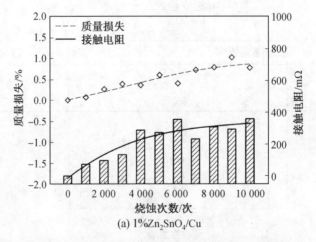

(a) 1%Zn_2SnO_4/Cu

图 5.45　Zn_2SnO_4/Cu 电触头材料质量损失、接触电阻
及累积质量损失随烧蚀次数的变化

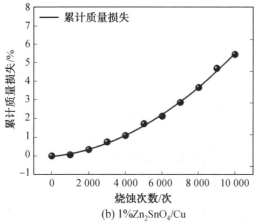

(b) 1%Zn₂SnO₄/Cu

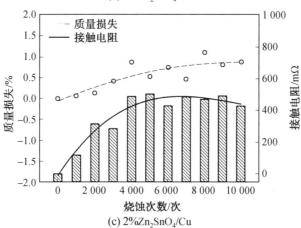

(c) 2%Zn₂SnO₄/Cu

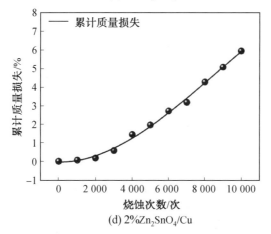

(d) 2%Zn₂SnO₄/Cu

续图 5.45

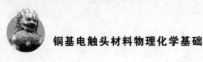

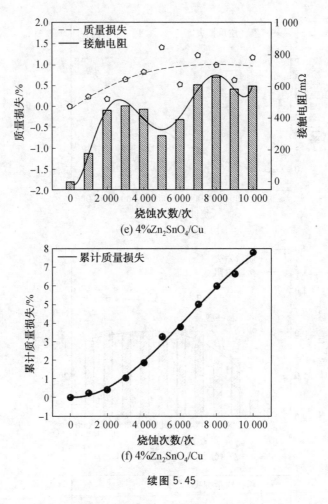

(e) 4%Zn$_2$SnO$_4$/Cu

(f) 4%Zn$_2$SnO$_4$/Cu

续图 5.45

5.6.4 TCO/Cu 电触头表面工作层

电触头性能是影响触头材料可靠性的关键,接触电阻是决定电触头特性的关键参数,电阻增大会使触头的温升增大。当触头长时间受到高温影响,接触器的接触特性会严重恶化,甚至发生烧毁。工程应用中的触头材料通常表现为接触电阻稳定增大、无规律增大、周期性变化等失效现象,阻值过大将导致电触头表面焦耳热升高,从而影响触头的接触特性。因此连通导电状态下保持低而稳定的接触电阻已成为电触头材料"高可靠、长寿命"发展的根本保证。

Wang 首先通过共沉淀的方法获得了 7%CuO 掺杂的 SnO$_2$,接着采用高能球磨的方法制备了 15%SnO$_2$/Ag 和 30%SnO$_2$/Ag 电触头材料,分别研究了两种材料的表面烧蚀形貌及接触电阻特性。对电弧烧蚀后的表面形貌进行观察发现,15%SnO$_2$/Ag 试样表面比 30%SnO$_2$/Ag 试样表面均匀,粗糙度更低,如图

5.46 所示。对烧蚀后的试样施加 $10\sim90$ N 的接触压力发现 $15\%SnO_2/Ag$ 接触电阻稳定在 3.5 mΩ(图 5.47)。通过对比 $14\%SnO_2-In_2O_3/Ag$ 电触头材料的接触电阻(4.5 mΩ),掺杂 CuO 后的 SnO_2/Ag 具有较低的接触电阻,因而在低压电器用触头材料中具有应用前景。

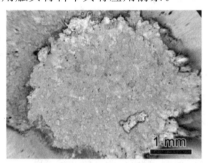

(a) 掺杂CuO的15%SnO$_2$/Ag

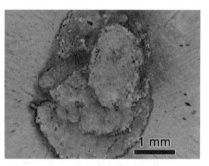

(b) 掺杂CuO的30%SnO$_2$/Ag

(c) 掺杂CuO的15%SnO$_2$/Ag

(b) 掺杂CuO的30%SnO$_2$/Ag

图 5.46　CuO 掺杂的 SnO_2(15)/Ag 和 SnO_2(30)/Ag 表面烧蚀形貌

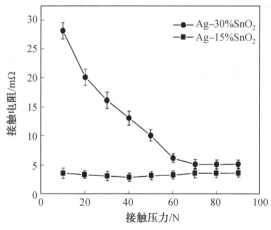

图 5.47　电弧烧蚀后 SnO_2/Ag 电触头材料接触电阻与施加载荷的关系

贺庆研究了 Ag/LSCO(锶掺杂钴系陶瓷)的接触电阻,通过在 LSCO 颗粒、LSCO 微球和 LSCO 纤维增强相表面载银后,Ag 基触头材料的接触电阻分别降低了 3.02 mΩ、0.1 mΩ 和 0.14 mΩ,作者认为,第二相表面载银提高了其与 Ag 基体之间的润湿性,从而有效降低了电接触材料在烧蚀过程中的接触电阻,保证了触头表面的接触稳定性。

　　王家真等人在制备 SnO_2/Ag 电触头材料中,通过化学方法引入 CuO,从而改善 Ag 对 SnO_2 的润湿性。分析认为,CuO 的加入使 SnO_2/Ag 烧蚀表面出现类似细胞或网络状结构,表面 CuO 能够明显改善 Ag 对 SnO_2 的润湿性,有效避免了 SnO_2 在基体中的偏聚,从而降低了材料的接触电阻。

　　图 5.48 为二元 TCO/Cu 电触头材料在电弧作用 2 000 次后的烧蚀形貌及元素分布,通过分析 SnO_2 和 TCO 在触头表面的分布状态得到,SnO_2 与 Cu 之

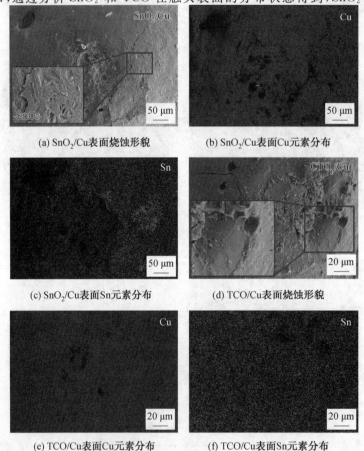

(a) SnO_2/Cu表面烧蚀形貌　　　　　(b) SnO_2/Cu表面Cu元素分布

(c) SnO_2/Cu表面Sn元素分布　　　　(d) TCO/Cu表面烧蚀形貌

(e) TCO/Cu表面Cu元素分布　　　　　(f) TCO/Cu表面Sn元素分布

图 5.48　2% SnO_2/Cu 和 TCO/Cu 电触头材料电弧烧蚀 2 000 次后的表面形貌及元素分布

间的润湿性差,SnO_2 颗粒在表面富集[图 5.48(a)~(c)],导致触头材料烧蚀过程中的接触电阻急剧增大。第二相颗粒的偏聚行为同样存在于 AgNi10、Ag—石墨烯及 CuW 等触头材料。低价掺杂后,TCO/Cu 电触头材料表面[图 5.48(f)]虽然同样存在磨损和剥落等,然而 TCO 颗粒分布均匀,表明对 SnO_2 进行低价掺杂能够明显提高其与 Cu 基体之间的润湿性,从而改善触头在电弧作用下的接触特性。

　　图 5.49 为 Zn_2SnO_4/Cu 电触头材料在电弧烧蚀后产生的典型凸起形貌及 Zn_2SnO_4 颗粒在烧蚀表面的分布状态,对于 Zn_2SnO_4 添加 1%~4% 的 Zn_2SnO_4/Cu 电触头材料,烧蚀表面未发现在 SnO_2/Cu 电触头材料中的 SnO_2 偏聚长大现象。电触头材料表面经过二次冶金后,Zn_2SnO_4 颗粒均匀分布在晶界上,证明二氧化锡复合后形成的三元导电氧化物 Zn_2SnO_4 与铜基体之间的润

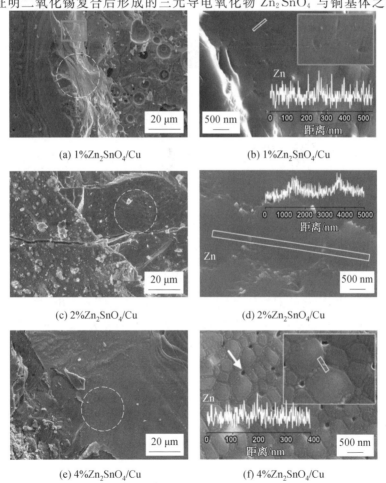

(a) 1%Zn_2SnO_4/Cu　　　　　　　　(b) 1%Zn_2SnO_4/Cu

(c) 2%Zn_2SnO_4/Cu　　　　　　　　(d) 2%Zn_2SnO_4/Cu

(e) 4%Zn_2SnO_4/Cu　　　　　　　　(f) 4%Zn_2SnO_4/Cu

图 5.49　烧蚀 10 000 次后烧蚀表面 Zn_2SnO_4 分布状态及以 Zn 元素为代表的线扫描

湿性良好,能够保证其在熔池中均匀分布。

图 5.50 给出了 Zn_2SnO_4/Cu 电触头材料烧蚀过程中表面工作层的形成示意图。当触头闭合时,触头表面通过接触圆斑及微凸起所连接,如图 5.50(a)所示。当电流通过,会在接触表面产生收缩电阻,从而在表面产生焦耳热。当触头分断,电弧产生,并释放大量的热熔化接触处的金属,从而在动静电触头之间形成液桥,如图 5.50(b)所示。液桥区域放大图如图 5.50(c)所示,即在液桥形成过程中,液桥附近的液态金属在电磁搅拌作用下表面形成坑,并且当熔池吸收空气中的氧气,锆优先于铜被氧化形成氧化物颗粒。在电磁搅拌的持续作用下,这些锆的氧化物颗粒能够阻止坑的进一步扩大。

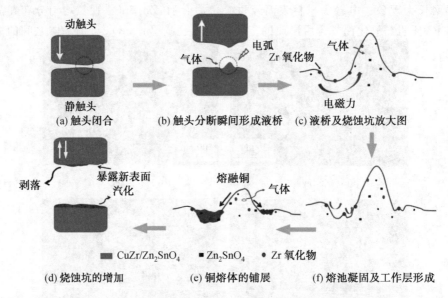

图 5.50　Zn_2SnO_4/Cu 电触头材料电弧烧蚀过程示意图

当电弧熄灭,熔化的铜冷却,形成了重叠的坑,并且气体逸出形成孔洞,如图 5.50(d)所示。随后,在电弧的再次作用下,部分铜再次熔化并且覆盖坑,如图 5.50(e)所示。在服役过程中,由于触头表面承受多种严苛的损坏因素,不可避免存在剥落、汽化现象,这些因素导致铜基电触头材料的质量损失,如图 5.50(f)所示。在整个过程中,Zn_2SnO_4 与铜基体之间具有良好的润湿性,因此能够保证触头表面的接触特性。

第6章

高压电器用电触头材料

本章针对高压和真空电器常用的铜基电触头材料的种类、特性及应用领域进行了总结,分析了各类材料的设计原则及工艺优化法,特别是引入了苏联及俄罗斯的相关数据,为国内研究人员提供参考。

除了低压电网和低压设施的电能直接需求外,供电系统中电能的获得、转换、传输和分配,常采用较高的电压标准(等级)(额定线电压,kV):3、6、10、15、20、35、110、150、220、330、500、570 和 1 150。所以工业和大功率电流传输线路需要各种类型和功率的开关设备。

高压 110~1 150 kV 是特殊的范围,这里基本上采用的是高压稀有气体流灭弧空气开关,用于非常大的功率转换。电压在 550 kV 以下常采用更为现代的六氟化硫(SF_6)开关。六氟化硫是一种电负性气体,具有比空气高出 4~4.5 倍的灭弧能力。用它来填充灭弧容器,可以明显减小电器尺寸。

在电压为 3~110 kV 范围内使用的是油开关,其触头系统处于油介质中,依靠燃弧时产生的混合蒸气气体灭弧。电压在 35 kV 以下时,真空开关是比较现代的电器。

在六氟化硫、油和真空开关中,转换触头的工作条件决定了必须建立和利用复杂的复合材料作为触头材料。在关注现代和先进转换装置的触头时,先来简单分析一下这些电器上使用的电接触材料。

6.1　油开关和六氟化硫开关用电触头材料

大电流转换接触装置工作的特点在于,在电路分断瞬间,触头之间会产生强电弧发射,引起触头材料的强烈电烧蚀。在额定工作制和短时闭合工作制中,电触头在焦耳热和弹跳震动作用下不应当产生焊合或粘连。在可以导致局部过热,甚至熔化的高温作用下,触头表面层不应出现组元的化学相互作用,它会导致化合物的形成和材料电、热物理性能的改变。

对于高压电流转换电器的触头,常采用以成分调制范围很宽的钨、钼、钨的碳化物和钼的碳化物为基体,银或铜作为连接层的假合金。少数也采用含有碳化钛的假合金。这主要是由于上述复合材料的各组元之间无论在固态,还是在液态都不会产生相互作用,并且具有一系列优异的服役性能:耐电蚀稳定性高、硬度高、抗熔焊性好,含有难熔金属,具有较高的导热和导电性,与铜和银相近的低的接触电阻。这种情况下,易熔金属不仅不会降低材料的抗电烧蚀性,反而由于基体金属的熔点远高于金属黏结相的汽化点使抗电烧蚀性提高(表 3.1、表 3.7)。所以,当弧根对触头表面区域加热时,易熔相材料沸腾并强烈蒸发,电弧能量被消耗于蒸发潜热,防止了表面这个局部区域的进一步被加热,这样,难熔相没有发生熔化,也没有产生明显的烧蚀。

除了上述综合特性之外,这类电触头材料还具有较高的机械性能(硬度、软化抗力、疲劳强度、热稳定性,以及较高的断裂塑性和韧性),优良的加工性能,在不同温度和介质中的高耐腐蚀能力,低的溶气倾向性,氧化物和硫化物挥发性较高,防止了在工作过程中触头表面形成导通性较差的膜层。这些材料的主要应用领域是重载荷磁力空气启动器、继电器、油开关、气体开关和真空开关的电触头,堆焊和点焊的电极,电火花加工的电极和放电电极等。

纯金属和 W－Cu(Ag)、Mo－Cu(Ag)、WC－Ag 复合材料的电弧烧蚀特征差别很大。纯金属在燃烧过程中形成阴极斑熔池,从熔池中产生挥发和强烈的液滴飞溅;而复合材料表面的磨损比较均匀,磨损量也较低。在复合材料中,难熔金属构成的骨架由于低熔点黏结相的局部挥发冷却而得到保护,而骨架毛细孔中的喷溅在很大程度上受到抑制。这已经在 W－Cu、W－Ag 触头电弧烧蚀试验结果中得到证实(图 6.1):含(60%～80%)W 的复合材料烧蚀速度最低。该成分条件下实现了强度、抗电弧烧蚀性、难熔相组元及导电和导热组元的最佳匹配,保证了整体材料较高的抗电弧烧蚀性。

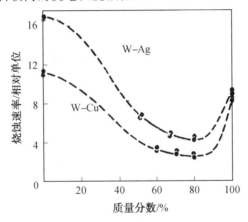

图 6.1　熔浸法制备的 W－Ag 和 W－Cu 触头
烧蚀损耗与成分的关系

所有这些材料被归为一类是由于它们工艺相似,都具有多相组织结构及在极端条件下的服役特性相近。

难熔金属与铜或银黏结相构成的复合材料可以采用下述方法制备:

(1)复合金属粉末混合,压制成坯和在低于(也可能高于)易熔组元(银、铜及其合金)熔点的温度下烧结。

(2)熔融的银或铜熔浸到难熔组元粉末压坯中,冷变形。

(3)通过压制和烧结的刚性钨骨架中熔浸银或铜的熔体。

上述第一种方法可以获得任意组元比例的复合材料,而采用第二和第三种方法时,难熔相的含量要超过组元总质量的 30%。由于难熔组元的最佳质量分数一般为 60%～80%,所以这个局限性并无实际意义。金属骨架熔浸法获得的复合材料具有很高的使用性能,使这种工艺方法在电触头制造领域占有主导地位。这与熔浸材料具有较低的残余孔隙率有关,而粉末烧结法要获得低孔隙率复合材料,不可避免地要采用其他辅助工艺。

所有进一步降低残余孔隙率的工艺都需要对材料进行深度压力加工或常规热挤压,这在原则上要求材料具有较高的塑性;而液相烧结或熔浸处理后,残余孔隙率一般为 1%～3%。这种假合金制品一般由两个组元或三个组元构成,有时也会由较多组元构成。在高温热处理过程中,由于自扩散及其扩散的作用,在相界和晶界上会形成较强的金属连接,孔隙逐步消失,并形成具有多相组织的假合金制品。

为了保证所获得的难熔组元骨架具有稳定的性能,在其中加入了活化烧结和降低烧结温度的添加剂(如在钨中添加 0.2%～0.5%的镍)。在 1 670 K 烧结温度下获得的坯件具有较高的压缩抗力。推荐的预压制压强为 400～600 MPa,最短烧结时间为 1.5 h。高孔隙率、低强度材料的烧结比其他材料都快。

在熔浸工艺中压坯孔隙率具有重要作用。压坯体中孔隙大小、数量及分布决定了第二相组元的总量及分布特性,即复合体的组织。孔隙的特征和结构首先取决于原始粉末的分散性、形态和压坯的压制压强。为了使液态熔体铜或银充满 W(Mo)骨架的开孔,必须在相界面建立一定的能量条件:渗流金属应尽量深入地自动浸入骨架。熔浸不能引起坯件尺寸变化,熔浸充满后的过剩金属应去除。

假合金的性能取决于其成分(添加基本组元的比例及含量)和微观组织。随着假合金中 W(Mo)含量的升高,其强度指标(硬度、断裂强度、弯曲强度、压缩强度和屈服极限)上升,而塑性指标(延伸率、冲击韧性)下降;材料的密度、耐磨性、耐电蚀性、电阻率和脆性上升。随着电阻率、硬度和压缩强度的提高,材料塑性下降,可加工性也随之下降,接触电阻升高。W(Mo)含量降低时,Cu(Ag)含量相应提高,粉末合金铜(银)所承担的特性——电导率和热导率相应上升,这个指标的提高有利于触头使用性能的改善。

假合金作为触头材料能够有效可靠工作的条件之一就是在相界面上没有残余孔隙和具有强的黏结特性。这就要在铜的溶液中引入专用黏附活化添加剂,以提高黏附功[式(2.17)～(2.19)]和促进熔体对固相的润湿程度,进一步促进液相烧结和熔浸过程中充分填充孔隙和毛细管。在钨—铜、钼—铜和碳化钨—铜体系中,公认的表面活化剂为镍和钴。

此外,更为重要的是,触头在强电弧作用下工作时,低熔点组元的熔体会因为难熔骨架孔隙的毛吸作用被含住,阻止了飞溅的产生,降低了电磨损量。这个特性首先取决于润湿角 θ 值和黏附功的大小,其次与液相的数量、固相颗粒的分散性和形状有关。

为了降低 θ 值,在粉末假合金成分中的合金化元素为元素周期表中第Ⅷ族元素。基于同样的目的,有时也会加入少量的钛或锆。

　　为了使表面活化剂最大限度地在粉末坯件中均匀分布,在假合金制备工艺中常采用在难熔金属粉末制备阶段沉积和同时还原等化学方法。例如,对于钨—铜—镍系触头,预先制备钨—镍粉末。

　　表 6.1 中列出了不同温度下银和铜熔体在钨和钼上的润湿角。

表 6.1　银和铜熔体在钨和钼上的润湿角 θ　　　　　　　　　(°)

金属	熔体	不同温度下的润湿角		
		1 270 K	**1 370 K**	**1 520 K**
W	Ag	50	—	30
W	Cu	—	50	12
Mo	Cu		18	4~5

　　由上述可见,对电弧烧蚀程度产生影响的其他因素中也包括难熔相粒子的尺寸,即粉末的弥散性。例如,钨粉颗粒尺寸为 $2\sim 8\ \mu m$ 的触头,其烧蚀程度最低。如果粉末颗粒的平均尺寸为 $25\ \mu m$,烧蚀程度会增大 2 倍。烧蚀速度与触头材料组织(组元的分布特征,组成相的尺寸,相间的相互作用程度)之间的关系还表现为,同一成分的触头,当制备方法不同时,其电弧磨损程度差异很大。

　　另外,孔隙的几何形状决定了工艺特性:难熔骨架熔浸速度和充满程度。它们会在某一最佳孔隙尺寸处达到最大值,所以,有人认为,在熔浸假合金工艺中希望采用平均颗粒尺寸为 $50\ \mu m$ 左右的钨和钼的粗粉。但是,如前所述(1.2 节),对应于最低电烧蚀的粉末颗粒最佳尺寸为 $20\ \mu m$ 左右:此时坯件可以获得较高塑性和冲击韧性,并会增大毛吸能力,防止飞溅。

　　随着材料塑性和冲击韧性的提高,高压放电产生的局部冲击载荷易于弛豫,即降低了脆性损坏的倾向性,而脆性损坏是触头最可能产生的机械损坏形式之一。另外一种损坏形式是熔体飞溅,它随着难熔骨架孔隙结构尺寸增大而增大。保持良好润湿状态(θ 约为 0°)时,毛细压差正比于毛细管半径 r,即

$$\Delta p = \frac{2\sigma}{r} \tag{6.1}$$

式中　σ——熔体的表面张力。

　　钨—银触头具有较高的耐电弧烧蚀性和较低的熔焊倾向性。它们常被用在频繁开合强负荷空气开关上(电流负荷达 1 kA),这意味着在启动时闭合电流可以达到 5 kA。W—Ag 基复合材料触头被用于铁路和交通工具等高启动电流,特别是高电压的开关上。但是,这种材料有一个较大的缺陷:在电流分断过程中,氧化气氛下在触头表面会形成致密的钨酸银(Ag_2WO_4)绝缘层,导致服役性能的

严重破坏。

铜—钨触头材料具有更高的耐电弧烧蚀能力。含（60%～80%）钨的钨—铜合金具有最低的烧蚀量。80W—20Cu 材料的电弧烧蚀量比纯钨低 50%。

复合材料的导电性、硬度和其他性能取决于铜含量和铜的合金化程度（表6.2）。如果对机械强度要求较高，可以用 Cu—Ni、Cu—Cr 合金代替纯铜进行熔浸。铜—钨熔浸材料具有很好的切削加工性。其基本应用为——高压电器大功率开关的触点。

表 6.2　铜—钨材料熔浸特性

材料成分	$w(W)/\%$	密度 /(g·cm⁻³)	硬度 /MPa	热导率 /(W·m⁻¹·K⁻¹)	电阻率 /(μΩ·cm)
80W—20Cu	68	15.4	2 200	150	5.6
75W—25Cu	59	14.9	2 100	160	5.3
70W—30Cu	48	14.2	2 000	175	5.0
60W—40Cu	42	13.0	1 700	195	4.5
50W—50Cu	35	12.0	1 400	200	4.2

电触头材料的典型代表是钨—铜—镍和钨—银—镍假合金。这类材料被广泛应用于电工领域，并且批量生产。工业上应用的钨基粉末电触头材料列于表6.3 中。

表 6.3　工业用钨基粉末冶金电触头材料的某些性能

材料牌号	成分	密度 /(g·cm⁻³)	硬度/GPa	电阻率 /(μΩ·cm)	标准
КМК—Б20	W—Cu—Ni	12.1	1.2～1.5	7.0	ГОСТ 13333
КМК—Б21	W—Cu—Ni	14.0	1.8～2.1	8.0	ГОСТ 13333
КМК—Б22	W—Cu—Ni	15.5	2.2～2.4	10.0	ТУ—06—207
КМК—Б23	W—Cu—Ni	8.0	5.0～5.3	10.4	ТУ—06—215
КМК—А60	W—Ag—Ni	13.5	1.0～1,4	4.1	ГОСТ 13333
КМК—А61	W—Ag—Ni	15.0	1.7～2.1	4.5	ГОСТ 13333

现代材料学的趋势之一，就是全部或部分取代钨，至少是用钼来取代。这种情况下，如果工件保持同样的使用性能寿命，纯钨与钼相比，至少可以由于工件质量的降低而节约 45% 的贵重难熔金属。此外，与钨相比，钼具有更优的机械加工特性，在空气和蒸气中更稳定。

钼基假合金的制备工艺与上述 W—Cu—Ni 假合金制备工艺完全类似。原

则上,采用钴作为提高 Mo—Cu 之间结合性的添加剂。随着复合材料中钴含量
的提高,烧结假合金的硬度和电阻率单调上升,密度略有下降(表 6.4)。制备假
合金时采用钼粉的平均颗粒尺寸为 10 μm 以下,压坯压制压强为 300～
500 MPa,坯件烧结温度为 1 270 K,熔浸铜的温度为 1 520 K。

表 6.4　钼—铜—钴假合金的特性

材料成分/%	密度/(g·cm⁻³)	硬度/GPa	电阻率/(μΩ·cm)
70Mo—30Cu	9.60	1.57	4.10
70Mo—29Cu—Co	9.50	1.83	6.25
70Mo—27Cu—3Co	9.48	1.87	6.65
70Mo—27Cu—3Co	9.45	1.91	6.56
70Mo—25Cu—5Co	9.48	1.95	6.62
70Mo—20Cu—10Co	9.48	2.04	6.67

从耐烧蚀性和接触电阻稳定性角度考虑,材料中钴的最佳掺杂量为 1%～
5%。进一步增大钴含量,会导致分断大电流时触头耐烧蚀性的降低。

文献[60]认为,对于电流 $I \leqslant 30$ kA 和电压 $U \leqslant 12$ kV 的高压或低压空气开
关、油开关和六氟化硫开关,可以采用钼基电触头材料。

多数情况下,触头元件是完全由粉末假合金制成。但如果为了改善触头工
作表面的散热条件,触头基架可由纯铜制成,工作面包覆一层 3～5 mm 厚的耐
弧假合金,这种复合触头的寿命比整体复合材料触头寿命高 4～5 倍。类似形式
的双层触头元件可以采用一次工业成形,即在采用熔融的铜熔浸多孔坯件的同
时,浇注出铜的散热基架。

已经证明,金属陶瓷性的铼及其合金及铑和铂等难熔金属具有良好的电接
触特性。由铼构成的接触副在通以 10 A 以下的电流时,经 100 万次通断循环,
不产生材料转移。更重要的是接触副间的接触电阻,铼的低价氧化物具有金属
导电性,且在高温下易于挥发。即使在高温下铼也能保持良好的接触特性:对称
接触副的接触电阻在 1 270 K 时变化不明显,而钨基触头的接触电阻从 970 K 开
始丧失工作性能。铼基触头元件的制备与钨基材料制备相似。经锻造、拉拔、轧
制后,可以形成纤维状组织。但铼不可能广泛替代钨和钼,因为铼的价格昂贵。

电火花加工方法被广泛用于加工金属。电火花加工床的工作元件——电
极,尽管其加工过程中产生的电能释放条件和方式有别于开关设备的工作条
件,但也应具有高耐电弧烧蚀性。含有不同添加组元的 W—Cu 和 Mo—Cu 系列
复合材料具有较高的耐电蚀性,满足电极的工作要求和条件,可以成功地在这个
领域应用。

由于上述材料具有高的导电性、强度和塑性组合,它们还可以用作接触焊机的电极材料。

6.2　真空开关用电触头材料

真空开关是强电电路中比较先进的电器,该电路中接通—分断是在 10^{-3} Pa 的真空条件下实现的。在电流由几十、几百安培到几千安培,电压为 $3\sim35$ kV 的转换电路中,真空开关正在迅速替代空气开关和油开关。在这个电压范围内,高的真空电场强度决定了这种开关的基本优点:由于触头不氧化而开合动作可靠、迅速;由于与空气隔绝,阻燃和抗爆性高;因触头间隙小(一般小于 5 mm)而结构紧凑;有利于环境保护。此外,这种电器使用寿命高,而且不需要维修。

在真空中,电弧的产生和熄灭具有特殊性。触头分离的最后瞬间,触头间形成金属液相桥,它随后被加热并爆断。在网络电压作用下金属蒸气产生电离,使电弧形成。即真空中造成电弧形成的触头金属蒸气电离,起初是源于液相桥,随后是源于电弧能量作用下阴极斑点上金属的蒸发。所以,如果蒸气不足,电弧就会熄灭。在电流正弦波接近零点的过程中,电弧中产生的热量在减少,金属蒸气量也相应降低,电弧在电流第一个过零点熄灭。真空中的燃弧时间原则上不会超过 10 ms。真空电弧中弧柱的去电离(电子和离子流载体扩散去电离)速度非常高,保证了灭弧后触头间隙电场强度的迅速恢复。

真空电器中真空电弧特点和触头工作条件取决于触头表面状态和影响服役特性和规律的各种因素之间的较大差别。例如,在真空触头表面随机散落碎屑,在触头接通时,并没有发现熔焊力与触头碎屑之间明显的对应关系,而在低压电器中,这是一个可以确定的关系。所以在分析试验结果和研究电触头材料学问题时应当知道,将各种类型开关之间相提并论是不合理的。

真空开关的基本组成部分是真空断路器(真空灭弧室),如图 6.2(a)所示。真空灭弧室的主要组成部分:焊有金属端盖的陶瓷绝缘真空致密壳体,动触头和静触头,保证触头连杆运动时不破坏内部空间真空度的波纹管和防护屏。防护屏主要是防止波纹管和陶瓷壳体(绝缘作用)上沉积触头电弧烧蚀产物,导致电流沿金属沉积膜层短路。

在真空电器(如接触器、负载开关、自动开关、功率断路器)结构中,除了按相数设置灭弧室结构以外,还有动触头、电流端子和其他元件驱动灭弧装置,它们设置在具体结构电器的壳体中。

为了降低电弧烧蚀量,触头元件采用了专门的形状,以保证触头间隙形成的电磁场能驱动电弧移出表面[图 6.2(b)]。

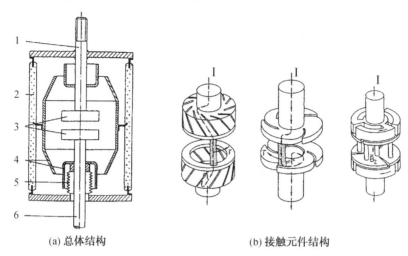

(a)总体结构　　　　　　　　(b)接触元件结构

图 6.2　真空断路器装置示意图

1—静触头连杆;2—陶瓷或玻璃罩;3—接触元件;4—防护屏;5—波纹管;6—动触头连杆

　　人们很早就掌握了高电压条件下采用真空灭弧的原则,但是,这个原则在工业上却很复杂,而且要求专业的工艺手段和技术技能。要使长寿命电器在真空室中保持高的真空度,无论是对材料还是生产过程,都有极其严格的要求。

　　断路器及其他开关中,触头元件的材料在整个电器的工作特性中起主导作用。首先,在分断电路中产生的电弧转换过程对触头材料提出了一系列综合特性的要求。其次,由于真空中电弧燃烧完全是在电极材料蒸气中进行的,即电极工作的环境介质是触头材料形成的,所以,其性能是确定的。上述类型电器可以在相对较高的电压下实现大功率转换。例如,对于瞬时电流 100 kA 和瞬时电压 1 kV 的电弧,释放功率为 1 MW。这就对材料提出了一系列附加的严格限制。

　　在过去近 50 年里,真空开关一直在生产,期间也公布了大量与其触头研究相关的文献。下面综合大量和典型的文献资料,简单分析一下该领域应用的触头材料及对材料物理性能的要求。

　　触头材料应具备的重要特性:

　　(1)高的导电性,以保证电流通过时产生的热量较低,因为真空条件热量只能通过触头端子导出,而没有对流散热。

　　(2)高的导热性,以保证闭合时热量的顺利释放和电弧作用后快速降温。

　　(3)高的机械性能(总体的接触条件应当考虑到瞬时接通电流动态作用力为 2 000～4 000 N)。

　　(4)低的含气量,良好的吸气性,以保证电器在整个服役期间保持高真空。

（5）低的电烧蚀速率（真空灭弧室不能维修，所以电器整个服役期间不能更换触头元件）。

（6）低的熔焊倾向性和小的熔焊力（这一点可能特别关键，由于没有氧化膜，纯金属表面在很大的接触压力下易于产生冷焊）。

（7）良好的分断特性（瞬时接通电流比电器额定电流高出几个数量级，分断这个电流时伴随着多次重复燃弧和产生可以损坏线路设备绝缘性的较高过电压）。

（8）低的截流值（电弧在交流电流波过零点之前熄灭，会造成电路中残余过电压，并导致设备损坏；为了使电流回路在电弧熄灭时平稳且没有损坏性断路，截流值应尽量低）。

（9）高的电场强度，在电弧作用和熔焊后保持平整的工作表面，以及工作面上最小的粗糙度（存在粗糙度时，特别是出现尖锐的棱面时，会降低间隙击穿电压，促进电子向电弧中发射，造成随后的二次燃弧；采用硬质材料时可以获得较高的电场强度）。

上述要求常常是相互矛盾的，所以，触头材料的选择和设计总是要有妥协。还有一系列上述没有提及的物理性能，对于评定具体材料适用性也非常重要的，它们隐含在上述特性之中（如电离电位，电子逸出功，蒸气压，熔、沸点和熔化、沸腾潜热）。同时必须满足所有要求，使触头材料的选择问题变得十分复杂。

在实践中可以采用的几类材料包括：

（1）纯金属（如 Cu、W、Mo、Be）。

（2）铜合金（如 Cu—Bi、Cu—Te）。

（3）难熔金属＋良导体（如 W＋Cu、WC＋Ag、Mo＋Cu）。

（4）Cu—Cr 合金基材料。

下面对这些材料分别进行分析。

1. 纯金属

初期人们对铜进行了大量研究。但研究结果表明，纯铜易于形成强的熔焊连接，同时其截流值过高，所以，这种电极没有得到应用。随后出现了二元合金，它在一定程度上克服了上述缺点。难熔金属 W、Mo 具有较高的截流值，而电导率和热导率较低，尽管能够分断高电流，但其纯金属态材料直接应用也受到限制。低解流值和熔焊倾向性的金属（如 Bi、Sb、Pb、Sn）具有较低的耐电蚀性并损坏较快。纯金属中唯一表现出良好性能的是铍，但由于其氧化物 BeO 的毒性很大，所以无法应用。将这些金属的某些性能列于表 6.5 中。

表 6.5　用作真空开关触头材料的金属的性质

金属	$T_熔/℃$	$T_沸/℃$	$\rho/(\mu\Omega \cdot cm)$	$\lambda/(W \cdot m^{-1} \cdot K^{-1})$	I_c/A
Ag	961	2 180	1.47	428	6.0
Cu	1 084	2 500	1.55	403	4.0
Cr	1 860	2 300	12.7	96.5	6.0
Mo	2 620	4 700	5.0	139	14.0
W	3 387	6 000	4.9	177	9.0
Zr	1 850	4 377	40	23	10.0
Bi	271	1 560	107	8.2	0.5
Sb	630	1 440	39	25.5	0.5
Pb	327	1 740	1.92	36	1.0
Sn	232	2 270	11.5	68	2.0

注：$T_熔$—熔点；$T_沸$—沸点；ρ—0 ℃时的电阻率；λ—0 ℃时的热导率；I_c—截流值。

2. 铜合金

Cu—Bi 合金是第一个被用作真空开关触头的材料。当铋质量分数小于 1%时，合金的特性可以满足触头基本性能要求：良好的大电流分断特性，较高耐电场击穿强度，优异的抗熔焊性。添加碲的目的也是如此。在相同条件下测量含铋、碲和铜合金触头副的熔焊强度，其结果见表 6.6。

表 6.6　含铋、碲和铜合金触头副的熔焊强度

触头副	Cu	Cu—0.5Bi	Cu—5Te
熔焊强度/MPa	30.7	10.3	7.0

其他条件下的测量结果表明，断开纯铜熔焊连接所需要的力，平均比 Cu—0.5Bi 合金高出 2.6 倍。

但是，在铜中加入铋整体降低了分断间隙的击穿电压。所以，这种触头在电压较高的接触器上的应用受到限制，但在功率开关上还是得到了应用。

由于铋在铜中的分散系数较低，约为 7×10^{-4}。易于晶界和相界偏聚，所以，大多数情况下铋在铜合金中属于杂质。晶界上沉积的铋使合金变脆，造成熔焊力降低；当熔焊触头断裂时，断口在较弱的晶界处产生。此时，比较重要的是断口表面应较平整，同时断面上纯铜形成尖锐的凸起。所以，脆性材料不仅对熔焊分断力要求较小，而且可以保证间隙的电场强度的相对提高。当然，综合效果还取决于添加金属发射特性与表面平整度之间的关系。

Cu—Bi 体系的主要物理和化学指标为:基体组元的熔点不太高,与之相比,添加组元的凝固温度更低,两者在液态下完全互溶,在固态下固溶度很低(图6.3)。这些主要特性指标已经扩展到其他体系。

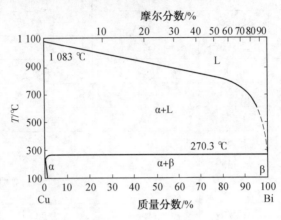

图 6.3　Cu—Bi 合金相图

这个系列的典型代表是 Ag—Bi、Ag—Pb、Ag—Te、Cu—Te、Cu—Pb 等。尽管这些二元合金具有良好的使用特性,而且可以通过更为复杂的第三组元(其中包括 Cu、Te、Se、Fe)的选择来完善,但这个系列的材料已经被性能指标更优的 Cu—Cr 假合金所代替。

3. 难熔金属＋良导体

由上述可见,W—Cu 假合金及与其类似的合金包含了两种组元的优势性能:钨的高硬度、强度和热物理性能和铜的良好导热、导电性。这些性能的组合决定了其具有高的抗电弧烧蚀能力。此外,与各组元单质材料相比,这类复合材料具有较低的截流值。这个系列很早就已经在低电流、电压的真空接触器和低电流(小于 3 kA)、高压开关上广泛使用。它们也能分断不是过高(25 kA 以下)的电流。

4. Cu—Cr 合金基材料

Cu—Cr 合金基材料在最近 40 年迅速得到推广和应用。通过对比分析和试验寻找更优的材料,但如 Cu—Co 和 Cu—V 等材料的研究工作进展并不顺利,而Cu—Cr 合金的性能还有不足。这种材料与 Cu—Bi 相似,具有分断大电流的能力,同时电弧烧蚀速率较低,这一点与 Cu—W 合金相似。这种材料具有很低的截流值和很好的介电强度(表 6.7)。

表 6.7　某些触头材料的截流值

材料成分(质量分数,%)	I_c/(平均值,A)	材料成分(质量分数,%)	I_c/(平均值,A)
Cu	15	25Ag−75WC	0.5
Ag	3.5	40Ag−60WC	0.75
Cr	7	50Ag−50WC	1.1
W	14	30Cu−70W	5
75Cu−25Cr	4	30Cu−69W−1Sb	3
50Cu−50Cr	4.5	30Cu−66W−4Sb	1.6
25Cu−75Cr	4.75	30Cu−69,76W−10SbBi	0.8
70Cu−25Cr−5Bi	1.1	30Cu−69,76W−0,24Li	22.1
60Cu−25Cr−15Bi	0.78	Cu−Bi−Pb(质量分数1%)	5
73Cu−25Cr−2Sb	5.2	Cu−Bi−Pb(质量分数13%)	1
66Cu−25Cr−9Sb	4	Co−Ag−Se	0.4

　　Cu−Cr 合金基材料的完善工作正在进行,其中包括在复合材料中引入补充添加组元以改善其某种使用特性。表 6.8 中列出了效果较好的改性添加剂。

表 6.8　Cu−Cr 触头材料中添加组元的量及其功能

添加物	质量分数/%	功能
W	2	提高电场强度
C	0.18～1.8	降低 O_2 含量
Te	0.1～4	降低熔焊力
Bi	2.5～15	降低截流值
Si、Ti、Zr	1	提高电场强度和大电流分断能力
Mo+Ta Mo+Nb	>15	提高电场强度和大电流分断能力
Sb	2～9	降低截流值

　　表 6.5 和表 6.8 中所列出铜的截流值的差别很大,这一点值得关注。I_c 值取决于测量条件,具有明显的统计分布特性,一般是几个测量值的平均值。$I_c=15$ A 这个数据源于最新的资料,尽管数值偏高,但应当更可靠。

　　触头材料的生产方法、工艺参数、组元的数量和分布、组织、细小添加相和杂质的存在等,都可能从本质上影响触头的使用特性。表 6.9 中列出了不同方法制备材料的某些特性的典型数值。在现行的各类电工企业的产业化工艺中都是采用表 6.9 中所列的这些方法制造触头元件。显然,成分相同的产品,由于工艺方法的不同,其硬度和含气量会有明显的差别。

表 6.9 不同方法制备 Cu—Cr 触头材料的性能

生产方法	Cu—Cr 质量分数/%	电导率 /(m$\Omega^{-1}\cdot cm^{-1}$)	硬度 (HV10)	含气量(质量 分数)/×10^{-6}
压制,真空烧结	75～25	3.0～3.2	70～110	(500～800)O_2 (10～60)N_2
	60～40	2.0～2.4	80～120	
	50～50	1.7～1.8	100	
压制,真空烧结,真空熔浸	50～50	1.6～1.75	80～90(HB)	1 900 O_2 (400～1 600)O_2 (10～25)N_2
低压 Ar 中电弧熔炼	70～30	2.2	80(HV30)	—
	50～50	1.7	60(HV30)	
	30～70	1.2	40(HV30)	

下面分析 Cu—Cr 二元合金的物理化学和材料学特性,这些特性决定了 Cu—Cr 合金基真空断路器电触头的使用特性。该体系的特性取决于其二元合金相图的特点。最新的文献[438]中的数据相对比较可靠,如图 6.4(a)所示。显然,Cr 质量分数在 40%～94.5%范围内,当温度为 2 020 K 左右时出现偏晶相图,而在富铜区(质量分数约为 1.5%)出现共晶状态,这一点非常重要,此时固溶体中组元含量非常低。

质量分数为 1%的 Cr 以下的合金已经被详细研究过,这种合金被称为铬青铜,在工艺技术中被广泛使用。在共晶点 1 348 K,铬在固相铜中的最大固溶度为 0.7%左右。随着温度的降低,铬在铜中的固溶度减小,在 670 K 时约为 0.03%。图 6.4(b)为 Cu—Cr 合金相图富铜端的放大图。1 250～1 290 K 淬火和 720～770 K 时效会使青铜产生弥散强化。已经证实,分解产生的粒子是铬基相。

由于 Cu—Cr 体系中的组元的这种相互作用,形成了以铬青铜为基体,含有铬粒子或具有确定 Cu 与 Cr 比例的金属骨架相构成的复合材料。青铜相本身是一种弥散固溶合金,它在具有高的导电导热性的同时,还具有较高的机械强度、硬度、高温强度及高塑性。例如,与纯铜相比,铬青铜 670 K 的持久强度要高出 2～3 倍。

严格来说,用作电触头复合材料的青铜相本身也是复合材料,其基体是含量极低(300 K 左右时 Cr 的平衡固溶度为 0.01%～0.02%)的铬在铜中的固溶体。以不太低的速度(从烧结温度或熔浸温度)冷却时,合金中形成铬在铜中的过饱和固溶体,但经 670 K 退火后固溶的铬含量降低到上面指出的 0.03%左右,过剩

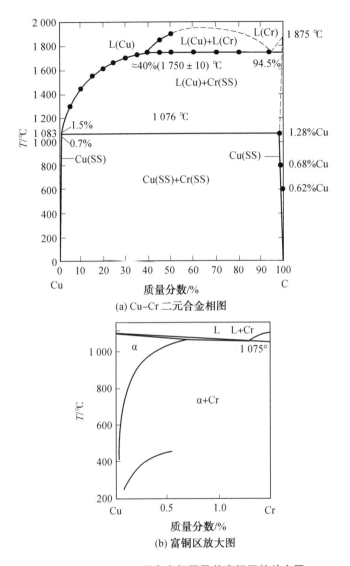

图 6.4　Cu－Cr 二元合金相图及其富铜区的放大图

的铬以纳米弥散颗粒形式析出,使合金得到弥散强化。

上述特点是 Cu－Cr 合金基材料作为真空断路器触头优异的使用性能的基础。例如,针对额定电流为 2 kA 的真空接触器设计的 Cu－Cr－W 触头,可以保证电器在管压为 35 kV 时具有高电场强度和分断能力,同时具有极低的熔焊力。添加少量的钨(质量分数为 3%)可以使熔焊性降低 1~2 倍。

为便于国内技术人员参考,本书将俄罗斯现行工业生产强电流真空电器的主要触头牌号及其化学成分和基本性能列于表 1.5 之中。

附录　电触头材料常用化学元素的物理性能

附表 1　电触头材料常用化学元素的物理性能（第 1 部分）

化学元素	原子序号	原子量	密度 /(g·cm⁻³)	软化温度 /℃	软化电压 /V	熔点 /℃	熔化电压 (测量)/V	熔化电压 (计算)/V
Be	4	9.01	1.85	—	—	1 277	—	0.48
C	6	12.01	2.3	—	—	(0)	—	—
Al	13	26.98	2.70	150	0.1	660	0.3	0.29
Ti	22	47.90	4.51	—	—	1 668	—	0.61
V	23	50.94	6.10	—	—	1 900	—	0.68
Cr	24	52.00	7.19	—	—	1 875	—	0.67
Co	27	58.93	8.85	—	—	1 490	—	0.54
Ni	28	58.71	8.90	520	0.16	1 453	0.65	0.54
Cu	29	63.54	8.95	190	0.12	1 083	0.43	0.42
Zn	30	63.37	7.13	170	0.1	420	0.17	0.20
Zr	40	91.22	6.49	—	—	1 852	—	0.67
Nb	41	92.91	8.57	—	—	2 469	—	0.78
Mo	42	95.94	10.21	900	0.3	2 610	0.75	0.91
Ru	44	101.07	12.30	—	—	2 350	—	0.81
Rh	45	102.91	12.41	—	—	1 966	—	0.70
Ag	47	107.87	10.49	180	0.09	961	0.37	0.38
Cd	48	112.40	8.65	—	—	321	—	0.17
Sn	50	118.69	7.30	100	0.07	232	0.13	0.14
Sb	51	121.75	6.7	—	0.2	630	—	0.28
Ta	73	180.95	16.60	850	0.3	2 996	—	1.03
W	74	183.85	19.32	1 000	0.4	3 410	1.1	1.16
Re	75	186.20	21.04	—	—	3 180	—	1.09
Bi	83	208.98	9.80	—	—	271	—	0.15

附表 2　电触头材料常用化学元素的物理性能(第 2 部分)

化学元素	弹性模量 /(kN·mm⁻²)	剪切模量 /(kN·mm⁻²)	硬度 /(kg·mm⁻²)	电阻率 /(μΩ·cm)	电阻温度系数 /×10³K⁻¹
Be	298	150	—	4.0	10.0
C	5	—	—	6 500	—
Al	65	27	18~40	2.65	4.6
Ti	120	43	约 110	41.6	5.5
V	136	32	—	26.0	3.9
Cr	160	—	70~130	14.95	3.0
Co	216	—	—	6.22	6.6
Ni	216	83	80~180	6.84	6.8
Cu	115	48	40~90	1.65	4.3
Zn	96	36	30~60	5.92	4.2
Zr	98	36	—	43.5	4.4
Nb	113	39	—	13.1	3.4
Mo	347	122	150~260	5.15	4.7
Ru	430	193	250	6.71	4.6
Rh	386	153	120~300	4.51	4.4
Ag	79	29	30~70	1.59	4.1
Cd	57.5	29	约 35	6.83	4.3
Sn	47	18	4.5~6	11.6	4.6
Sb	56	20.4	—	38.6	5.4
Ta	188	70	100~300	12.4	3.5
W	360	158	120~400	5.55	4.8
Re	480	215	250~350	19.3	4.6
Bi	33	13	—	106.8	4.5

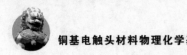

附表3　电触头材料常用化学元素的物理性能(第3部分)

化学元素	融化潜热/(J·g⁻¹)	熔点蒸气压/Pa	沸点/℃	蒸发潜热/(J·g⁻¹)	热导率/(W·m⁻¹·K⁻¹)	热膨胀系数/×10⁻⁶K⁻¹	热容/(J·g⁻¹·K⁻¹)
Be	1 090	4.3	2 770	24 700	147	11.6	1.892
C	—	—	—	—	50～300	0.6～4.3	0.670
Al	395	2.5×10⁻⁶	2 450	10 470	222	23.6	0.896
Ti	403	5.1×10⁻¹	3 280	8 790	17	8.4	0.519
V	330	3.2	3 400	10 260	29	8.3	0.498
Cr	282	1 030	2 480	5 860	67	6.2	0.461
Co	245	190	2 900	6 660	71	13.8	0.415
Ni	309	240	2 800	6 450	92	13.3	0.439
Cu	212	5.2×10⁻²	2 595	4 770	394	16.5	0.385
Zn	102	20	907	1 760	113	39.7	0.385
Zr	224	1.7×10⁻³	3 580	4 600	21	5.9	0.281
Nb	289	7.9×10⁻²	4 900	7 790	54	7.3	0.272
Mo	292	3.6	5 560	5 610	142	4.9	0.276
Ru	252	1.5	4 900	6 615	105	9.1	0.239
Rh	211	6.5×10⁻¹	3 900	5 190	88	8.3	0.247
Ag	105	3.6×10⁻¹	2 212	2 387	419	19.7	0.234
Cd	55.3	16	765	879	92	29.8	0.230
Sn	60.7	6×10⁻²¹	2 270	1 945	63	23.0	0.226
Sb	160	24	1 380	1 970	21	9.5	0.205
Ta	157	8×10⁻¹	5 425	4 315	54	6.5	0.142
W	193	4.4	5 930	3 980	167	4.6	0.138
Re	178	3.5	5 900	3 420	72	6.7	0.138
Pt	113	3.2×10⁻²	3 850	2 615	72	8.9	0.130
Bi	52.3	6.5×10⁻⁴	1 560	1 425	9	13.3	0.121

附表 4 电触头材料常用化学元素的物理性能(第 4 部分)

化学元素	起弧电压/V	起弧电流/A	电子逸出功/eV	电离电位/eV
Be	—	—	3.2～3.9	9.32
C	20	0.01～0.02	4.0～4.8	11.27
Al	11.2	0.4	3.0～4.4	5.98
Ti	12		4.0～4.4	6.83
V	—		3.8～4.2	6.74
Cr	16	0.4	4.4～4.7	6.76
Co	—	—	4.4～4.6	7.86
Ni	13.5	0.5	3.7～5.2	7.63
Cu	13	0.4	4.5	7.72
Zn	11	0.1	3.1～4.3	9.39
Zr	—	—	3.7～4.3	6.92
Nb	—	—	4.0	6.88
Mo	12	0.75	4.1～4.5	7.13
Ru	—	—	4.5	7.5
Rh	13	0.35	4.6～4.9	7.7
Pd	14	0.8	4.5～5.0	8.33
Ag	12	0.4	3.1～4.5	7.57
Cd	11	0.1	3.7～4.1	8.99
Sn	12.5	—	3.6～4.1	7.33
Sb	10.5	—	—	8.64
Ta	—	—	4.0～4.2	—
W	13.5	0.8～1.2	4.3～5.0	7.98
Re	—	—	4.7～5.0	—
Pt	14	0.9	4.1～5.5	8.96
Bi	—	—	4.1～4.5	8.0

参 考 文 献

[1] STOCKEL D. Entwicklungsrichtungen dei Werkstoffer fur Elektrische Kontakte[J]. Metall (W. Berlin), 1983, 37(1): 30-36.

[2] 吴春萍, 易丹青, 许灿辉, 等. 银基合金研究现状与发展趋势[J]. 电工合金, 2012(2): 1-8.

[3] КОМАРОВ А А, ЯКОВЛЕВ В Н. Электрические контакты[M]. Самара: СамИИТ, 2001.

[4] ИВАНОВ В В, КИРКО В И, ШАО В. Материал для разрывных электроконтактов на основе меди: Пат. России: № 2122039[P]. 1998-11-20.

[5] 伊万诺夫, 基尔可, 伊万诺夫 V, 等. 铜基低压电工触头合金材料: ZL 94 02452.0[P]. 1994-03-30.

[6] 邵文柱, 甄良. 铜基粉末电触头的制备方法: ZL 03132535.1[P]. 2003-07-29.

[7] 邵文柱, 甄良. 电器触点用铜基电接触复合材料: ZL 03132543.2[P]. 2003-07-30.

[8] 邵文柱, 甄良, 王文寿. 一种纳米氧化物改性铜基电接触材料的制备方法: ZL 201210442488.4[P]. 2012-11-08.

[9] 王岩, 崔玉胜, 邵文柱, 等. 国内铜基电接触材料专利综述[J]. 低压电器, 2003(4): 3-7.

[10] МАЛЫШЕВ В М, РУМЯНЦЕВ Д В. Серебро[M]. Москва: Металлургия, 1976.

[11] МАСТЕРОВ В А, САКСОНОВ Ю В. Серебро, сплавы и биметаллы на его основе[M]. Москва: Металлургия, 1979.

[12] САВИЦКИЙ Е М. Благородные металлы[M]. Москва: Металлургия, 1984.

[13] ГНЕСИНА Г Г. Спеченные материалы для электротехники и электроники [M]. Москва: Металлургия, 1981.

[14] ШАТТА В. Порошковая металлургия. Спеченные и композиционные материалы[M]. Москва: Металлургия, 1983.

[15] КОРИЦКИЙ В С. Справочник по электротехническим материалам[M].

Т. 8. Москва：Энергоиздат，1986.

［16］ АЛЕКСАНДРОВ Г Н. Проектирование электрических аппаратов［M］. Л.：Энергоатомиздат，1985.

［17］ АЛЕКСАНДРОВ Г Н. Теория электрических аппаратов［M］. Москва： Высшая Школа，1985.

［18］ 孙戬. 金银冶金.［M］. 北京:冶金工业出版社,1986.

［19］ 陈宪文,翁世耀. 电工器材［M］. 北京:中国铁道出版社,1985.

［20］ 上海市电子电器技术协会. 常用电工材料手册［M］. 上海:上海科学技术出版社,1988.

［21］ 李标荣,陈志雄. 电工材料学［M］. 北京:中国工业出版社,1961.

［22］ 刘绍峻. 电工材料［M］. 北京:机械工业出版社,1959.

［23］ 程礼椿. 电接触理论及应用［M］. 北京:机械工业出版社,1988.

［24］ 凯尔,默尔,维纳里库. 电接触和电接触材料［M］. 赵华人,陈昌图,陶国森,译. 北京:机械工业出版社,1993.

［25］ 刘先曙. 电接触材料的研究和应用［M］. 北京:国防工业出版社,1979.

［26］ 电工材料应用手册编委会. 电工材料应用手册［M］. 北京:机械工业出版社,1999.

［27］ 郭凤仪. 电器学［M］. 北京:机械工业出版社,2013.

［28］ 王其平. 电器电弧理论［M］. 北京:机械工业出版社,1982.

［29］ 郭凤仪,陈忠华. 电接触理论及其应用技术［M］. 北京:中国电力出版社,2008.

［30］ 易健宏. 粉末冶金材料［M］. 长沙:中南大学出版社,2016.

［31］ УСОВ В В. Металловедение электрических контактов［M］. Москва： Госэнергоиздат，1963.

［32］ HOLM R. Electric contacts：theory and applications［M］. New York： Springer，1981.

［33］ SLADE P G. Electrical contacts：principles and applications［M］. 2nd ed. London-New York：CRC Press，2013.

［34］ BRAUNOVIC M，KONCHITS V V，MYSHKIN N K. Electrical contacts：fundamentals，applications and technology［M］. London-New York：CRC Press，2006.

［35］ 邵文柱. Cp/Cu—Cd电接触材料的组织结构与失效行为［D］. 哈尔滨:哈尔滨工业大学,1999.

［36］ ИВАНОВ В В. Физико-химические основы технологии и материаловедение порошковых электроконтактных композитов［M］. Красноярск：

ИПЦ КГТУ. , 2002.

[37] 荣命哲,王其平. 银金属氧化物触头材料表面动力学特性的研究[J]. 中国电机工程学报,1993,13(6):27-32.

[38] 堵永国,杨广,张家春,等. 电弧作用下 AgMeO 触头材料的物理冶金过程分析[J]. 电工技术学报,1998,13(4):52-57.

[39] БУТКЕВИЧ Г В. Дуговые процессы при коммутации электрических цепей[M]. Москва：Энергия, 1973.

[40] MICHAL R, SAEGER K E. Metallurgical aspects of silver-based contact materials for air-break switching devices for power engineering[J]. IEEE Transactions on Components, Hybrids, and Manufacturing Technology, 1989, 12(1): 71-81.

[41] RIEDER W, WEICHSLER V. Make erosion mechanism of Ag-CdO and Ag-SnO$_2$ contacts[J]. IEEE Transactions on Components, Hybrids, and Manufacturing Technology, 1992, 15(3): 332-338.

[42] WINGERT P, ALLEN S, BEVINGTON R. Effects of graphite particle size and processing on the performance of silver graphite contacts[J]. IEEE Transactions on Components, Hybrids, and Manufacturing Technology, 1992, 15(2): 154-159.

[43] 孙明,王其平. 触头表面液池中的电磁搅拌[J].低压电器,1993,(4):28-30.

[44] ОМЕЛЬЧЕНКО В Т. Теория процессов на контактах[M]. Харьков：Вища школа, 1979.

[45] BARKAN P, TUOHY E J. A contact resistance theory for rough hemispherical silver contacts in air and vacuum[J]. IEEE Transactions on Power Apparatus and Systems, 1965, 84(12):1132-1143.

[46] MULUCCI R D. Dynamic model of stationary contacts based on random variations of surface features[J]. IEEE Transactions on Components, Hybrids, and Manufacturing Technology, 1992, 15(3): 339-347.

[47] GREENWOOD J A, WILLIAMSON J B P. Contact of nominally flat surfaces[J]. Proceedings of the Royal Society A, 1966, 295(1442): 300-319.

[48] TIMSIT R S. On the evaluation of contact temperature from potential drop measurements[J]. IEEE Transactions on Components, Hybrids, and Manufacturing Technology CHMT, 1983, 6(1): 115-121.

[49] WILLIAMSON J B P. Proceedings of the 27th IEEE Holm Conference on Electrical Contacts[C]. Piscataway：IEEE Press, 1981.

［50］ GREENWOOD J A. Constriction resistance and the real area of contact ［J］. British Journal of Applied Physics，1966，17（12）：1621-1632.

［51］ ЗАЛЕССКИЙ А М，КУКЕКОВ Г А. Тепловые расчеты электрических аппаратов［M］. Л.：Энергия，1967.

［52］ SATO M，HIJIKATA M，MORIMOTO I. Influence of temperature in the contact area on the static welding characteristics of electrical contacts ［J］. Journal of the Japan Institute of Metals，1970，34（11）：1067-1074.

［53］ LAFFERTY J. Vacuum arcs：theory and application［M］. New York：Weley，1980.

［54］ 王永根. 电触头材料在低压电器中的应用［D］. 杭州：浙江大学，2011.

［55］ DESFORGES C D. Sintered materials for electrical contacts［J］. Powder Metallurgy，1979，22（3）：138-144.

［56］ KARAKAYA B L，THOMPSON W T. The Ag-O（silver-oxygen）sys-tem［J］. Journal of Phase Equilibria，1999，13（2）：137-142.

［57］ AL-KUHAILI M F. Characterization of thin films produced by the ther-mal evaporation of silver oxide［J］. Journal of physics D：Applied Phys-ics，2007，40（9）：2847-2853.

［58］ TAKASHI H，NORIYUKI H. Effect of particle size of tungsten on some properties of sintered silver-tungsten and copper-tungsten composite ma-terials［J］. Nippon Tungsten Rev.，1977，10：15-24.

［59］ GESSINGER G N，MELTON K N. Burn-off of W-Cu contact materials in an electrical arc［J］. International Journal of Powder Metallurgy，1977，9（2）：67-72.

［60］ МИНАКОВА Р В，БРАТЕРСКАЯ Г Н，ТЕОДОРОВИЧ О К. Электроконтактные материалы，пути экономии вольфрама и благородных металлов［J］. Порошк. металлургия，1983，3：69-80.

［61］ ФРАНЦЕВИЧ И Н. Электрические контакты，получаемые методом порошковой металлургии［J］. Порошковая металлургия，1980，8：36-47.

［62］ ЛИБЕНСОН Г А. Производство порошковых изделий［M］. Москва：Металлургия，1990.

［63］ BROOKER H A. New material for heavy duty［J］. Electrical Rev.，1942，3365：651-657.

［64］ STEVENS A J. Powder-metallurgy solutions to electrical-contacts prob-lems［J］. Powder Metallurgy，1974，17（34）：331-346.

［65］ АЛЬТМАН А Б，ГОДЕС А И，МЕЛАШЕНКО И П. Металлокерамика

в электропромышленности[J]. Электротехника，1976，5：11-15.

[66] SCHRODER K H. Silver-metal oxides as contact materials[J]. IEEE Transactions on Components，Hybrids，and Manufacturing Technology，1987，10(1)：127-134.

[67] GUSTAFSON J C，KIM H J，BEVINGTON R. C. Arc-erosion studies of matrix-strengthened silver-cadmium oxide[J]. IEEE Transactions on Components，Hybrids，and Manufacturing Technology，1983，6(1)：122-129.

[68] SHEN Y S，GOULD L. A study on manufacturing silver-metal oxide contacts from oxidized alloy powders[J]. IEEE Transactions on Components，Hybrids，and Manufacturing Technology，1984，7(1)：39-46.

[69] WANG K J，WANG Q P. Erosion on silver-base material contacts by breaking arcs[J]. IEEE Transactions on Components，Hybrids，and Manufacturing Technology，1991，14(2)：293-297.

[70] NILSSON O，HAUNER F，JEANNOT D. Proceedings of the 50nd IEEE Holm Conference on Electrical Contacts[C]. Piscataway：IEEE Press，2004.

[71] SWINGLER J，MCBRIDE J W. Proceedings of the 41st IEEE Holm Conference on Electrical Contacts，Montreal[C]. Piscataway：IEEE Press，1995.

[72] HAUNER F，JEANNOT D，MCNEILLY K. Proceedings of the 46th IEEE Holm Conference on Electrical Contacts[C]. Piscataway：IEEE Press，2000.

[73] RANG M，WANG Q. Proceedings of IEEE Holm Conference on Electrical Contacts[C]. Piscataway：IEEE Press，1993.

[74] BEHRENS V，HONIG T，KRAUS A. Application of a new silver/tin oxide for capacitive loads[J]. Proceedings of IEEE Holm Conference on Electrical Contacts，1994(94)：269-273.

[75] LEUNG C，STREICHER E，FITZGERALD D. Welding behavior of Ag/SnO_2 contact material with microstructure and additive modifications[J]. IEEE Transactions on Component，Hybrids，and Manufacturing Technology，2004(4)：64-69.

[76] METALOR. Silver alloys and pseudo-alloys[EB]. (2012-07-10). http://www. Metalor . com/ en/ electrotechnics /Produkte/Silver-alloys.

[77] LEIS P，SCHUSTER K. Der einflub des kontact-materials auf die austil-

dung von plasmastrahlen[J]. Electric，1979，10：514-516.

[78] LEVIS T J, SECKER P E. Influence of the cathode surface on arc velocity [J]. Journal of Applied Physics，1961，32(1)：54-64.

[79] PONS F. Electrical contact material arc erosion：experiments and modeling towards the design of an AgCdO substitute[D]. Atlanta：Georgia Institute of Technology，2011.

[80] PRAVOVEROV N L, AFONIN M P, VYATKIN L V, et al. Effect of additions of indium，tin，bismuth，and tungsten oxides on the properties of a silver-cadmium oxide composite[J]. Soviet Powder Metallurgy and Metal Ceramics，1986，25(11)，879-884.

[81] PRAVOVEROV N L, AFONIN M P, MALININA E I. Influence of deformation on the structure and properties of contacts of an extruded silver-cadmium oxide composite[J]. Soviet Powder Metallurgy & Metal Ceramics，1987，26(6)：482-486.

[82] 任万滨，韦健民. 触头材料电接触性能的先进测评技术[J]. 电器与能效管理技术，2016，15(3)：79-84.

[83] КАЛИХМАН В Л，БАБКИН В Н，ГЛАДЧЕНКО Е П，и др. Установка для ускоренных испытаний электрических контактов[J]. Порошк. металлургия，1984(5)：90-93.

[84] GUERLET J P, LADENISE H, LAMBERT C. Proceedings of 12ⁿᵈ International Conference on Electrical Contacts Phenomena[C]. Piscataway：IEEE Press，1984.

[85] 任万滨,杜英玮,满思达. 交流接触器用触点材料电性能模拟试验系统设计[J]. 电器与能效管理技术，2016，(7)：12-16.

[86] 材料科学技术百科全书编辑委员会. 材料科学技术百科全书[M]. 北京：中国大百科全书出版社，1995.

[87] СОКОЛОВСКАЯ Е М. ГУЗЕЙ Л С. Физикохимия композиционных материалов[M]. Москва：Изд-во МГУ，1978.

[88] 曲选辉. 粉末冶金原理与工艺[M]. 北京：冶金工业出版社,2013.

[89] КИПАРИСОВ С С，ЛИБЕНСОН Г А. Порошковая металлургия[M]. Москва：Металлургия，1991.

[90] KINGERY W D, BOWEN H K, UHLMANN D R. Introduction to ceramics[M]. New York：Wiley，1976.

[91] 刘宜汉，杨洪波. 金属陶瓷材料制备与应用[M]. 沈阳：东北大学出版社，2012.

[92] 张玉龙. 半导体材料技术[M]. 杭州：浙江科学技术出版社，2012.

[93] АНДРЕЕВ С Е，ТОВАРОВ В В，ПЕРОВ В А. Закономерности измельчения и измерение характеристик гранулометрического состава[M]. Москва：Металлургиздат，1974.

[94] 李和平，葛虹. 精细化工工艺学[M]. 北京：科学出版社，1997.

[95] 张锐. 陶瓷工艺学[M]. 北京：化学工业出版社，2007.

[96] 王盘鑫. 粉末冶金学[M]. 北京：冶金工业出版社，1997.

[97] ИВЕНСЕН В А. Феноменология спекания и некоторые вопросы теории [M]. Москва：Металлургия，1985.

[98] 陈振华，陈鼎. 现代粉末冶金原理[M]. 北京：化学工业出版社，2013.

[99] 郭庚辰. 液相烧结粉末冶金材料[M]. 北京：化学工业出版社，2003.

[100] МАЖАРОВА Г Е，БАГЛЮК Г А，ДОВЫДЕНКОВА А В. Производство изделий из порошков цветных металлов[M]. Киев：Техника，1989.

[101] СКОРОХОД В В. Порошковые материалы на основе тугоплавких соединений[M]. Киев：Техника，1982.

[102] 崔国文. 缺陷、扩散与烧结[M]. 北京：清华大学出版社，1990.

[103] 项爱民，田华峰，康智勇. 水溶性聚乙烯醇的制造与应用技术[M]. 北京：化学工业出版社，2015.

[104] EVANSA G. Consideration of inhomogeneity effects in sintering[J]. Journal of the American Ceramic Society，1982，65(10)：497-501.

[105] 黄培云. 粉末冶金原理[M]. 北京：冶金工业出版社，1982.

[106] ФЕДОРЧЕНКО И И，СЛЫСЬ И Г，СОСНОВСКИЙ Л А. Технология спекания металлокерамических материалов без применения проточных защитных сред[J]. Порошковая металлургия，1972(5)：26-32.

[107] ЛИЗАВЕНКО А Я，БОРИСЮК Л В，КИРИЧЕК А А，и др. Спекание изделий в контейнерах с изолированной защитной средой [J]. Порошковая металлургия，1983(10)：100-103.

[108] 范景莲. 钨合金及其制备技术[M]. 北京：冶金工业出版社，2006.

[109] НАМИТОКОВ К К，БОНДУР Э П，ЮДИН Б А. Влияние многократного прессования и спекания на свойства металлокерамических медных образцов[J]. Порошковая металлургия，1969(2)：34-39.

[110] КОЗЛОВА Р Ф，РАБКИН В Б，ФИЛИППЕНКОВА Л С，и др. Получение вакуумно-плотных материалов в системе молибден-медь-никель жидкофазным спеканием и пропиткой [J]. Порошковая металлургия，1977(8)：9-14.

［111］ДОВЫДЕНКОВА А В，РАДОМЫСЕЛЬСКИЙ И Д. Получение и свойства конструкционных деталей из порошков меди и ее сплавов［J］. Порошковая металлургия，1982(3)：44-53.

［112］ДОВЫДЕНКОВА А В，РАДОМЫСЕЛЬСКИЙ И Д. Уплотнение спеченных заготовок из латуни при холодном деформировании［J］. Порошковая металлургия，1984(1)：95-97.

［113］ПАВЛОВ В. А，ЛЯШЕНКО А П，КАРЛОВ Л А. Влияние формы порошковой заготовки и свойства изделий после горячей штамповки［J］. Порошковая металлургия，1985(6)：34-38.

［114］刘宝顺. 铜合金锻造［M］. 北京：国防工业出版社，1979.

［115］尼克里斯基. 钛合金的模锻与挤压［M］. 陈石卿，焦明山，译. 北京：国防工业出版社，1982.

［116］谢建新，刘静安. 金属挤压理论与技术［M］. 2 版. 北京：冶金工业出版社，2012.

［117］МАНУКЯН Н В，ХАЧАТРЯН Л Е，ПЕТРОСЯН Г Л，и др. Технология получения и свойства экструдированных материалов из латунной стружки［J］. Порошковая металлургия，1983(6)：59-64.

［118］王自敏. 铁氧体生产工艺技术［M］. 重庆：重庆大学出版社，2013.

［119］РАБКИН Л И，СОСКИН С А，ЭПШТЕЙН Б. Ш. Ферриты［M］. Ленинград：Энергия，1968.

［120］ИВАНОВ В В，ИВАНОВ В В，ПОЛЯКОВ П В，и др. Шихта для изготовления инертных анодов：Пат. России，№ 2106431［P］. 1998-12-05.

［121］邵文柱，甄良. 电解铝用氧化亚铜基金属陶瓷惰性阳极材料：ZL 03132536. X［P］. 2003-03-29.

［122］袁公昱. 人造金刚石合成与金刚石工具制造［M］. 长沙：中南工业大学出版社，1992.

［123］ШИЛО А Е. Стеклопокрытия для порошков сверхтвердых материалов［M］. Киев：Наук. думка，1988.

［124］林展如. 金属有机聚合物［M］. 成都：成都科技大学出版社，1987.

［125］PALMATEER R E. Metal structure fabrication：Pat. USA，No 3320057［P］. 1967-07-23.

［126］ИСУПОВ В И，МИТРОФАНОВА Р П，ПОЛУБОЯРОВ В А，и др. Образование мелких частиц углерода в диэлектрической матрице при термическом разложении интеркаляционных соединений［J］. Докл.

РАН，1992，324(6)：1217-1221.

[127] ИСУПОВ В И，ТАРАСОВ К А，ЧУПАХИНА Л Э，и др. Образование композиционных материалов，содержащих мелкие частицы металла при термическом разложении интеркаляционных соединений гидроксида алюминия[J]. Докл РАН，1994，336(2)：209-211.

[128] 冯绪胜,刘洪国,郝京诚,等. 胶体化学[M]. 北京:化学工业出版社, 2005.

[129] 王中平. 表面物理化学[M]. 上海:同济大学出版社,2015.

[130] 金谷. 表面活性剂化学[M]. 合肥:中国科学技术大学出版社,2008.

[131] ЧЕКАНОВА В Д，ФИАЛКОВ А С. Стеклоуглерод. Получение, свойства，применение[J]. Успехи химии，1971，Т. 40(5)：777-805.

[132] 贺福,王茂章. 碳纤维及其复合材料[M]. 北京:科学出版社,1995.

[133] 布里亚 А. И. ,拜古舍夫 В. В. ,冯向明. 碳/碳复合材料应用领域、制备工艺和发展前景[M]. 西安:西北工业大学出版社,2017.

[134] 黄荣茂. 化学化工百科辞典[M]. 台北:晓园出版社,1992.

[135] ДЕЛЬМОН Б. Кинетика гетерогенных реакций[M]. Москва：Мир, 1972.

[136] 许越. 化学反应动力学[M]. 北京:化学工业出版社,2004.

[137] 赵学庄,罗渝然. 化学反应动力学原理[M]. 北京:高等教育出版社, 1990.

[138] 龚健中,林定浩. 石墨制化工设备设计[M]. 上海:上海科学技术出版社, 1989.

[139] 益小苏. 中航工业首席专家技术丛书 航空复合材料科学与技术[M]. 北京:航空工业出版社,2013.

[140] МАДОРСКИЙ С. Термическое разложение органических полимеров [M]. Москва：Мир，1967.

[141] 赵祖德. 铜及铜合金材料手册[M]. 北京:科学出版社,1993.

[142] CLINE H I. Shape instabilities of eutectic composites at elevated temperatures[J]. Acta Metsllurgica，1971，19(6)：481-490.

[143] VAN SUCHTELENJ. Coarsening of eutectic structures during and after unidirectional growth[J]. Journal of Crystal Growth，1978，43(1)：28-46.

[144] 夏立芳,张振信. 金属中的扩散[M]. 哈尔滨:哈尔滨工业大学出版社, 1989.

[145] ИВАНОВ В В，ЛОТОШНИКОВ Б Е，КОВАЛЕВСКАЯ О А，и др.

Кинетика высокотемпературных взаимодействий в системе твердое — Активный газ в условиях диффузионного контроля [J]. Деп. в ОНИИТЭХим, 1982, 795(82): 48-56.

[146] WALKER P L, RUSINKO F, JR. AUSTIN L G. The reaction of carbon with gases[J]. Advances in Catalysis, 1959, 11: 133-255.

[147] GULBRANSEN E A, ANDREW K F, BRASSART F A. The oxidation of graphite at temperatures of 600 to 1 500 ℃ at pressures of 2 to 76 torr oxygen[J]. Journal of the Electrochemical Society, 1963, 110(6): 476-483.

[148] ЕСИН О А, ГЕЛЬД П В. Физическая химия пирометаллургических процессов[M]. Ч. 1. Свердловск: Металлургиздат, 1962.

[149] RIDDIFORD A C. The temperature coefficient of heterogeneous reactions[J]. The Journal of Physical Chemistry, 1952, 56(6): 745-749.

[150] GULBRANSEN E A, ANDREW K F, BRASSART F A. Oxidation of molybdenum 550 to 1 700 ℃[J]. Journal of the Electrochemical Society, 1963, 110(9): 952-959.

[151] ШУРЫГИН П М, ЛОТОШНИКОВ Б Е. Кинетика высокотемпературного окисления металлов с образованием летучих соединений в условиях регулируемой конвекции газа[J]. Журн. физ. Химии, 1974, 48(2): 308-311.

[152] ПРЕДВОДИТЕЛЕВ А С, ХИТРИН Л И, ЦУХАНОВА О А, и др. Горение углерода[M]. Москва-Л.: АН СССР, 1949.

[153] КАНТОРОВИЧ Б В. Основы теории горения и газификации твердого топлива[M]. Москва: АН СССР, 1958.

[154] GULBRANSEN T A, JANSSJN S A. Vaporization chemistry in the oxidation of carbon, silicon, chromium, molybdenum and niobium—Heterogeneous kinetics at elevated temperature[M]. New York-London: Plenum Press, 1970.

[155] ВУЛИС Л А, ВИМАН Л А. Восстановление углекислоты в угольном канале[J]. Журн. техн. Физики, 1941, 11(6): 509-518.

[156] 韦斯特. 铜和铜合金[M]. 陈北盈, 译. 长沙: 中南工业大学出版社, 1987.

[157] НИКОЛАЕВ А К, РОЗЕНБЕРГ В М. Сплавы для электродов контактной сварки[M]. М.: Металлургия, 1978.

[158] АЛЬТМАН А Б, БЫСТРОВА Э С. Кадмиевая бронза как материал для разрывных электрических контактов, В кн. Электрические контакты

［M］. Москва-Л.：Госэнергоиздат，1960.

［159］АЛЬТМАН А Б，БЫСТРОВА Э С. Металлокерамические контакты Cu-Cd и Ag-Cd，В кн. Электрические контакты［M］. Москва-Л.：Энергия，1964.

［160］АЛЬТМАН А Б，БЫСТРОВА Э С. Способ изготовления сплавов меди или серебра с 0，1-30% кадмия металлокерамическим способом：А. с. СССР № 135222［P］. 1960-03-29.

［161］САМСОНОВА Г В. Свойства элементов［M］. Т. 1，Москва：Металлургия，1976.

［162］郭青蔚，王桂生，郭庚辰. 常用有色金属二元合金相图集［M］. 北京：化学工业出版社，2010.

［163］ВОЛ А Е，КОГАН И К. Строение и свойства двойных металлических систем［M］. Москва：Наука，1979.

［164］CHIENY K. Proceedings of the 34th IEEE Holm Conference on Electrical Contacts［C］. Piscataway：IEEE Press，1988.

［165］ГУЛЯЕВ Б Б. Синтез сплавов［M］. Москва：Металлургия，1984.

［166］НИЖЕНКО В И，ФЛОКА Л И. Поверхностное натяжение жидких металлов и сплавов［M］. Москва：Металлургия，1981.

［167］LUBORSKY I. Amorphous metallic alloys［M］. London：Butterworths，1983.

［168］АБЛЯЕВ Ш А，ГОТГИЛЬФ Т Л，МУНАСИПОВ Н Ф，и др. Способ изготовления спеченных электрических контакт-деталей на основе меди：Авт. свид. СССР № 1158292［P］. 1985-09-28.

［169］ЛЕВИЧ В Г. Физико-химическая гидродинамика［M］. Москва：Физматгиз，1959.

［170］ПЛЕСКОВ Ю В，ФИЛИНОВСКИЙ В Ю. Вращающийся дисковый электрод［M］. Москва：Наука，1972.

［171］ИВАНОВ В В，ДЕНИСОВ В М. Тез. докл. IX Всеросс. конф. Строение и свойства металлич. и шлаковых расплавов［C］. УГУ：Екатеринбург，1998.

［172］ИВАНОВ В В，ДЕНИСОВ В Москва Процессы взаимодействия с участием жидкой фазы при спекании порошковых прессовок Cu-Cd［J］. Расплавы，1998(6)：43-47.

［173］ХАНСЕН М，АНДЕРКО К. Структуры двойных сплавов［M］. Москва：Металлургиздат，1962.

［174］ДЕНИСОВ В М，БЕЛЕЦКИЙ В В，БОЖУКОВА О В. Кинетика гетерофазного взаимодействия в системе германий-селен и медь-селен［J］. Адгезия расплавов и пайка материалов，1987(18)：52-55.

［175］ДЕНИСОВ В М，ШУРЫГИН П Москва Диффузионные процессы жидкостной эпитаксии，В кн. Физическая химия в микроэлектронике ［M］. Красноярск：КГУ，1976.

［176］СПОЛДИНГ Д Б. Конвективный массоперенос［M］. Москва：Энергия，1965.

［177］БАРИНОВ Г И，ШУРЫГИН П Москва Диффузия примесей в жидком теллуре，В кн. Вакуумные процессы в цветной металлургии［M］. Алма-Ата：Наука，1971.

［178］稲垣道夫. 先进碳材料科学与工程(英文版)［M］. 北京：清华大学出版社，2013.

［179］ITOYAMA K，MATSUMOTO G. Velocity distribution of the moving cathode spot in breaking contact arcs［J］. IEEE Transactions on Components，Hybrids，and Manufacturing Technology，1978(2)：152-157.

［180］БОКИЙ Г Б，БЕЗРУКОВ Г Н，КЛЮЕВ Ю А，и др. Природные и синтетические алмазы［M］. Москва：Наука，1986.

［181］БРАТЕРСКАЯ Г Н，КОХАНОВСКИЙ С П，ДОНЦОВА Т А，и др. Спеченный материал для электрических контактов на основе меди：Пат. СССР № 1792445［P］. 1993-11-02.

［182］ПРАВОВЕРОВ Н. Л，ДУКСИН Ю. И，ДУКСИНА А. Г，и др. Спеченный материал на основе меди для коммутирующих контактов (его варианты)：Авт. свид. № 1092982［P］. 1982-10-27.

［183］ЛЕОНОВ МоскваП，БОЧВАР Н. Р，БЕЛКИН Г. С，и др. Сплав на основе меди：Авт свид. № 1332838［P］. 1985-06-03.

［184］ТЕРЕХОВ Г И，АЛЕКСАНДРОВА Л Н. Диаграмма состояния медь-ниобий［J］. Металлы，1984(4)：210-213.

［185］НИКОЛАЕВ А К，РОЗЕНБЕРГ В Москва Свойства сплавов системы Cu-Nb［J］. МиТОМ，1972，10：50-53.

［186］SPITZIG W A，DOWNING H L，LAABS F C，и др. Strength and electrical conductivity of a deformation-processed Cu-5 Pct Nb composite ［J］. Metallurgical Transactions A，1993，24A. (1)：7-14.

［187］ЮПКО В Л，ГАРБУЗ В В，КРЮЧКОВА Н И. Смачивание вольфрама и ниобия расплавами Cu-O［J］. Порошк. металлургия，1993，1：77-83.

[188] VERHOEVEN J D, SCHMIDT F A, GIBSON E D, и др. Copper-refractory metal alloys[J]. Journal of Metals, 1986,38(9): 20-24.

[189] КУЛИКОВ И С. Термодинамика оксидов. Справочник[M]. Москва: Металлургия, 1986.

[190] КУБАШЕВСКИЙ О, ОЛКОК С Б. Металлургическая термохимия [M]. Москва: Металлургия, 1982.

[191] ЕЛЮТИН В П, ПАВЛОВ Ю А, ПОЛЯКОВ В П, и др. Взаимодействие окислов металлов с углеродом [M]. Москва: Металлургия, 1976.

[192] НАЙДИЧ Ю В, КОЛЕСНИЧЕНКО Г А. Взаимодействие металлических расплавов с поверхностью алмаза и графита[M]. Киев: Наук. думка, 1967.

[193] ДЕРКУНОВА В С, ЛЕВИНСКИЙ Ю В, ШУРШАКОВ А Н, и др. Взаимодействие углерода с тугоплавкими металлами [M]. Москва: Металлургия, 1974.

[194] КУЛИКОВ И С. Термодинамика карбидов и нитридов[M]. Челябинск: Металлургия, 1988.

[195] КАЗАЧКОВ Е А. Расчеты по теории металлургических процессов[M]. Москва: Металлургия, 1988

[196] ГЛАДКИХ А С. Способ изготовления электрических контактов для низковольтной аппаратуры: Авт. свид. № 139379[P]. 1982-02-25.

[197] БРАТЕРСКАЯ Г Н, ДОНЦОВА Т А, КОХАНОВСКИЙ С П, и др. Опыт применения на животноводческих фермах электрических порошковых контактов на основе меди[J]. Порошк. металлургия, 1991, 10: 86-88.

[198] НИЧИПОРЕНКО О С, БРАТЕРСКАЯ Г Н, МЕДВЕДОВСКИЙ А Б, и др. Применение распыленного медного порошка для получения меднографитовых контактов[J]. Порошк. Металлургия, 1986, 2: 63-68.

[199] ЦУКЕРМАН С И, КАГАН Б Я, БОСЮК Г И, и др. Композиционный материал на основе меди для электрических контактов: Пат. России № 2038400[P]. 1994-03-27.

[200] ГОРОХОВСКИЙ Г А, ЧЕРНЫШЕВ В Г, РАДЧЕНКО В Г. Способ получения электрода-инструмента на основе меди: Авт. свид. № 1222698[P]. 2010-09-03.

[201] GRAY E W. The role of carbonaceous particles in low current arc duration enhancement. II. Arcs occurring on approach of electrodes[J]. Plasma Science IEEE Transactions, 1976, 4(1):45-50.

[202] ГОРДЕЕВ Ю И, ЗЕЕР Г М, БУКАЕМСКИЙ А А, и др. Спеченный электроконтактный материал на основе меди: Патент РФ 2208654[P]. 2000-10-20.

[203] ГОРДЕЕВ Ю И, СУРОВЦЕВ А В, ЮРКОВА Е В. Спеченный электроконтактный материал на основе меди, Патент РФ 2294975[P]. 2005-02-09.

[204] CHEN C G. Proceedings of 11st International Conference on Electrical Contacts Phenomena[C]. Piscataway: IEEE Press, 2009.

[205] BRUGNER F S. The motor-control switching performance of Cu-CdO contacts in a helium atmosphere[J]. IEEE Transactions on Components, Hybrids, and Manufacturing Technology, 1979, 2(1): 124-126.

[206] BALASUBRAMANIAN V, SINGH P, RAMAKRISHNAN P. Effect of some particle characteristics on the bulk properties of powders[J]. Powder Metallurgy International, 1984, 16(2): 56-59.

[207] АГРАНАТ Б А, ГУДОВИЧ А П, НЕЖЕВЕНКО Л Б. Ультразвук в порошковой металлургии[M]. Москва: Металлургия, 1986.

[208] 邵文柱,崔玉胜,IVANOV V V,等. Cu−1C−1Cd 粉末复合体致密化过程的研究[J]. 材料科学与工艺, 1999, 7 (4): 87-92.

[209] АНДРЕЕВА Н В, РАДОМЫСЕЛЬСКИЙ И Д, ЩЕРБАНЬ Н И. Исследования уплотняемости порошков[J]. Порошковая металлургия, 1975, 6: 32-42.

[210] СУДЗУКИ К, ФУДЗИМОРИ Х, ХАСИМОТО К. Аморфные металлы [M]. Москва: Металлургия, 1987.

[211] САВИЦКИЙ А П, МАРЦУНОВА Л С, ЕМЕЛЬЯНОВА М А. Изменение пористости прессовок при жидкофазном спекании за счет диффузионного взаимодействия фаз[J]. Порошк. металлургия, 1981, 1: 6-12.

[212] САВИЦКИЙ А П, ЕМЕЛЬЯНОВА М А, БУРЦЕВ Н Н. Объемные изменения прессовок Cu-Sn при жидкофазном спекании[J]. Порошк. металлургия, 1983, 12: 30-34.

[213] ХЛУДОВ Е А, ПАШКИНА Г В, БЕЛЫЙ Д И, и др. Кадмирование медной проволоки и пути повышения качества металлопокрытий[J].

Адгезия расплавов и пайка материалов，1990，23：94-98.

[214] EUDIER M. Non ferrous structural part by powder metallurgy[J]. Powder Metallurgy, 1978, 21(2):101-104.

[215] SHAO W Z, ZHEN L, CUI Y S, et al. A study on graphitization of diamond in copper-diamond composite materials[J]. Materials Letters, 2003, 58(1): 146-149.

[216] ВОЙТОВИЧ Р Ф, ПУГАЧ Э А. Окисление тугоплавких соединений [M]. Москва：Металлургия，1978.

[217] ФЕДОСЕЕВ Д В, УСПЕНСКАЯ К С. Окисление синтетического алмаза и графита[J]. Журн. физ. Химии, 1974, 48(6): 1528-1530.

[218] УСПЕНСКАЯ К С, ТОЛМАЧЕВ Ю П, ФЕДОСЕЕВ Д В. Окисление и графитизация алмаза при низких давлениях[J]. Журн. физ. Химии, 1982,59(2)：495-496.

[219] БРЕУСОВ О Н, ДРОБЫШЕВ В Н, ИВАНЧИХИНА Г Е, и др. Влияние высокотемпературного вакуумного отжига на свойства детонационного алмаза, В сб.: Физико-химические свойства сверхтвердых материалов и методы их анализа[M]. Киев: ИСМ АН УССР, 1987.

[220] ФЕДОСЕЕВ Д В, БУХОВЕЦ В Л, ВНУКОВ С П, и др. Графитизация алмаза при высоких температурах, В сб.: Поверхностные и теплофизические свойства алмазов[M]. Киев: ИСМ АН УССР, 1985.

[221] ФЕДОСЕЕВ Д В, БУХОВЕЦ В Л, ВНУКОВ С П, и др. Поверхностная графитизация алмаза при высоких температурах [J]. Поверхность, 1986, 1: 92-99.

[222] ЖУРАВЛЕВ В В, ЧУВИЛИНА И Н. Влияние нагрева на свойства алмазных микропорошков, Повышение работоспособности алмазного инструмента[M]. Москва：Труды ВНИИАЛМАЗа, 1980.

[223] KUZNETSOV V L, CHUVILIN A L, BUTENKO YU V, et al. Study of onion-like carbon (OLC) formation from ultra disperse diamond (UDD)[J]. MRS Proceedings Library, 1994(359):104-105.

[224] БЕЛЯНКИНА А В, СОХИНА Л А. Применение фазового рентгеноструктурного анализа для определения малых количеств графита в смеси алмаз-графит[J]. Киев: ИСМ АН УССР, 1987.

[225] 邵文柱,崔玉胜,杨德庄,等. 铜—金刚石复合体大气氧化动力学研究[J]. 材料科学与工艺,1998,6(4)：50-54.

[226] SHAO W Z, ZHEN L, LI Y C, et al. Oxidized film on CP/Cu-Cd electrical contact material[J]. Transactions of Nonferrous Metals Society of China 2005, 15(S2): 251-255.

[227] ШРАЙЕРА Л Л. Коррозия. Справочник[J]. Москва: Металлургия, 1981.

[228] RICE D W, PETERSON P, RIGBY E B, et al. Atmospheric corrosion of copper and silver[J]. Journal of the Electrochemical Society, 1981, 128(2): 275-284.

[229] КОНДРАТОВ Н М, КОБЕРНИЧЕНКО Г И, МИНЕЕВ А С, и др. Сплав на основе меди: Авт. свид. СССР № 1367515[P]. 2004.

[230] БЕНАРА Ж. Окисление металло[M]. Москва: Металлургия, 1968.

[231] LAWLESS K R, GWATHMEY A T. The structure of oxide films on different faces of a single crystal of copper[J]. Acta Metallurgica, 1956 (2), 4: 153-163.

[232] PAYER J H. 36th IEEE Conference on Electrical Contacts[C]. Piscataway: IEEE Press, 1990.

[233] NEIL B, GERALD H M, FREDERICK S P. 金属高温氧化导论[M]. 2 版. 北京:高等教育出版社, 2010.

[234] ЭВАНС Ю Р. Коррозия и окисление металлов[M]. Москва: Машиностроение, 1962.

[235] ХАУФФЕ К. Реакции в твердых телах и на их поверхности[M]. Ч. II. Москва: ИЛ, 1963.

[236] КОЦЮМАХА П А, КУШНИР Я И, ПЕРЕЛЫГИН А В. Температурная зависимость электропроводности и эффекта Холла в закиси меди [J]. Изв. АН СССР, сер. физич, 1964, 28(8): 1328-1330.

[237] РОТНЕР Ю М, РЕЗНИК Б И, ИВАНОВ В Ш. Оже-спектроскопия синтетических алмазных порошков[J]. Поверхность. Физика, химия, механика, 1990, 6: 39-42.

[238] RHODIN T N. Low temperature oxidation of copper, 1. Physical mechanism[J]. Journal of American Chemical Society, 1950, 72(11): 5102-5106.

[239] ПЬЯНКОВ В А, КОСТЮК А П. Об образовании оксидных пленок на поверхности меди[J]. Укр. хим. ж, 1960, 26(1): 138-141.

[240] КОФСТАД П. Отклонение от стехиометрии, диффузия и электропроводность в простых окислах металлов[M]. Москва: Мир, 1975.

[241] УГАЙ Я А. Введение в химию полупроводников[M]. Москва: Высшая школа, 1975.

[242] НЕФЕДОВ В И. Рентгеноэлектронная спектроскопия химических соединений[M]. Москва: Химия, 1984.

[243] WAGNER C D, RIGGS W H, DAVIS L E, et al. Handbook of X-ray photoelectron spectroscopy[M]. Eds Minnesota: Perkin-Elmer Corp, 1979.

[244] GHIJSEN J, TJENG L H, VAN ELP J, et al. Electronic structure of Cu_2O and CuO[J]. Physical Review B, 1988. 38. (16): 11322-11330.

[245] LI J, MAYER J W. Oxidation and reduction of copper oxide thin films [J]. Materials Chemistry and Physics, 1992(1), 32: 1-24.

[246] ПОПОВ Ю А. Теория взаимодействия металлов и сплавов с коррозионно-активной средой[M]. Москва: Наука, 1995.

[247] ABBOT W H. Effects of industrial air pollutants on electrical contact materials[J]. IEEE Transactions on Component, Hybrids, and Manufacturing Technology, 1974, 10(1): 24-27.

[248] ABBOT W H. The corrosion of copper and porous gold in flowing mixed gas environments[J]. IEEE Transactions on Components, Hybrids, and Manufacturing Technology, 1990, 13(1):40-45.

[249] БРОН О Б, ЕВСЕЕВ М Е, ФРИДМАН Б Э, и др. Прогнозирование поведения замкнутых контактов при длительной эксплуатации в различных средах[J]. Электротехника, 1978, 2: 5-7.

[250] BRIANT M D, JIN M. Time-wise increases in contact resistance due to surface roughness and corrosion[J]. IEEE Transactions on Component, Hybrids, and Manufacturing Technology, 1991, CHMT-14(1): 79-89.

[251] АФАНАСЬЕВА В В. Справочник по расчету и конструированию контактных частей сильноточных электрических аппаратов [M]. Л.: Энергоатомиздат, 1988.

[252] БРОН О Б, МЯСНИКОВА Н Г, ФРИДМАН Б Э, и др. Допустимые температуры для контактных соединений электрических аппаратов[J]. Электротехника, 1980, 5: 49-51.

[253] БРОН О Б, ДМИТРЕНКО А. И, БОЙКО В. П. Рост посторонних пленок между замкнутыми контактами электрических аппаратов[J]. Электромеханика, 1985, 1: 95-99.

[254] SHAO W Z, IVANOV V V, ZHEN L, et al. Effect of porosity and cop-

per content on compressive strength of Cu/Cu₂O cermet[J]. Journal of Materials Science, 2004. 39(2): 731-732.

[255] LINDHOLM U S. Some experiments with the split hopkinson pressure bar[J]. Journal of the Mechanics and Physics of Solids, 1964, 12(5): 317-338.

[256] ВАТРУШИН Л С, ОСИНЦЕВ В Г, КОЗЫРЕВ А С. Бескислородная медь[M]. Москва: Металлургия, 1982.

[257] САЛТЫКОВ С А. Стереометрическая металлография[M]. Москва: Металлургия, 1976.

[258] ROSSITER P L. The electrical resistivity of metals and alloys[M]. Cambridge: Cambridge University, 1987.

[259] SCHRODER K. CRC handbook of electrical resistivities of binary metallic alloys[M]. Boca Raton, Florida: CRC Press, Inc, 1983.

[260] ЧИРКИН В С. Тепло-физические свойства материалов ядерной техники [M]. Москва: Атомиздат, 1968.

[261] ИВАНОВ В В, ШАО В. Электропроводность медно-алмазных электроконта-ктных композиций [J]. Перспективные материалы, технологии, конструкции-экономика, 2000. 6: 35-37

[262] ДУЛЬНЕВ Г Н, НОВИКОВ В В. Проводимость неоднородных систем [J]. Инж.-физ. журн, 1979, 36(5): 901-909.

[263] ДУЛЬНЕВ Г Н, НОВИКОВ В В. Процессы переноса в неоднородных средах[M]. Л.: Энергоатомиздат, 1991.

[264] НИКОЛАЕВ А К, НОВИКОВ А И, РОЗЕНБЕРГ В М. Хромовые бронзы[M]. М.: Металлургия, 1983.

[265] CUI Y S, WANG Y, SHAO W Z, et al. Proceedings of the 52ⁿᵈ IEEE Holm Conference on Electrical Contacts[C]. Piscataway: IEEE Press, 2006.

[266] CUI Y. S, ZHEN L, WANG Y, et al. The contact resistance and arc erosion behavior of separable CP-Nb-Cr/Cu-Cd electrical contact material [J]. Key Engineering Materials, 2007, 353-358: 886-889.

[267] ЛАЗАРЕВ В Б, КРАСОВ В Г, ШАПЛЫГИН И С. Электропроводность окисных систем и пленочных структур[M]. Москва: Наука, 1979.

[268] INGRAM B J, GONZALEZ G B, KAMMLER D R, et al. Chemical and structural factors governing transparent conductivity in oxides[J]. Jour-

nal of Electroceramics，2004，13(1-3)：167-175.

[269] MINAMI T. New n-type transparent conducting oxides[J]. MRS bulletin，2000，25(8)：38-44.

[270] MINAMI T. Transparent conducting oxide semiconductors for transparent electrodes[J]. Semiconductor Science Technology，2005，20(4)：35-44.

[271] GRANQVIST C G. Transparent conductors as solar energy materials：a panoramic review[J]. Solar Energy Materials & Solar Cells，2007，91(17)：1529-1598.

[272] MATTHIAS B，ULRIKE D. The surface and materials science of tin oxide[J]. Progress in Surface Science，2005，79(2-4)：147-154.

[273] MACKENZIE K J D，GERRARD W A，GOLESTANI-FARD F. The electrical properties of monocadmium and dicadmium stannates[J]. Journal of Materials Science Letters，1979，14(10)：2509-2512.

[274] KAMMLER D R，MASON T O，YOUNG D L，et al. Comparison of thin film and bulk forms of the transparent conducting oxide solution $Cd_{1+x}In_{2-2x}Sn_xO_4$[J]. Journal of Applied Physics，2001，90(12)：5979-5985.

[275] САМСОНОВА Г В. Физико-химические свойства окислов. Справочник [M]. Москва：Металлургия，1978.

[276] БАРАНОВ А М，МАЛОВ Ю А，ТЕРЕШИН С А，и др. Исследование свойств пленок CdO[J]. Письма в ЖТФ，1997，23(20)：70-73.

[277] GUO Z Q，GENG H R，SUN B C. Copper-based electronic materials prepared by SPS and their properties[J]. Advanced Materials Research，2010，97-101：1730-1735.

[278] SENOUCI A，FRENE J，ZAIDI H. Wear mechanism in graphite-copper electrical sliding contact[J]. Wear，1999，225-229(2)：949-953.

[279] KESTURSATYA M，KIM J K，ROHATGI P K. Wear performance of copper-graphite composite and a leaded copper alloy[J]. Materials Science and Engineering：A，2003，339(1-2)：150-158.

[280] KIM J K，KESTURSATYA M，ROHATGI P K. Tribological properties of centrifugally cast copper alloy graphite particle composite[J]. metallurgical & Materials Transactions A，2000，3lA(4)：1283-1286.

[281] JEANNOT D，PINARD J，RAMONI P，et al. Physical and chemical properties of metal oxide additions to $Ag-SnO_2$ contact materials and

predictions of electrical performance[J]. IEEE Transactions on Components Packaging & Manufacturing Technology-Part A, 1994, 17(1): 17-23.

[282] 王家真, 王亚平, 杨志懋, 等. CuO 添加剂对 Ag/SnO₂ 润湿性与界面特性的影响[J]. 稀有金属材料与工程, 2005, 34(3): 405-408.

[283] WANG H, WANG J, DU J, et al. Influence of rare earth on the wetting ability of AgSnO₂ contact material[J]. Rare Metal Materials & Engineering, 2014, 43(8): 1846-1849.

[284] GENGENBACH B, MAYER U, MICHAL R, et al. Investigation on the switching behavior of AgSnO₂ materials in commercial contactors[J]. IEEE Transactions on Components Hybrids & Manufacturing Technology, 2003, 8(1): 58-63.

[285] KISH O, FROUMIN N, AIZENSHTEIN M, et al. Interfacial interaction and wetting in the Ta₂O₅/Cu-Al system[J]. Journal of Materials Engineering & Performance, 2014, 23(5): 1551-1554.

[286] SHEN P, FUJII H, NOGI K. Wetting, Adhesion and diffusion in Cu-Al/SiO₂ system at 1473 K[J]. Scripta Materialia, 2005, 52(12): 1259-1263.

[287] NAIDICH Y V, ZHURAVLEV V S, GAB I I, et al. Liquid metal wettability and advanced ceramic brazing[J]. Journal of the European Ceramic Society, 2008, 28(4): 717-728.

[288] RAO F, WU R, FREEMAN A J. Structure and bonding at metal-ceramic interfaces: Ag/CdO(001)[J]. Physical Review B Condensed Matter, 1995, 51(15): 10052.

[289] FENG J, CHEN J C, XIAO B, et al. Interface structure of Ag(111)/SnO₂(200) composite material studied by density functional theory[J]. Science in China Series E: Technological Sciences, 2009, 52(5): 1258-1263.

[290] CHEN J, FENG J, XIAO B, et al. Interface structure of Ag/SnO₂ nanocomposite fabricated by reactive synthesis[J]. Journal of Materials Science & Technology, 2010, 26(1): 49-55.

[291] LING S, WATKINS M B, SHLUGER A L. Effects of oxide roughness at metal oxide interface: MgO on Ag(001)[J]. Journal of Physical Chemistry C, 2013, 117(10): 5075-5083.

[292] 周晓龙, 冯晶, 曹建春, 等. Ag/CuO 复合材料界面稳定性的第一性原理

计算[J]. 中国有色金属学报，2008，18(12)：2253-2258.

[293] PHILLIPS C L，BRISTOWE P D. First principles study of the adhesion asymmetry of a metal/oxide interface[J]. Journal of Materials Science，2008，43(11)：3960-3968.

[294] HASHIBON A，ELSÄSSER C，RÜHLE M. Ab initio study of electronic densities of states at copper-alumina interfaces[J]. Acta Materialia，2007，55(5)：1657-1665.

[295] HASHIBON A，ELSÄSSER C，RÜHLE M. Structure at abrupt copper-alumina interfaces：an ab initio study[J]. Acta Materialia，2005，53(20)：5323-5332.

[296] CHEN H，LI P，UMEZAWA N，et al. Bonding and electron energy-level alignment at Metal/TiO_2 interfaces：a density functional theory study [J]. Journal of Physical Chemistry C，2016，120(10)：5549-5556.

[297] GRÜNEBOHM A，ENTEL P，HERPER H C. Ab initio study of the electronic and magnetic structure of the TiO_2 rutile (110)/Fe interface [J]. Physical Review B，2013，88(15)：155401.

[298] HERNÁNDEZ N C，SANZ J F. First principles study of Cu atoms deposited on the α-Al_2O_3(0001) surface[J]. Journal of Physical Chemistry B，2002，106(44)：11495-11500.

[299] ZHANG W，SMITH J R，EVANS A G. The connection between ab initio calculations and interface adhesion measurements on metal/oxide system：Ni/Al_2O_3 and Cu/Al_2O_3[J]. Acta Materialia，2002，50(15)：3803-3816.

[300] PECHARROMÁN C，BELTRÁN J I，ESTEBAN-BETEGÓN F，et al. Zirconia/Nickel interfaces in micro- and nanocomposites[J]. Zeitschrift Fur Metallkunde，2005，96(5)：507-514.

[301] SHAO X，PRADA S，GIORDANO L，et al. Tailoring the shape of metal ad-particles by doping the oxide support[J]. Angewandte Chemie International，2011，50(48)：11525-11527.

[302] FU Q，RAUSSEO L C C，MARTINEZ U，et al. Effect of Sb segregation on conductance and catalytic activity at Pt/Sb-doped SnO_2 interface：a synergetic computational and experimental study[J]. ACS Applied Materials & Interfaces，2015，7(50)：27782-27795.

[303] LI W J，SHAO W Z，CHEN Q，et al. Effects of dopants on the adhesion and electronic structure of a SnO_2/Cu interface：a first-principles study [J]. Physical Chemistry Chemical Physics，2018，20(23)：15618-15625.

[304] LI W J, SHAO W Z, CHEN Q, et al. Adhesion and electronic structures of Cu/Zn$_2$SnO$_4$ interfaces: a first-principles study[J]. Journal of Applied Physics, 2019, 125(22): 225303.

[305] BELTRÁN J, MUÑOZ M. Ab initio study of decohesion properties in oxide/metal systems[J]. Physical Review B, 2008, 78(24): 245417.

[306] LIU Z, ZHENG S, LU Z, et al. Adhesive transfer at copper/diamond interface and adhesion reduction mechanism with fluorine passivation: a first-principles study[J]. Carbon, 2018, 127: 548-556.

[307] TAO Y, KE G, XIE Y, et al. Adhesion strength and nucleation thermodynamics of four metals (Al, Cu, Ti, Zr) on AlN substrates[J]. Applied Surface Science, 2015, 357(1): 8-13.

[308] MATSUNAKA D, SHIBUTANIY. Electronic states and adhesion properties at metal/mgo incoherent interfaces: first-principles calculations [J]. Physical Review B, 2008, 77(16): 165434.

[309] TUNELL G, POSNJAKE, KSANDA C J. Geometrical and optical properties, and crystal structure of tenorite[J]. Zeitschrift für Kristallographie-Crystalline Materials, 1935, 90(1): 120-142.

[310] 倪孟良, 凌国平, 刘远廷. 添加剂对 AgSnO$_2$ 复合粉末烧结体组织的影响 [J]. 电工材料, 2005, 02: 7-11.

[311] LIU X M, WU S L, CHU P K, et al. Effects of coating process on the characteristics of Ag-SnO$_2$ contact materials[J]. Materials Chemistry & Physics, 2006, 98(2-3): 477-480.

[312] LI G, CUI H, CHEN J, et al. Formation and effects of Cuo nanoparticles on Ag/SnO$_2$ electrical contact materials[J]. Journal of Alloys & Compounds, 2017, 696(5): 1228-1234.

[313] HAMIDI A G, ARABI H, RASTEGARI S. Tungsten-copper composite production by activated sintering and infiltration[J]. International Journal of Refractory Metals & Hard Materials, 2011, 29(4): 538-541.

[314] 李维建. TCOp/Cu 电触头材料界面润湿性设计及抗烧蚀性能 TCOp/Cu 电触头材料界面润湿性设计及抗烧蚀性能[D]. 哈尔滨: 哈尔滨工业大学, 2019.

[315] HE H, LOU J, LI Y, et al. Effects of oxygen contents on sintering mechanism and sintering-neck growth behaviour of Fe-Cr powder[J]. Powder Technology, 2018, 329: 12-18.

[316] 荣命哲, 万江文, 王其平. 含微量添加剂的 AgSnO$_2$ 触头材料电弧侵蚀机

理[J]. 西安交通大学学报，1997，(11)：1-7.

[317] LEUNG C, STREICHER E, FITZGERALD D, et al. Proceedings of the 52nd IEEE Holm Conference on Electrical Contacts[C]. Piscataway： IEEE Press，2006.

[318] CHEN Z K, WITTER G J. 55nd IEEE Holm Conference on Electrical Contacts[C]. Piscataway：IEEE Press，2009.

[319] BRAUMANN P, KOFFLER A. 22nd IEEE Holm Conference on Electrical Contacts[C]. Piscataway：IEEE Press，2004.

[320] WANG H, WANG J, ZHAO J. Study on the Ag/SnO$_2$-La$_2$O$_3$-Bi$_2$O$_3$ contact material[J]. Rare Metal Materials & Engineering，2005，34 (10)：1666-1668.

[321] WANG J, WEN M, WANG B, et al. 47th IEEE Holm Conference on Electrical Contacts[C]. Piscataway：IEEE Press，2001.

[322] LU J, WANG J, ZHAO J, et al. A new contact material-Ag/SnO$_2$-La$_2$O$_3$-Bi$_2$O$_3$[J]. Rare Metals，2002，21(4)：289-293.

[323] OMMER M, KLOTZ U E, GONZALEZ D, et al. 56th IEEE Holm Conference on Electrical Contacts[C]. Piscataway：IEEE Press，2010.

[324] WANG J, LIU W, LI D, et al. The behavior and effect of CuO in Ag/SnO$_2$ materials[J]. Journal of Alloys & Compounds，2014，588：378-383.

[325] ZHU Y, WANG J, AN L, et al. Preparation and study of nano-Ag/SnO$_2$ electrical contact material doped with titanium element[J]. Rare Metal Materials & Engineering，2014，43(7)：1566-1570.

[326] ZHU Y C, WANG J Q, AN L Q, et al. Study on Ag/SnO$_2$/TiO$_2$ electrical contact materials prepared by liquid phase in situ chemical route[J]. Advanced Materials Research，2014，936：486-490.

[327] LI G, FANG X, FENG W, et al. In situ formation and doping of Ag/SnO$_2$ electrical contact materials[J]. Journal of Alloys & Compounds，2017，716(5)：106-111.

[328] MU Z, GENG H R, LI M M, et al. Effects of Y$_2$O$_3$ on the property of copper based contact materials[J]. Composites：Part B，2013，52：51-55.

[329] CHEN W, DONG L, ZHANG Z, et al. Investigation and analysis of arc ablation on WCU electrical contact materials[J]. Journal of Materials Science：Materials in Electronics，2016，27(6)：5584-5591.

[330] WANG J，TIE S，KANG Y，et al. Contact resistance characteristics of Ag-SnO₂ contact materials with high SnO₂ content[J]. Journal of Alloys & Compounds，2015，644：438-443.

[331] 贺庆. Ag/LSCO 电接触复合材料的制备及其性能研究[D]. 杭州：浙江大学，2014.

[332] WU C，YI D，WENG W，et al. Arc erosion behavior of Ag/Ni electrical contact materials[J]. Materials & Design，2015，85：511-519.

[333] 王松，谢明，陈家林. Ag-GNPs 新型电接触材料的制备及其电接触行为[J]. 贵金属，2018(3)：59-66.

[334] WEI X，YU D，SUN Z，et al. Arc characteristics and microstructure evolution of W-Cu contacts during the vacuum breakdown[J]. Vacuum，2014，107：83-87.

[335] LI W J，SHAO W Z，XIE N，et al. Air arc erosion behavior of CuZr/Zn₂SnO₄ electrical contact materials[J]. Journal of Alloys and Compounds，2018，743：697-706.

[336] ВАССЕРМАН И М. Химическое осаждение из растворов. Л.：Химия，1980.

[337] ИВАНОВ В В，ШУБИН А А，ИРТЮГО Л А. Синтез порошков CdO разложением термически нестабильных солей для материалов разрывных электроконтактов[J]. Журнал Сибирского федерального университета，Техника и технология，2009，2(4)：409-417.

[338] ИВАНОВ В В，СИДОРАК И А，ШУБИН А А，и др. Получение порошков SnO₂ разложением термически нестабильных соединений，Журнал Сибирского федерального университета[J]. Техника и технология，2010，3(2)：189-213.

[339] ИВАНОВ В В，НИКОЛАЕВА Н С，ШУБИН А А. Синтез высокодисперсных форм оксида цинка：химическое осаждение и термолиз[J]. Журнал Сибирского федерального университета. Химия，2010，3(2)：153-173.

[340] СИДОРАК А В，ШУБИН А А，ИВАНОВ В В，и др. Синтез порошков Zn₂SnO₄ термообработкой соосажденных соединений[J]. Журнал Сибирского федерального университета. Химия，2011，4(3)：285-293.

[341] IVANOV V V，SIDORAK A V，SHUBIN A A. Cadmium stannates synthesis via thermal treatment of coprecipitated salts[J]. Materials Sciences and Applications，2011，2(2)：1219-1224.

[342] НИКОЛАЕВА Н С, ИВАНОВ В В, ШУБИН А А. Микроструктура и свойства композита Ag/ZnO из совместно осажденных солей [J]. Перспективные материалы, 2012, 2: 1-6.

[343] IVANOV V V, NIKOLAEVA N S, SIDORAK I A, et al. Ag/ZnO and Ag/SnO$_2$ electrocontact materials obtained from fine-grained coprecipitated powder mixture, Journal of Siberian Federal University[J]. Chemistry, 2012, 2(5): 131-137.

[344] НИКОЛАЕВА Н С, ИВАНОВ В В, ШУБИН А А, и др. Электропроводность композитов Ag/ZnO из соосажденных смесей[J]. Перспективные материалы, 2013, (8):68-72.

[345] НИКОЛАЕВА Н С, ИВАНОВ В В, ШУБИН А А. ХХ Международная Черняевская конференция по химии, аналитике и технологии платиновых металлов[C]. КГТУ: Красноярск, 2013.

[346] ШУБИН А А, СИДОРАК А В, ИВАНОВ В В. Синтез сложных оксидов системы CdO-ZnO-SnO$_2$ для электрических контактов [J]. Журн. прикл. химии, 2014, 87(3): 291-297.

[347] SHUBIN A A, SIDORAK A V, IVANOV V V. Synthesis of complex oxides CdO-ZnO-SnO$_2$ for electrical contacts[J]. Russian Journal of Applied Chemistry, 2014, 87(3): 258-264.

[348] NIKOLAEVA N S, IVANOV V V, SHUBIN A A. Synthesis of Ag/ZnO mixture for powdered contact materials[J]. Russian Journal of Applied Chemistry, 2014, 87(4): 405-411.

[349] MALECKA B. Thermal decomposition of Cd(CH$_3$COO)$_2$ • 2H$_2$O studied by a coupled TG-DTA-MS method[J]. Journal of Thermal Analysis and Calorimetry, 2004, 78: 535-544.

[350] MAŁECKA B, ŁACZ A, MAŁECKI A. TG/DTA/MS/IR study on decomposition of cadmium malonate hydrates in inert and oxidative atmosphere[J]. Journal Analytical and Applied Pyrolysis, 2007, 80(1): 126-133.

[351] КАРЯКИН Ю В, АНГЕЛОВ И И. Чистые химические вещества[M]. Москва: Химия, 1974.

[352] WOJCIECHOWSKI K T, MAŁECKI A. Mechanism of thermal decomposition of cadmium nitrate Cd(NO$_3$)$_2$ • 4H$_2$O[J]. Thermochimica Acta, 1999, 331 (1): 73-77.

[353] MALECKI A, GAJERSKI R, LABUS S, et al. Mechanism of thermal

decomposition of d-metals nitrates hydrates[J]. Journal of Thermal Analysis and Calorimetry, 2000, 60: 17-23.

[354] JAMES C, SAMUEL J. The effect of gamma-irradiation on the thermal decomposition of anhydrous cadmium nitrate[J]. Journal of Radioanalytical and Nuclear Chemistry, 2003, 258(3): 663-668.

[355] VLASE T, VLASE G, CHIRIAC A, et al. Decomposition of organic salts of some d and f metals non-isothermal kinetics and FT-IR studies [J]. Journal of Thermal Analysis and Calorimetry, 2003, 72: 839-845.

[356] MIKULI E, LISZKA M, MOLENDA M. Thermal decomposition of $[Cd(NH_3)_6](NO_3)_2$[J]. Journal of Thermal Analysis and Calorimetry, 2007, 89(2): 573-578.

[357] БОЧЕНКОВ В Е, СЕРГЕЕВ Г Б. Наноматериалы для сенсоров[J]. Успехи химии, 2007, 76(11): 1084-1093.

[358] PIANAROS A, BUENO P R, LONGO E, et al. A new SnO_2-based varistor system[J]. Journal of Materials Science Letters, 1995, 14(10): 692-694.

[359] ZAHARESCU M, MIHAIU S, ZUCA S, et al. Contribution to the study of SnO_2-based ceramics[J]. Journal of Materials Science, 1991, 26(Part I): 1666-1672, 1991, 26(Part II): 1673-1676.

[360] BATZILL M, DIEBOLD U. The surface and materials science of tin oxide[J]. Progress in Surface Science, 2005(2-4), 79: 47-154.

[361] PARRA R, RODRIGUEZ-PAEZ J E, VARELA J A, et al. The influence of the synthesis rout on the final properties of SnO_2-based varistors [J]. Ceramics International, 2008,34(3): 563-571.

[362] NIESEN T P, DE GUIRE M R. Review: deposition of ceramic thin films at low temperatures from aqueous solutions[J]. Solid State Ionics, 2002, 151(1-4): 61-68.

[363] HAGEMEYER A, HOGAN Z, SCHLICHTER M, et al. High surface area tin oxide[J]. Applied Catalysis A: General, 2007, 317(2): 139-148.

[364] SCARLAT O, MIHAIU S, ALDICA GH, et al. Semiconducting densified SnO_2-ceramics obtained by a novel sintering technique[J]. Journal of the European Ceramic Society, 2004, 24:1049-1052.

[365] BERNARDI M I B, FEITOSA C A C, PASKOCIMAS C A, et al. Development of metal oxide nanoparticles by soft chemical method[J]. Ce-

ramics International，2009，35(1)：463-466.

[366] TAIB H，SORRELL C C. Synthesis of tin oxide (SnO₂) by precipitation [J]. Materials Science Forum，2007，561-565 (Part 2)：969-972.

[367] ARARAT IC，MOSQUERA A，PARRA R，et al. Synthesis of SnO₂ nanoparticles through the controlled precipitation route[J]. Materials Chemistry and Physics，2007(2-3)，101：433-440.

[368] WANG J，YANG M，LI Y，et al. Synthesis of Fe-doped nanosized SnO₂ powders by chemical co-precipitation method[J]. Journal of Non-Crystalline Solids，2005，351(3)：228-232.

[369] ZHOU Y，DASGUPTA N，VIRKAR A V. Synthesis of nanosize tin dioxide by a novel liquid-phase process[J]. Journal of the American Ceramic Society，2008，91：1009-1012.

[370] PARRA R，RAMAJO L A，GÓES M S，et al. From tin oxalate to (Fe，Co，Nb)-doped SnO₂：sintering behavior，microstructural and electrical features[J]. Materials Research Bulletin，2008，43(12)：3202-3211.

[371] БРАУЭРА Г. Руководство по неорганическому синтезу[M]. Москва：Мир，1985-1986.

[372] LIU X M，WU S L，CHU P K，et al. Characteristics of nano Ti-doped SnO₂ powders prepared by sol-gel method[J]. Materials Science and Engineering，A，2006，426(1-2)：274-277.

[373] YANG H，SONG X，ZHANG X，et al. Synthesis of vanadium-doped SnO₂ nanoparticles by chemical co-precipitation method[J]. Materials Letters，2003，57(20)：3124-3127.

[374] SANTILLI C V，PULCINELLI S H，BRITO G E S，et al. Sintering and crystallite growth of nanocrystalline copper doped tin oxide[J]. Journal of Physics Chemistry B，1999，103(14)：2660-2667.

[375] RISTIC M，IVANDA M，POPOVIC S，et al. Dependence of nanocrystalline SnO₂ particle size on synthesis route[J]. Journal of Non-Crystalline Solids，2002，303(2)：270-280.

[376] DENG Z，PENG B，CHEN D，et al. A new route to self-assembled tin dioxide nanospheres：fabrication and characterization[J]. Langmuir the ACS Journal of Surfaces & Colloids，2008，24(19)：11089-11095.

[377] VAYFREY D，BEN K M，BESLAND M P，et al. Sol-gel deposited doped SnO₂ as transparent anode for OLED process，pattering and hole injection characteristics[J]. Proceedings of SPIE—The International So-

ciety for Optical Engineering，2002，4464：103-112.

[378] DYSHEL D E，LOBUNETS T F. Effect of heat treatment on the disper-
sity of Sn(IV)SbO powders and the porosity of thick-film gas sensors
based on them[J]. Powder metallurgy and metal ceramics，1999，38(5-
6)：309-313.

[379] CRINJAK OZ，OREL B. Conductive SnO_2/Sb powder：preparation and
optical properties[J]. Journal of Materials Science，1992，27(2)：313-
318.

[380] GAMBHIRE A B，LANDE M K，KALOKHE S B，et al. Synthesis and
characterization of high surface area CeO_2-doped SnO_2 nanomaterial[J].
Materials Chemistry and Physics，2008，112(3)：719-722.

[381] BOSE A C，KALPANA D，THANGADURAI P，et al. Synthesis and
characterization of nanocrystalline SnO_2 and fabrication of lithium cell u-
sing nano-SnO_2[J]. Journal of Power Sources，2002，107(1)：138-141.

[382] ШАРЫГИН Л М，ШТИН А Г，ТРЕТЬЯКОВ С Я. Получение водных
золей гидратированных окислов циркония，титана и олова электролизом
их хлористых солей[J]. Коллоидный журнал，1981，43(4)：812-816.

[383] ЗЛОКАЗОВА Е И，КОРЕНКОВА А В，ШАРЫГИН Л М，и др.
Исследование анодного процесса при электролизе раствора $SnCl_4$[J]. Ж.
прикл. химии，1991，64(3)：524-527.

[384] КНУНЯНЦА И Л. Химическая энциклопедия，Т. 1-4. Москва：
Советская энциклопедия，1988-1995.

[385] TAIB H，SORRELL C C. Preparation of tin oxide[J]. Journal of the
Australian Ceramic Society，2007，43(1)：56-61.

[386] TAIB H，SORRELL C C. Synthesis of tin oxide(SnO_2)by the oxalate
route：effects of addition method and ageing[J]. Materials Science Fo-
rum，2007，561-565(Part 2)：973-976.

[387] TAIB H，SORRELL C C. Particle size characterisation of tin oxide
(SnO_2) precipitated by various techniques：consistency of data[J]. Ma-
terials Science Forum，52007，61-565(Part 2)：2155-2158.

[388] XU C，XU G，LIU Y，et al. Preparation and characterization of SnO_2
nanorods by thermal decomposition of SnC_2O_4 precursor[J]. Scripta
Materialia，2002，46(11)：789-794.

[389] ALCANTARA R，FERNANDEZ M F J，LAVELA P，et al. Tin oxalate
as a precursor of tin dioxide and electrode materials for lithium-ion bar-

reries[J]. Journal Solid State Electrochem，2001，6(1)：55-62.

[390] KIM K W，CHO P S，LEE J H，et al. Preparation of SnO₂ whiskers via the decomposition of tin oxalate[J]. Journal of Electroceramics，2006，17：895-898.

[391] CHO P S，KIM K W，LEE J H. Improvement of dynamic gas sensing behavior of SnO₂ acicular particles by microwave calcinations[J]. Sensors and actuators B，2007，123(2)：1034-1039.

[392] MIHAIU S，BRAILEANU A，CRISAN D，et al. Thermal behavior of some precursors for SnO₂ and CeO₂-based ceramics[J]. Revue Roumaine de Chimie，2003，48 (12)：939-946.

[393] BRAILEANU A，MIHAIU S，BAN M，et al. Thermoanalytical investigation of tin and cerium salt mixtures[J]. Journal of Thermal analysis and Calorimetry，2005，80(3)：613-618.

[394] FELDMANNC. Polyol-mediated synthesis of oxide particle suspensions and their application[J]. Scripta Materialia，2001，44(8-9)：2193-2196.

[395] NG S H，DOS SANTOS D I，CHEW S Y，et al. Polyol-mediated synthesis of ultrafine tin oxide nanoparticles for reversible Li-ion storage [J]. Electrochemistry Communications，2007，9(5)：915-919.

[396] 靳会杰，李燕红，任保增，等. 热分析法研究 SnSO₄ 在催化剂制备中的分解行为[J]. 化工学报，2008(4)：917-919.

[397] СЕРГЕЕВ Г Б. Нанохимия[M]. Москва：Изд-во МГУ，2003.

[398] HADIS M，ÜMITÖ. Zinc oxide：fundamentals，materials and device technology[M]. Weinheim：WILEY-VCH，2009.

[399] ЖИВОПИСЦЕВ В П，СЕЛЕЗНЕВА Е А. Аналитическая химия цинка [M]. Москва：Наука，1975.

[400] НИКОЛЬСКОГО Б П. Справочник химика. Т. 2. Основные свойства неорганических и органических соединений[M]. Л.：Химия，1971.

[401] ЛИДИНА Р А. Химические свойства неорганических веществ[M]. Москва：Колосс，2006.

[402] QU X，JIA D. Synthesis of octahedral ZnO mesoscale superstructures via thermal decomposing octahedral zinc hydroxide precursors[J]. Journal of Crystal Growth，2009，311(4)：1223-1228.

[403] ZHU Y，ZHOU Y. Preparation of pure ZnO nanoparticles by a simple solid-state reaction method[J]. Applied Physics A，2008，92(2)：275-278.

[404] ZHONG Q, HUANG X. Preparation and characterization of ZnO porous plates[J]. Journal Materials Letters, 2008, 62(2): 188-190.

[405] DUAN J, HUANG X. PEG-assisted synthesis of ZnO nanotubes[J]. Materials Letters, 2006, 60(15): 1918-1921.

[406] LI Z, SHEN X. Non-isothermal kinetics studies on the thermal decomposition of zinc hydroxide carbonate[J]. Thermochimica Acta, 2005, 438(1-2): 102-106.

[407] JING L, XU Z. The preparation and characterization of ZnO ultrafine particles[J]. Materials Science and Engineering A, 2002, 332(1-2): 356-361.

[408] MASLOWKA J. Thermal decomposition and thermofracto-chromatographic studies of metal citrates[J]. Journal of Termal Analisis, 1984, 29: 895-904.

[409] MAŁECKA B, MAŁECKI A. Mechanism and kinetics of thermal decomposition of zinc oxalate[J]. Thermochimica Acta, 2004, 423: 13-18.

[410] SUN D, WONG M. Purification and stabilization of colloidal ZnO nanoparticles in methanol[J]. Journal Sol-Gel Science and Technology, 2007, 43(2): 237-243.

[411] BRIOIS V, GIORGETTI C. In situ and simultaneous nanostructural and spectroscopic studies of ZnO nanoparticle and Zn-HDS formations from hydrolysis of ethanolic zinc acetate solutions induced by water[J]. Journal of Sol-Gel Science and Technology, 2006(1), 39: 25-36.

[412] HOSONO E, FUJIHARA S. Non-basic solution routes to prepare ZnO nanoparticles[J]. Journal of Sol-Gel Science and Technology, 2004, 29(2): 71-79.

[413] WANG C, SHEN E. Controllable synthesis of ZnO nanocrystals via a surfactant-assisted alcohol thermal process at a low temperature[J]. Journal Materials Letters, 2005, 59(23): 2867-2871.

[414] CABALLERO A C, FERNANDEZ H D, FRUTOS J DE, et al. Bulk grain resistivity of ZnO-based varistors[J]. Journal of Electroceramics, 2004, 13(1-3): 759-763.

[415] LOOK D C. Recent advances in ZnO materials and devices[J]. Materials Science and Engineering B, 2001, 80(1-3): 383-387.

[416] БАРАНОВ А Н, КАПИТАНОВА О О. Синтез нанокомпозитов ZnO/MgO из спиртовых растворов[J]. Журнал неорганической химии, 2008,

[417] ИВАНОВ В В, АНТИПОВ Е В, АБАКУМОВ А М, и др. Металло-оксидный материал для разрывных электроконтактов: Пат. России № 2367695[P]. 2009-02-13.

[418] ТРЕТЬЯКОВ Ю Д, ПУТЛЯЕВ В И. Введение в химию твердофазных материалов[M]. Москва: Наука, 2006.

[419] RAVIENDRA D, SHARMA J K. Electroless deposition of cadmium stannate, zinc oxide, and aluminum-doped zinc oxide films[J]. Journal of Applied Physics, 1985, 58(2): 838-844.

[420] ПАНАХ-ЗАДЕ С А, АМИРДЖАНОВА Т Б, КУРБАНОВА Т Х. О синтезе и свойствах $Cd_{2x}Zn_{2-2x}SnO_4$[J]. Ж. неорг. химии, 1985, 30 (10): 2717-2719.

[421] MASONT O, GONZALEZ G B, KAMMLER D R, et al. Defect chemistry and physical properties of transparent conducting oxides in the $CdO-In_2O_3-SnO_2$ system[J]. Thin Solid Films, 2002, 411(1): 106-114.

[422] ВАСИЛЬЕВ В П. Аналитическая химия[M]. Часть 1. Москва: Высшая школа, 1989.

[423] СПИВАКОВСКИЙ В Б. Аналитическая химия олова[M]. Москва: Наука, 1975.

[424] GOLESTANI-FARD F, HASHEMI T, MACKENZIE K J D, et al. Formation of cadmium stannate by electron spectroscopy[J]. Journal of Materials Science, 1983, 18(12): 3679-3685.

[425] IGLESIAS Y, PEITEADO M, DE FRUTOS J, et al. Current-voltage characteristic behavior of dense Zn_2SnO_4-ZnO ceramics[J]. Journal of the European Ceramic Society, 2007, 27(13-15): 3931-3933.

[426] YUAN Z, YUAN L, SUN J. Synthesis and properties of nanosized tin-Zinc composite oxides as lithium storage materials[J]. Frontiers of Chemical Engineering in China, 2007, 2(3): 303-306.

[427] WANG C, WANG X, ZHAO J, et al. Synthesis, characterization and photocatalytic property of nano-sized Zn_2SnO_4[J]. Journal of Materials Science, 2002, 37(14): 2989-2996.

[428] WU X H, WANG Y D, LIU H L, et al. Preparation and gas-sensing properties of perovskite-type $MSnO_3$(M=Zn, Cd, Ni)[J]Journal Materials Letters, 2002, 56(5): 732-736.

［429］周彩荣，李秋红，王海峰，等. 甲基磺酸亚锡的热分析研究［J］. 高校化学工程学报，2006，20（4）：669-672.

［430］КАЗЕНАС Е К，ЧИЖИКОВ Д М. Давление и состав пара над окислами химических элементов［M］. Москва：Наука，1976.

［431］PLATTEEUW J C，MEYER G. The system tin-oxygen［J］. Transation of the Faraday Society，1956，52(8)：1066-1069.

［432］CAHEN S，DAVID N，FIORANI J M，et al. Thermodynamic modeling of the O-Sn system［J］. Thermochimica Acta，2003，403(2)：275-285.

［433］ОСТРОУШКО А А. Полимерно-солевые композиции на основе неионогенных водорастворимых полимеров и получение из них оксидных материалов［J］. Российский химический журнал，1998，XLII，1（2）：123-133.

［434］ИВАНОВ В В，ДЕНИСОВ В. М，ШАО ВЕНЖУ，и др. Способ изготовления порошкового металлокерамического материала Cu-Cd/CdO для электроконтактов：Пат РФ № 2401314［P］. 2003-10-10.

［435］SLADE P G. Advances in material development for high power，vacuum interrupter contacts［J］. IEEE Transactions on Components Packaging & Manufacturing Technology-Part A，1994，17(1)：96-106.

［436］РАМАКРИШНАНА П. Порошковая металлургия и высокотемпературные материалы［M］. Челябинск：Металлургия，1990.

［437］ГУЛЯЕВ Б Б. Физико-химические основы синтеза сплавов［M］. Л. ：Изд-во ЛГУ，1980.

［438］МIILLER R. Arc-melted Cu-Cr alloys as contact materials for vacuum interrupters［M］. Berlin Beideiberg：Springer-Verlag，1988.

［439］РОЗЕНБЕРГ В М，ДЗУЦЕВ В Т. Диаграммы изотермического распада в сплавах на основе меди［M］. Москва：Металлургия，1989.